한국의 과학문화와 시민사회

과학문화연구센터
Science Culture Research Center

과학문화연구 - **3**

한국의 과학문화와 시민사회

임종태 · 홍성욱 · 정세권 편저

과학문화연구센터
Science Culture Research Center

한국학술정보㈜

▮ 서 문

　최근 들어 우리 사회에 '과학문화'라는 말이 제법 널리 사용되고 있지만, 그 말을 곰곰이 뜯어보면 그다지 자연스러운 용어는 아니다. 무엇보다도 그 말을 이루는 '과학'과 '문화'가 서로 별개의 것이며 또는 심지어 서로 모순적이라고 생각하는 사람이 많다. 과학이 자연세계에 대한 '객관적' 탐구를 대변한다면, 문화란 인간의 '주관적' 정서를 비롯한 여러 인위적, 관습적 영역을 지칭한다는 것이다. 그렇다면 과학문화라는 말은 물과 기름처럼 서로 섞이기 어려운 두 용어의 동거인 셈이다.

　그런데도 과학문화라는 말이 지금처럼 널리 쓰이게 된 데는 그 말을 만들어내고 세상에 퍼뜨린 사람들의 독특한 관점, 즉 과학과 문화의 행복한 동거가 가능하며 또 이루어져야 한다는 생각이 담겨 있다. 우리 과학문화연구센터가 그중의 하나이다. 지난 10여 년 동안 우리 센터는 과학과 문화가 서로 별개라거나 또는 서로 대립하지 않는다는 점, 도리어 과학은 예술, 종교, 문학, 사상, 산업 등과 함께 인간 사회가 만들어내고 향유하는 문화의 한 영역이라는 생각을 우리 사회에 퍼뜨리기 위해 노력해 왔다.

　그런 점에서 '문화로서의 과학'이라는 관점은 현실을 이해하기 위한 분석틀이자 동시에 현실을 바람직한 방향으로 바꾸기 위한 실천 프로그램이기도 하다. 우선, 우리는 과학이 현대 사회 문화의 한 부문으로서, 정치, 경제, 예술, 종교 등의 영역과 주고받은 영향을 이해하기 위해 노력해 왔다. 특히 이러한 과제는 지난 세기 후반을 거치며 급격히 성장한 한국의 과학을 그 문화적 환경 가운데에서 이해하는 데 초점을 맞추었다. 한국 과학은 20세기 후반의 독특한 정치, 경제, 문화적 조건 아래에서 성장했고, 그 결과 형성된 과학이 다시 한국 사회의 문화에 일정한 영향을 미쳤다. 이러한 복합적 현상을 이해하는 일은 한국의 과학뿐 아니라 그것을 배태하고 또 그에 영향을 받은 사회를 알기 위해서도 꼭 필요한 일이다.

과학과 문화의 현실적 상호 관련을 이해하려는 우리의 노력은 그 관련을 바람직하게 만들어 가기 위한 나름의 실천적 관심을 그 바탕에 깔고 있다. 학생들의 이공계 기피 현상, 황우석 교수 사건, 광우병 파동 등 최근에 일어난 일련의 사건은 아직 우리 사회에서 과학이 문화의 다른 영역과 선순환의 관계를 이루지 못하고 있음을 잘 보여준다. 어떻게 보면, 과학과 문화를 서로 별개의 것으로 간주하는 우리 사회의 상식 자체가 과학과 문화의 기형적 연관을 대변하는 징표일 것이다. 이는 과학을 정치, 문화, 사상과 분리시킨 채 산업 발전을 위한 중립적 '도구'로만 보고 육성하려 했던 지난 세기의 패러다임에서 비롯된 것이다. 그 결과 과학기술은 정부의 보호 아래 급격한 양적 성장을 이룩할 수 있었지만, 그에 비견될 만큼 문화적으로 성숙할 기회를 얻지는 못했다. 이러한 상황에 관한 냉정한 분석은 앞으로 우리의 과학이 사회의 다른 영역과 바람직한 관계를 맺고 그 문화적 역량을 발휘하기 위해 어떠한 방향으로 노력을 경주해야 할지를 알려줄 것이다.

이 총서에 실린 10편의 글은 과학과 문화의 성숙한 결합을 추구한 노력의 작은 결과물이다. 2006년부터 3년간 수도권 과학문화연구센터는 한국과학창의재단의 지원을 받아 "현대 한국의 과학기술문화와 시민사회"를 중점연구 과제로 수행했다. 당시 수도권 과학문화연구센터장을 맡아 과제를 주도한 홍성욱 교수는 이 과제의 목표를 "한국의 과학기술과 시민사회가 서로를 이해하고 협력하는 관계를 만들어 나가기 위해, 그 둘이 괴리된 원인을 분석하고, 그 둘의 올바른 관계 설정을 위한 방향을 모색"하는 것으로 설정했는데, 이는 앞서 언급한 과학문화연구센터의 존재 이유를 집약한 것이기도 하다. 이 과제에는 과학기술학 관련 연구자 10여 명이 참여하였으며 그 결과물로 14편의 연구 보고서가 제출되었다. 그중에서 10편을 골라 이 총서에 싣는다. 그중 일부는 이미 여러 학술지에 발표된 것으로서 출처는 각 글의 각주에 밝혔다. 연구 성과를 보완하는 과정에 있거나 현재 학술지의 출판을 기다리고 있는 4편은 함께 싣지 못해 아쉽다.

이 총서에서는 이 글들을 "한국의 과학문화와 시민사회"라는 주제의 주요 측면들을 반영하도록 4부로 나누었다. 제1부에 실린 문만용과 송성수의 세 글은 한국 사회에 현대적 과학기술이 등장하는 20세기 중후반에 초점을 맞추어, 특히 박정희 정부의 강력한 주도하에 육성된 과학기술 문화의 특징을 분석한다. 그에 이어지는 글들은 과학기술과 사회문화가 주고받은 영향을 좀 더 세부적 주제에 초점을 맞추어 살펴본다. 과학기술자의 윤리에 초점을 맞춘 제2부에서는 황우석 교수 사건 이후 사회적 관심으로 부각된 연구윤리의 문제를 과학철학적 시각으로 심도 깊게 분석한 이상욱의 글과 1980년대 "평화의 댐" 사례를 통해 과학기술자들의 사회적 책임 문제를 다룬 홍성욱의 글이 포함되었다. 제3부에서는 현대 한국에서 과학기술과 시민사회의 구체적 접점이 형성된 몇몇 사례를 다룬다. 박진희와 김연희의 글은 각각 대안 에너지 기술 및 전기통신 영역에서 정부 정책과 시민 사회가 주고받은 상호작용을 살폈으며, 이어지는 김연희의 글은 2000년대 어린이 과학서적의 출판 흐름을 통해 대중적 과학문화의 단면을 분석했다. 마지막 제4부는 서구 사회에서는 그 유래가 오래된 과학과 기독교 사이의 쟁점이 현대 한국 사회에서 형성되는 과정과 특징에 주목했다. 성영곤의 글이 한국 개신교의 기원인 일제 시기까지 거슬러 올라가 과학과 기독교의 관련을 살폈다면, 장대익의 글은 최근의 진화창조 논쟁을 그 논쟁의 근원지인 미국의 사례와 비교하며 흥미롭게 분석했다.

이 책이 엮이는 데는 많은 이들의 노력과 도움이 있었다. 우선 적은 연구비에도 불구하고 연구에 참여하여 훌륭한 성과를 내고 또 그 결과물의 출판을 흔쾌히 허락해준 저자들에게 깊이 감사한다. 이 연구 과제는 한국과학창의재단의 연구비 지원으로 이루어진 것이다. 지난 여러 해 동안 과학문화연구센터의 든든한 후원자이자 동반자로서 어려운 길을 함께 걸어온 재단과 관계자들께 깊은 감사와 경의를 표한다. 이 연구 과제가 수행되는 동안 그리고 이 책이 편집되는 과정에서 번거로운 일을 도맡아 처리했던 수도권 과학문화연구센터의 실무자들의 노력이 없었다면 이 책이 나오지는 못했을 것이다. 특히 10편의 원고를 꼼꼼하게 교정보고 다듬어준 전혜리 선생께 고마움을 전한다. 마지막으로 이 책의 출판을 흔쾌히 맡아주고 촉박한 일정에도 좋은 책이 되도록 노력한 한국학술정보(주)의 김영권 이사와 편집진들께 감사드린다.

2010년 8월
편자 일동

⦂ 차례

1. 한국 현대 과학문화의 형성

1960년대 '과학기술 붐'과
과학기술문화 형성[*]

문만용
전북대학교

I. 머리말

4월 21일은 과학의 날이며, 과학기술계와 교육계는 4월을 과학의 달이라 하여 과학기술과 관련된 여러 행사를 진행한다. 과학의 날은 1967년 과학기술처가 문을 연 날을 기념하여 다음 해부터 제정되었으며, 2007년 40년을 맞이하여 몇몇 미디어에서 '한국과학기술 40년'을 주제로 한 특집 프로그램이나 기사를 연이어 내보냈다.[1] 때맞춰 과학기술부는 과학기술행정 40년을 정리하는 『과학기술 40년사』를 간행했으며, 그에 앞서 한국과학문화재단도 『과학문화재단 40년사』를 발간했다. 또한 2006년 11월 한국과학기술단체총연합회는 『과총 40년사』를 펴냈으며, 그에 몇 달 앞서 한국과학기술연구원은 『KIST 40년사: 1966-2006』을 발간했다. 이처럼 2007년을 전후로 과학기술 관련 기관에서 40주년을 기념하는 행사가 유난히 많이 열렸다. 과연 1967년을 전후로 과학기술계에 어떠한 일들이 일어났으며, 왜 그 시기에 그 같은 일들

* 이 논문은 2006년도 과학문화연구센터의 지원에 의하여 연구되었으며, 『한국과학사학회지』 29권 1호 (2007), 69-98쪽에 "1960년대 '과학기술 붐': 한국의 현대적 과학기술체제의 형성"이라는 제목으로 게재되었음.

1) 대표적인 예로 인터넷 과학신문 사이언스 타임즈(http://www.sciencetimes.or.kr/)에 연재되었던 기획기사 '한국 과학기술 도전의 40년', '과학문화 40년사'를 들 수 있다.

이 일어났고 이는 한국의 과학기술계에 어떠한 의미를 지니고 있는 것일까?

압축적인 산업화 과정을 통하여 지속적인 고도성장을 경험한 한국에서 산업화의 기반이 되는 과학기술은 현대 사회를 이해하는 중요한 키워드가 된다. 최근 들어 근현대 한국사회의 과학기술에 대한 연구 성과가 지속적으로 생산되면서 여러 모습들이 하나씩 재구성되고 있다. 그렇다면 한국사회에서 '현대적인 과학기술'이 시작된 것은 언제부터일까? 현대적인 과학기술의 정의나 기준에 대해 아직 충분한 논의가 이루어지지는 않았지만 몇 가지 가능성을 생각해 볼 수 있다. 우선 한국현대사의 출발점으로 간주되는 1945년 해방이라는 시점을 들 수 있다. 해방 이후 서울대학교를 필두로 대학의 설립이 이어지면서 이공계 학과들이 설치되어 과학기술 분야의 고등교육이 시작되었고, 전문 분야별로 학회가 조직되었던 것이다.[2] 그러나 당시 체계적 교육을 받은 과학기술자의 수 자체가 많지 않았고 그나마 상당수가 월북을 했으며,[3] 한국전쟁을 거치면서 심각한 물적 자원의 파괴를 경험해야 했기 때문에 해방 직후를 한국사회에서 본격적인 현대과학이 형성된 시점으로 보기는 어렵다. 한편 박성래는 한국과학사의 시대 구분에 대한 논의에서 근대과학의 시점을 잡기가 어렵다고 토로하면서 한국에서 "현대과학의 학습"은 1959년 과학기술행정을 실질적으로 주도했던 원자력원의 창설과 함께 본격적으로 시작되었다고 볼 수 있을지 모른다고 밝혔다.[4] 이에 비해 김근배는 해방 이후의 과학기술계를 소개하는 글에서 1960년대에 들어서야 한국의 과학기술계는 "현대적 활동 모습"을 갖추게 되었다고 평가했다. 그 근거로는 독립적인 정부 과학 기술 부처의 등장으로 과학기술에 대한 국가적 지원체계가 형성되고, 새로운 가치를 지닌 과학 세대 덕분에 연구활동에 중점을 둔 과학기술 활동이 탄생했으며, 과학기술 연구가 좀 더 조직적이고 체계적으로 추구되었다는 점을 들었다.[5]

2) 해방 이후 1950년대까지 과학 분야 대학과 학회의 상황에 대해서는, 문만용·김영식, 『한국 근대과학 형성과정 자료』 (서울대학교출판부, 2004) 참고.
3) 월북 과학기술자에 대해서는, 김근배, "월북 과학기술자와 흥남공업대학의 설립", 『아세아연구』 98호 (1997), 95-130쪽 참고.
4) 박성래, "한국과학사의 시대구분", 『한국학연구』 1 (1994), 277-302쪽.
5) 김근배, "해방 이후의 과학 기술계", 박성래 외, 『우리 과학 100년』 (현암사, 2001),

지금까지 현대적인 과학기술의 시작에 대해서는 본격적인 논의가 이루어지지 못한 편이며, 그간의 논의도 '현대과학의 학습'이나 '현대적 활동 모습' 등의 상이한 기준으로 전개되었지만 필자는 김근배와 동일하게 1960년대 중후반을 거치면서 한국에서 현대적인 연구개발 체제와 과학기술 행정기구 등이 구축되면서 현대적 과학기술이 시작되었다는 관점 하에 1966-1997년을 전후로 우리의 과학기술계에 어떠한 일이 일어났는지를 살펴보고자 한다. 그 시기에는 KIST와 과학기술처의 설립 외에 과학기술진흥을 위한 여러 제도와 조직이 형성되었다. 이러한 상황에 대해 당시 한 신문은 1967년을 우리나라에서 '과학기술 붐'이 일어난 해라고 평가했으며,[6] 이 표현이 어색하지 않을 정도로 이 시기에는 현대적 과학기술의 기반 정립과 관련된 다양한 사건들이 전개되었다. 그러나 현재까지 KIST의 설립을 제외하고는 이에 대한 충분한 연구가 이루어지지 못했으며, 1960년대 국내 과학기술계에 대한 본격적인 연구 성과는 드문 실정이다.[7] 따라서 이 글에서는 '과학기술 붐'의 내용과 그 배경을 분석할 것이며, 특히 과학기술처가 설립되기까지의 일련의 과정을 중심으로 1960년대 과학기술진흥을 둘러싼 움직임을 살펴보고자 한다.

우리나라와 같은 후발 산업국가들은 선진국과 달리 정부가 앞장서서 물적·인적 자원을 동원하여 과학기술 활동을 이끌어야 되는 경우가 많기 때문에 정부의 과학기술진흥 정책의 수립과 집행이 매우 중요한 의미를 지닌다.[8] 따라서 과학기술 정책을 책임지는 행정기구의 설립은 그 나라의 현대적 과학기술의 형성에 결정적 계기가 된다. 이 글에서도 과학기술처 설립이 분수령

144-159쪽.

6) "어디까지 왔나? '67 한국의 과학기술① 고개든 「붐」", 『중앙일보』, 1967. 12. 12.
7) 1960년대 과학기술계에 대한 글은 김근배, "서구과학의 도입과 현대 한국과학의 형성" (미간행 원고); 김근배, "해방 이후의 과학 기술계"(각주 5번의 글)가 대표적이다. 전자는 개항 이후부터 1980년대까지 한국 과학기술계의 변천을 상술한 글로서 1950-60년대를 '외국원조와 과학기술 기반의 형성'이라는 소제목 아래 서술했으며, 후자는 해방 이후부터 1960년대까지 과학기술계를 '과학기술자 사회'를 중심으로 설명했다. 또한 송성수, "과학 기술 활동의 형성과 발전", 국사편찬위원회 편, 『근현대 과학 기술과 삶의 변화』(두산동아, 2005), 107-124쪽의 전반부가 1960년대의 과학기술 활동을 정부의 정책을 중심으로 서술하고 있다.
8) W. Shrum, and Y. Shenhav, "Science and Technology in Less Developed Countries," S. Jasanoff, et al. eds., *Handbook of Science and Technology Studies* (Sage Publications, 1995), pp. 627-651.

이 되었다는 판단 아래 그 전후의 정부 과학기술진흥 정책을 설명할 것이다. 이를 위해 우선 논문의 앞부분에서는 1960년 이전까지 과학기술진흥을 둘러 싼 논의와 노력들을 살펴본 다음, 1960년대 초 군사정부의 등장 이후 과학기술진흥 정책이 태동하던 과정에 대해 서술할 것이다. 그리고 KIST의 설립에 대해 간략히 설명하고 뒤이은 과학기술처 설립과정에 대해 그 배경에서부터 구체적인 진행 과정을 상세히 추적할 것이다. 그리고 과학기술처 설립 이후 정부의 과학기술진흥 노력을 살펴봄으로써 '과학기술 붐'의 실체와 의미에 대해 논하고자 한다. 이를 통해 이 시기에 한국에서 현대적 과학기술체제가 형성되었음을 보일 것이다. 과학기술체제(science and technology system)는 엄밀하게 정의된 개념은 아니지만 일반적으로 국가혁신체제(national innovation system)와 동일한 의미로 사용되거나 한 국가의 과학기술 연구 및 행정기구 전반을 지칭하는 용어로 사용된다.9) 이 글에서는 과학기술체제를 과학기술 행정체제, 연구개발 수행체제, 기타 과학기술 관련 기구로 구성된다고 보고, 1966-1967년에 그와 같은 과학기술체제가 갖춰짐으로써 한국에서 현대적 과학기술이 시작되었음을 설명할 것이다.

II. 1960년 이전의 과학기술진흥 노력

1945년 해방 이후 과학기술계와 교육계 일각에서는 과학기술진흥의 중요

---

9) Werner Meske, *Institutional Transformation of S&T Systems in the European Economies in Transition* (Berlin: Wissenschaftszentrum, 1998), p.4는 과학기술체제를 "과학·기술적 활동을 담당하고 과학·기술 혁신 과정을 수행하는 공공 및 민간 영역 기관들의 네트워크"라고 정의하여 국가혁신체제와 유사한 의미로 사용했다. 또한 Zhicun Gao & Clem Tisdell, "China's Reformed Science and Technology System: An Overview and Assessment," *Prometheus Vol.22, No.3* (2004), pp. 311-331은 과학기술 관련 연구기관, 정부기구, 제도 등의 변화를 과학기술체제의 변화라는 개념으로 설명했다. 과학기술정책연구원에서 펴낸 각국의 '과학기술체제와 정책'에 대한 일련의 보고서들도 유사한 틀로 과학기술체제라는 표현을 사용하는데, 예를 들어 홍성범, 『중국의 과학기술체제와 정책』 (과학기술정책관리연구소, 1996), 87쪽은 ① 과학기술 행정체제, ② 연구개발 수행체제, ③ 기타 과학기술 관련 기구 등으로 나누어 중국의 과학기술체제를 설명했다.

성을 주장하면서 정부가 앞장서서 과학기술 중추기관을 설립하고 과학교육에 힘을 써줄 것을 요구했다.[10] 그러한 움직임의 일환으로 서울대학교 문리대 초대 학장을 지낸 이태규는 미군정청 교육심의회에서 과학진흥을 위한 강력한 기능을 가진 '과학기술부'를 정부기구로 신설할 것을 주장했는데, 그의 구상은 1948년 한 잡지에 실린 대담 기사를 통해 확인할 수 있다.

> 우리나라 과학을 진흥시키자면 어떻게 하느냐는 입으로간 떠들지 말고 먼저 실천하여야 하겠습니다. 그러니까 어느 부의 부속기관으로 맡기는 것은 부당하다고 생각합니다. 과학기술부를 만들어서 거기서 근본정책을 세우고 공업발전계획이라든지 과학진흥계획 같은 만반계획을 여기서 세우고 추진시켜야 합니다. (중략) 과학기술부의 설치를 강조하는 다른 이유의 하나로 그 중핵적 기관으로 종합연구소를 창설하자는 것입니다.[11]

과학기술진흥을 책임질 정부기구를 설치하고 그와 연계하여 과학기술종합연구소를 창설하여 이공학 전반에 걸친 연구활동을 추진하자는 것이 이태규의 생각이었다. 중앙공업연구소 소장이었던 안동혁도 1947년 자신의 저서를 통해 국가 전체의 과학발전을 기도하는 동시에 관계행정부문과 긴밀한 연계를 취하여 과학의 발전을 촉진시킬 수 있는 '과학기술참모본부'를 구성할 것을 주장했는데, 이 본부는 과학기술 관련 행정부문과 각종 전문연구기관을 직속기관으로 갖춘 방대한 과학기술진흥 정부기구로 설명되었다.[12]

그러나 1948년 대한민국 정부가 수립될 당시 과학기슬부는 설치되지 않았고, 과학기술과 관련된 업무는 "교육·과학·기술·예술·체육 기타 문화에 관한 사무를 관장"했던 문교부의 소관으로 규정되었다. 과학과 기술에 대한 사무를 위해 문교부는 과학교육국을 두었고, 여기에는 "과학의 진흥과 보급에 관한 사항을 분장"하는 과학진흥과가 설치되었다.[13] 그러나 과학교

---

10) 이광영, "전국민의 과학화운동 도입에서 정착까지", 권원기 외, 『우리나라 과학기술정책 수립 과정에 영향을 미친 주요요인들의 조사 분석·정리』(과학기술부, 2005), 209–237쪽.

11) 이건혁, "과학교육진흥방책과 과학기술부 설치에 대하야 (건국과학정책의 구상) – 이태규 박사 대담기", 『현대과학』 9 (1948), 40–43쪽.

12) 안동혁, 『과학신화』(조선공업도서출판사, 1947), 19–20쪽.

육국은 산업, 공업, 수산, 직업 등 실업교육에 주력했으며, 1950년에는 기술교육국으로 이름을 바꾸었다. 따라서 과학진흥을 업무의 일부로 내세웠지만 교육이 주된 본령인 문교부가 체계적인 과학기술 정책을 입안하거나 집행하기를 기대하기는 어려웠다. 그나마 기술교육국은 1961년 정부조직 개편과정에서 폐지되고 학무국의 기술교육과로 축소되어 과학기술자들로부터 "경솔한 후퇴"라는 비판을 받았다.[14]

한편 1959년 원자력의 연구, 개발, 생산, 이용과 관리에 관한 사항을 관장하기 위해 대통령 직속으로 원자력원이 설치되었다.[15] 원자력원은 과학기술과 관련된 최초의 독립 행정기구였다고도 볼 수 있지만 원자력이라는 제한된 분야만을 관장했으며, 원자력원 원장은 국무위원이 아니었고 국무회의에 참석해서 발언할 수 있는 권리가 주어졌을 뿐이었다. 따라서 원자력원의 설치에도 불구하고 과학기술 전반에 대한 체계적인 정책의 수립·집행까지 이르지는 못했다. 원자력원의 설립을 위한 원자력법의 입안 과정에서 아예 과학부를 창설하자는 제안이 나왔지만, 당시 정치적 불안정 속에서 해산이 예정되어 있었던 민의원의 이재학 부의장이 우선 원자력원을 만들고 단계적으로 확장시키자며 거부 의사를 밝혀 구체화되지 못했다.[16] 비록 과학부 창설 요구가 결실을 맺지 못했지만 1959년 제1차 원자력학술회의 도중에 과학기술계 대표 약 80명이 별도의 모임을 갖고 과학기술진흥 문제를 논의했다. 이들은 과학기술진흥협의회를 창설하여 과학기술진흥법을 제정하고 과학기술센터를 설립하여 과학기술진흥 정책을 구체화시킬 것을 결의했다. 이 결의도 그대로 현실화되지 못했지만 과학기술인을 총망라한 전국적인 조직체가 필요하다는 인식이 확산되어 다음 해 사단법인 한국과학기술진흥협회가 설립되었다. 이 협회의 창립총회에는 이학, 공학, 농학 및 의학 분야 39개 학술단체

---

13) 법률 제1호 "정부조직법" (1948. 7. 17); 대통령령 제22호 "문교부직제" (1948. 11. 4).
14) 대통령령 각령 제180호 "문교부직제" (1961. 10. 2); 권영대, "과학연구기관의 강화", 『조선일보』, 1961. 10. 31.
15) 원자력원의 설립과 기능에 대해서는 고대승, "원자력기구 출현과정과 그 배경", 김영식·김근배 엮음, 『근현대 한국사회의 과학』 (창작과비평사, 1998), 277-307쪽 참고.
16) 한국원자력연구소, 『한국 원자력 20년사』 (1979), 13쪽; 박익수, "윤세원과의 대담", 『한국원자력창업 비사-1955-1980』 (도서출판 경림, 2004), 14쪽.

와 관련기관 대표자 120명이 참석했으며, 초대회장은 서울대학교 총장을 지낸 윤일선이 선출되었다. 그러나 40개의 분과위원회와 약 500개로 세분된 소분과위원회를 조직하여 의욕적으로 출발한 과학기술진흥협회는 몇 달 뒤 5·16군사쿠데타가 발발하면서 별다른 활동을 하지 못했다.

이처럼 1950년대까지는 과학기술계의 의욕에도 불구하고 과학기술진흥에 관한 종합적 정책이나 이를 지원하는 통합된 행정체제가 없어 과학기술 발전을 위한 특별한 사업이 수립·실시되지 못했다. 원자력 분야를 책임지는 원자력원의 설치에도 불구하고 국가의 전체적인 과학기술을 진흥시키기 위한 포괄적 정책에 대한 고려가 없었던 것이다. 또한 원자력원 산하의 원자력연구소는 '실질적인 최초의 연구기관'에 해당된다는 평가를 받기도 했지만 연구소 안팎의 문제로 인해 정상적인 연구활동이 이루어지기까지 몇 년을 기다려야 했다.[17] 따라서 과학기술행정이나 연구개발 활동의 측면에서 볼 때 이 시기에 현대적 과학기술이 시작되었다고 보기에는 무리가 있다고 판단된다. 사실 당시까지 '과학기술'이라는 문제 자체가 정부나 정치권의 주된 관심사가 아니었다. 과학기술진흥을 공식적으로 내세운 정당은 1960년 2월 자유당이 처음이었다. 4·19혁명을 촉발시켰던 1960년 3·15부정선거가 있기 한 달 전 자유당 간부와 정부각료의 연석회의에서 9개 항의 공약이 합의되었는데, 여기에 가장 마지막으로 제시된 것이 '과학진흥의 향상'이었다. 이 공약은 '교육의 충실과 문화의 향상'과 함께 처음 합의된 7개 공약 외에 뒤늦게 추가된 것으로,[18] 선거를 앞두고 급조된 것이었지만 정치권이 과학진흥을 전면에 내세운 것은 처음이었다. 그러나 자유당은 그로부터 두 달 뒤 4·19혁명으로 종말을 고했으며, 뒤이어 등장한 민주당은 한 과학자의 표현대로 "입밖에 [과학의] 과자도 내보지 못"하고 단명으로 끝나고 말았다.[19]

---

17) 김근배, "서구과학의 도입과 현대 한국과학의 형상", 31–32쪽.
18) "문교·과학 등 2장 추가계획, 자유당 선거공약", 『조선일보』, 1960. 2. 15.
19) 권영대, "20년 유감⑥ 자연과학: 우주시대의 한랭지대", 『조선일보』(1965. 8. 26).

III. 과학기술정책의 태동:
제1차 기술진흥5개년계획의 수립

 5·16쿠데타로 등장한 군사정부는 과학기술 문제에 대해 이전의 정부에 비해 훨씬 적극적인 태도를 보였다. "절망과 기아선상에서 허덕이는 민생고를 해결하여 잘 살아보자"는 슬로건을 내걸은 군부는 경제번영을 첫 번째 목표로 내걸었고, 이는 과학기술진흥에 대한 관심으로 이어졌다. 군부가 설치한 최고 통치기구인 국가재건최고회의는 과학기술진흥을 위해 연구소 설립을 검토하라고 지시했으며, 이에 문교부는 1961년 9월 '종합자연과학연구소설립연구위원회'를 구성했다. 이 위원회는 문교부 차관이 위원장을 맡고 국내 중진 과학기술자들을 중심으로 구성되었으며 과학기술 분야의 종합적인 연구기관 설치방안 작성을 목적으로 했다.[20] 설립연구위원회는 '한국과학기술원(가칭) 설치계획안'을 작성하여 보고했는데, 이 계획안의 세부적인 내용은 확인하기 어렵지만 당시 신문의 기고문을 통해 "국가의 절대적인 지원을 받지만 국공립이 아닌 특수법인 형태의 민간연구소"를 지향했음을 알 수 있다.[21] 최고회의는 이를 검토하여 내각수반 소속으로 과학기술원을 설치하기로 하고 그에 관한 자료의 조사연구와 계획 수립을 위해 1961년 11월 '과학기술원설립위원회규정'을 제정했다.[22] 과학기술원은 각 부처에 산재되어 있던 과학기술기관을 모두 흡수하고 과학기술심의위원회를 통해 전체 연구기관의 연구 방향을 조정하는 역할을 맡는 것으로 논의되었다. 이는 새로운 연구기관을 설립하는 데 막대한 자금이 필요하기 때문에 기존 연구소를 통합·조정하는 방향으로 선회한 것이었으며, 단순한 연구기관이 아니라 국가의 전체적인 과학기술 연구활동을 종합 조정하는 행정기구를 만들겠다는 구상이었던 것 같다. 그러나 기존 연구기관의 통합에 대해 관련 부처가 난색을 표시했고, 재정 문제와 함께 과학기술계에서도 이견이 있어 이 방안은 더 이상의 진전

20) 『한국과학기술연구소 비사 제28권: 이창석』 (1975. 2. 28), KIST 역사관 소장 자료; 이종진, "과학기술은 어디로", 『조선일보』, 1962. 3. 30.
21) 이종진, "첫째 「정신」, 둘째 「정책」: 종합연구소에 큰 희망", 『조선일보』, 1962. 1. 1.
22) 각령 제275호 "과학기술원설립위원회규정" (1961. 11. 29).

을 보지 못했다.[23] 뒤이어 최고회의는 학술원과 예술원을 통합하여 민족문화
과학연구원을 설치하여 종합적인 연구기관으로 발족시키겠다는 새로운 방안
을 내놓았으나 이 역시 결실을 맺지 못했다.[24]

비록 새로운 연구기관이나 독립적인 과학기술 행정기구를 세우지는 못했
지만 '기술진흥5개년계획'의 수립은 이 시기의 주목할 만한 성과였다. 1961년
'제1차 경제개발5개년계획'을 수립하여 경제개발을 본격적으로 추진하려던
군사정부는 이를 위해 과학기술진흥정책이 필요함을 인식하고 별도의 보완
계획을 마련하게 되었다. 여기에는 경제개발 계획에 대한 브리핑을 받던 최
고회의 의장 박정희의 질문이 의미 있는 계기가 되었다고 알려져 있다. 1962
년 1월초 경제기획원 신년 업무보고는 직전에 완성된 제1차 경제개발5개년계
획을 중심으로 보고가 이루어졌는데, 브리핑을 듣고 난 박정희가 "그런데 기
술 분야에는 별로 어려운 문제가 없는 것인지 모르겠습니다. 지금 우리가 새
로운 공장을 건설하는 마당에 우리가 현재 갖고 있는 기술수준과 기술자만으
로도 그것이 가능한지, 그렇지 않다면 거기에 대한 어떤 대책이 서 있는지
요?"라는 질문을 던졌다. 이에 송정범 경제기획원 차관이 임기응변으로 '기
술수급'이라는 용어를 만들어 "기술수급에 대해서는 계획을 별도로 수립하여
차후에 보고"하겠다는 답변을 제시했고, 이를 구체화하는 기술수급 계획을
경제기획원의 기술관리과가 맡게 되었다는 것이 당시 기술관리과장이었던
전상근의 설명이다.[25]

그러나 경제기획원은 박정희의 지적 이전부터 '기술수급' 문제를 염두에
두고 있었다. 경제기획원은 1961년 8월부터 사상 처음으로 전국의 기술계 인

23) 한국과학기술연구소 소사편찬위원회 편, 『한국과학기술연구소의 설립: 소사편찬자료 제1집』
    (한국과학기술연구소, 1971), 4쪽; "경제개발계획과 우리 과학기술의 위치", 『조선일보』,
    1961. 12. 30.
24) 김용섭, 『남북 학술원과 과학원의 발달』 (지식산업사, 2005), 146-149쪽.
25) 전상근, 『한국의 과학기술정책: 한 정책입안자의 증언』 (정우사, 1982), 8-22쪽. 전상근의
    회고를 근거로 일부 문헌들은 박정희의 질문이 우리나라 과학기술정책의 출발점이 되었다고
    보고 있다. 변명섭, "과학기술진흥법 탄생에서 소멸까지", 권원기 외, 『우리나라 과학기술정
    책 수립과정에 영향을 미친 주요요인들의 조사 분석·정리』, 1-33쪽; 성지은·조황희, "대
    통령과 과학기술 리더십", 한국행정학회, 『2005년도 춘계학술대회 발표집 - 한국행정학의
    성찰과 전망』 (2005), 657-676쪽.

적자원의 실태조사를 고려대학교 부속 기업경영연구소에 위촉·실시하여 12
월에 그 보고서를 각료회의에 제출했다.[26] 이 보고서는 모든 산업 분야와 기
술계 관공서 및 이공계 교육기관에 종사하는 기술자, 기능공, 기술 분야 교육
자의 수를 조사한 결과로서 이후 작성될 '기술수급계획'의 기초자료로 활용
될 것임을 머리말에 밝히고 있다.

> 이 조사의 목적은 침체된 경제상태를 회복하고 건전한 경제적인 기반을 마련하
> 기 위하여 경제개발 5개년계획의 강력한 추진에 필수적으로 소요되는 기술문제
> 관하여 충분한 배려를 해줌으로써 계획수행에 뒷받침하고자 하는 것입니다. 우
> 리나라의 기술문제를 살펴볼 때 기술수준은 후진성을 면치 못하고 있으며 산업
> 별의 **기술수급계획**도 또한 자료의 미비로 수립되지 못하고 있는 실정입니다. 따
> 라서 기술훈련계획을 적절히 수립하고 **기술수급계획**을 작성함으로써 자원의 활
> 용을 기하기 위해서는 무엇보다도 먼저 정확한 현황을 파악해 두어야 합니다.[27]
> (강조는 인용자)

기술수급 계획 작성을 지시받은 기술관리과는 좀 더 포괄적인 '기술진흥5
개년계획'을 수립하기로 하여 주한미국경제협조처(USOM)의 지원을 받는 한
편, 국내 과학기술계 각 분야 대표 40명으로 구성된 '과학기술정책 자문위원
회'를 조직하여 자문을 받았다. 이러한 과정을 거쳐 작성된 '제1차 기술진흥5
개년계획'은 '제1차 경제개발5개년계획의 보완'이라는 부제를 달고 1962년 5
월 국가재건최고회의에서 공식으로 승인되어 공포되었다.[28] 이 계획은 기술
계 인력 확보를 중심으로 한 기술수급 계획, 산업기술 개발을 위한 외국기술

26) 경제기획원장, "기술계 인적자원 조사보고서 작성 보고의 건" (1962. 1. 4), 국가기록원 소
　　장자료; 전상근, 『한국의 과학기술정책』, 122–128쪽.
27) 고려대학교부속기업경영연구소 편 『한국기술계인적자원조사보고서』 (경제기획원, 1961), Ⅰ쪽.
28) 대한민국정부, 『제1차 기술진흥5개년계획(제1차 경제개발5개년계획보완)』 (1962). 박정희의
　　지적에서부터 불과 1개월 뒤인 1962년 2월 5일 경제기획원은 제1차 기술진흥5개년계획의
　　시안이 완성되어 관계부처의 의견을 종합하여 금명간 각의에 상정할 것이라고 발표했다. 이
　　시안에는 기술진흥5개년계획의 핵심적 내용들이 대부분 담겨 있는데, 1개월 만에 자문위원회
　　가 조직되어 5개년계획을 작성할 수 있었을까 하는 의문이 든다. 전상근은 "4개월 남짓한 산
　　고 끝"에 기술개발5개년계획을 수립했다고 밝혔으나 이 계획은 이미 3월 27일 각의를 공식
　　통과했다. "기술진흥5개년계획을 성안", 『조선일보』, 1962. 2. 5; 과학기술연감 편집위원회
　　편, 『과학기술연감』 (경제기획원, 1964), 13–14쪽.

의 도입 촉진, 그리고 확고한 과학기술진흥 기반구축을 의미한 기술수준 향상 등 3가지를 기본 방향으로 설정했다. 인력 확보에서는 기술자와 기술공의 상대적 비중을 증가시키는 방안이 강조되었으며, 기술수준 향상에는 관련법의 제정, 과학기술 종합행정체제의 확립, 공업표준화 제도의 강화, 특허행정의 개선 등 관련 제도의 개선이 포함되었다.

제1차 기술진흥5개년계획은 처음으로 과학기술 전반의 진흥을 도모한 종합적 계획이라는 의미를 지니며, 뒤늦게 추가된 이 계획과는 달리 이후 '제2차 경제개발5개년계획'부터는 처음부터 과학기술진흥을 위한 계획을 별도 계획으로 반드시 포함하여 수립하게 되었다.[29] 이처럼 과학기술진흥을 위한 중기계획이 정부의 경제개발 계획의 추진과 더불어 정부 주도하에 수립되었고 과학기술이 경제개발에 필수요소라는 점이 국정에 확실히 반영되어 출발했다는 사실은 한국의 공업화 및 과학기술 발전과정의 중요한 특징 중 하나로 간주된다.[30]

최초의 과학기술진흥을 위한 종합계획인 제1차 기술진흥5개년계획은 과학기술 행정부처 설치에 대한 논의를 다시 불러일으키는 계기가 되었다. 이 계획이 발표되자 국내 과학기술 분야 학술단체는 과학기술행정을 전담하는 행정기구를 설치하라는 건의서를 국가재건최고회의에 제출했다. 이 건의서는 과학기술을 총괄하는 종합과학기술원을 설치하고 국무위원을 장으로 하되 부총리와 같은 격으로 하며, 과학기술 교육·연구를 중요 관장업무로 할 것을 요구했다. 이 건의에 대해 정부는 일단 경제기획원에 예속된 기구를 만들고, 제2차 5개년계획 기간 중에 국무위원을 장으로 하는 독립부처의 설립을 고려하기로 결정했다. 이에 따라 1962년 6월 이미 있던 기술관리과가 확대되어 기술관리국이 설치되었는데, 이는 과학기술진흥에 대한 종합적인 정책의 입안 및 집행을 담당하는 국(局) 단위의 행정기구가 처음으로 등장했음을 의미했다. 경제기획원 직제에 의하면 기술관리국은 기술관리과, 진흥과, 조사

---

29) 그동안 한국에서 수립되었던 과학기술종합계획의 변천과정에 대해서는 송성수, 『과학기술종합계획에 관한 내용분석: 5개년 계획을 중심으로』(과학기술정책연구원, 2005)를 참고.
30) 과학기술30년사 편찬위원회 편, 『과학기술 30년사』(과학기술처, 1997), 22쪽.

과로 이루어지며, 특히 기술관리과는 "과학기술진흥에 관한 종합적인 기본정
책, 장기기술진흥계획 및 그 연차별 시행계획의 입안과 그 실시의 관리, 조정,
과학기술 연구기관의 예산과 업무의 종합적인 조정, 관리" 등을 주된 업무로
삼았다.[31]

　　기술관리국은 발족 이후 첫 번째 핵심 사업으로 우리나라 과학기술의 현
황을 전반적으로 조사한 『과학기술백서』를 펴냈다.[32] 백서는 과학기술 전반
에 걸친 구체적인 현황과 문제점, 그리고 앞으로의 전망에 대해 상세한 내용
을 담고 있었으며, 1964년부터는 『과학기술연감』이라는 이름으로 매년 간행
되었다.[33] 또한 기술관리국은 1963년 전국의 과학기술 관련 연구기관의 실태
를 파악하기 위한 조사를 실시했다. 전국의 국공립연구기관, 대학, 민간 연구
기관의 연구시설과 연구요원 및 운영 실태까지 정밀하게 조사한 이 자료는
이후 연구개발 정책과 계획 수립에 중요한 기초자료가 되었다.[34] 이처럼 기
술관리국 설치 이후 과학기술과 관련된 기본 자료나 통계가 본격적으로 작성
되기 시작했으며, 과학기술 예산도 독립된 항목으로 집계되었다.

　　그리고 기술관리국의 발족 이후 과학기술진흥 관련 법령을 제정하려는 시
도도 이루어졌다. 이를 위해 1962년 9월 '과학기술진흥관계법령기초위원회
규정'을 각령으로 통과시키고, 과학기술 관계 각 분야 단체(학회·협회)의 대
표자, 과학기술 관계 행정기관의 담당관(국장급), 법률전문가 등 28명으로 위
원회를 구성하였다. 이 위원회는 일차적으로 '과학기술진흥법', '기술자자격
기준법', '기술자고용법' 그리고 '직업훈련법' 등 4가지 기본법의 기초를 만들

---

31) 각령 제850호 "경제기획원직제" (1962. 6. 29). 기술관리국은 1959년 부흥부에 임시부서
　　로 만들어진 기술관리실에 뿌리를 두고 있었다. 기술관리실은 미국의 기술원조에 의한 기술
　　자 해외파견훈련과 관련된 업무를 담당했으며, 1961년 부흥부가 건설부로 바뀌면서 기술관
　　리과로 승격되었고, 다시 건설부가 경제기획원으로 개편되자 물동계획국 아래 기술관리과가
　　되었다. 기술관리국의 기원 및 설립에 대해서는 전상근, 『한국의 과학기술정책』, 14-15쪽,
　　41-52쪽 참고.
32) 경제기획원, 『과학기술백서』(1962).
33) 현재까지 확인된 우리나라 최초의 과학기술백서는 1959년 한국산업은행 기술부가 펴낸 『한
　　국과학기술요람』으로 여겨진다. 이 책은 과학기술관계기관 및 연구단체, 과학기술관계법령
　　등과 함께 과학기술 각 분야에 대한 소개의 글을 담고 있다. 한국산업은행기술부 편, 『한국과
　　학기술요람』(1959).
34) 경제기획원, 『과학기술연감, 1964』(1964), 14쪽.

어 심의 검토했으나 정부 안팎의 이견으로 바로 제정되지는 못했다. 대신 1963년 11월에 기술자자격기준법이 '기술사법(技術士法)'으로 이름을 바꾸어 가장 먼저 제정되어 공포되었는데, 이 법은 고급기술자의 확보와 우대를 목적으로 했으며, 전문 기술 분야별로 기술사를 육성하기 위해 필요한 사항들을 정하고 기술사의 자격과 업무에 관한 범위를 규정했다.[35]

　기술관리국의 설치 이후에도 최고회의 의장 박정희는 기술의 진흥을 강조하면서 새로운 과학기술진흥책을 구상중임을 여러 차례 밝혔지만, 경제과학심의회의의 설치 외에 뚜렷한 결과는 없었다. 경제과학심의회의는 "국민경제의 발전과 이를 위한 과학진흥에 관련되는 중요한 정책수립에 관하여 국무회의 심의에 앞서 대통령의 자문에 응"하기 위하여 설치된 기관으로, 1962년 말 개헌안이 발의되는 최종단계에서 제안되었다. 당시 보도에 의하면, 석 달 동안의 개헌안 심의과정에서는 전혀 논의되지 않았지만 개헌안이 확정되기 바로 전에 대통령자문기관으로 과학심의회의를 삽입할 것이 제안되어 최고회의 전원의 합의로 신설되기에 이르렀다. 당시 최고회의 문교사회위원장 김용순은 경제심의위원회와 과학심의위원회를 별도로 설치할 것이며, 헌법안이 통과되기 전에 잠정적인 기구로 '과학기술정책심의위원회'를 설치하고 과학부문의 해외유학생을 일괄 선출하여 국비로 해외유학을 시킬 것이라는 정책까지 발표했다.[36] 그러나 과학기술정책심의위원회는 실제로 설립되지 못한 것으로 보이며, 경제과학심의회의는 새 헌법이 통과된 다음인 1964년 초에 들어서 단일기구로 설치되었다. 그러나 이 기구의 첫 번째 위원 7명 중 과학기술계 관련인사는 최규남 한 명뿐이었으며, 실제로 경제과학심의회의는 인적 구성 자체가 경제 분야에 편중되어 있었기 때문에 과학기술 분야에서는 눈에 띄는 자문활동을 벌이지 못했다. 이러한 상황이었기 때문에 1964년 말 그해의 과학기술계에 대해 "별다른 특징 없는 한 해였"다거나 "새 헌법에 대한 기대에도 불구하고 3공 발족 1년이 지나도 과학기술계는 달라진 것이 없다"

---

35) 전상근, 『한국의 과학기술정책』, 132-142쪽; 경제기획원, 『과학기술백서』, 58-60쪽.
36) "과학도의 해외유학, 일괄적으로 국비부담", 『조선일보』, 1962. 11. 7; "과학심의회 등 관계법안 성안", 『조선일보』, 1962. 12. 27.

는 부정적인 평가가 나왔다.[37] 과학기술정책의 태동과 기술관리국의 설치에
도 불구하고 과학기술계가 지속적으로 요구했던 과학기술전담 행정기구와
충분한 여건을 갖춘 연구기관의 설립이 이루어지지 못했기 때문에 실제적인
과학기술 활동은 크게 달라진 모습을 보이지 못했던 것이다.

IV. 새로운 연구기관의 등장: KIST의 설립

경제과학심의회의의 구성에 실망을 감추지 못했던 과학기술계는 1965년 5
월 한미정상회담을 통해 미국이 한국에 연구소 설립을 지원하겠다는 사실이
알려지면서 새로운 활기를 얻게 되었다. 사실 그 전 몇 해 동안 한국정부에
의해 국공립연구기관이 지니는 한계를 극복하고 산업계의 기술개발을 지원
하는 역할의 종합연구기관을 세우려는 시도가 지속되었다. 그러한 시도의 바
탕에는 연구기관의 자율성과 독립성을 위해 민간기구로 설립해야 된다는 원
칙이 있었고, 대통령 박정희도 그와 같은 연구기관 개편 노력의 취지와 방향
을 알고 있었다. 이런 상황에서 미국이 연구소 설치 문제를 제기하자 박정희
는 곧바로 적극적인 동의를 표명할 수 있었고, 공동성명 발표 이후 단시간에
기술관리국이 중심이 되어 연구소 설치방안을 마련하게 되었다.[38]

연구소 설치를 지원하겠다는 미국의 제안은 박정희의 미국 방문을 앞두고
그에게 줄 뜻깊은 선물을 준비하라는 미국 대통령 존슨(Lyndon B. Johnson)의
지시에 따라 대통령의 과학기술특별고문 호닉(Donald F. Hornig)이 강구해낸
것으로 알려져 있다. 미국이 한국에 제공할 기술원조 방안을 마련한 것은 무
엇보다도 베트남 전쟁에 한국이 전투부대 파병을 결정한 것에 대한 대가의
측면이 있었으며, 당시 미국에서 문제가 되고 있던 두뇌유출에 대한 반대 사
례를 만들기 위한 목적도 담겨 있었다.[39] 동시에 막바지 단계에 달한 한일협

---

37) "64년 레뷰⑤ 과학", 『조선일보』, 1964. 12. 24; 이채호, "이제는 무엇인가 달라져야겠다
② 새로운 과학풍토", 『조선일보』, 1965. 1. 5.
38) 문만용, "한국과학기술연구소 설립 과정에서 한국과 미국의 역할", 『한국과학사학회지』 26권
1호 (2004), 57—86쪽.

정에 대한 한국 내의 반발을 무마하고 한일수교 이후에도 미국의 지원이 계속될 것이라는 점을 시사하는 의미도 지니고 있었다.[40] 미국은 연구소 설치 지원과 1.5억 달러의 개발차관을 통해 박정희 정권에 대한 지지와 한국에 대한 지속적인 경제·기술 지원 의지를 나타냄으로써 베트남 파병과 한일수교에서 한미 양국이 원하는 결과를 얻고자 했던 것이다. 사실 한국 전투병의 베트남 파병, 한일협정의 타결, 한국의 경제개발이라는 세 가지 문제는 모두가 서로 연결되어 있었고, 미국은 이 모두에 실질적인 이해관계를 갖고 있었기 때문에 적극적으로 나설 수밖에 없었다.[41] 미국의 지원은 박정희의 정치력 강화에 적지 않은 도움을 줄 수 있었고, 특히 정치와는 직접 관계가 없는 과학기술에 대한 지원은 논란의 소지도 없었다. 연구소 설립은 단순히 경제개발이나 근대화에 도움을 준다는 차원을 넘어 정권의 긍정적 이미지 형성에도 기여할 수 있었고, 박정희도 이 점을 인식하고 연구소 설치 문제에 적극적으로 나서게 되었던 것이다.

연구소 설립의 타당성 조사를 위해 호닉이 1965년 7월 한국을 방문하기로 하면서 언론과 과학기술계는 한국의 과학기술 현황에 대한 사회적 관심을 고조시켰다. 언론은 과학기술행정 및 지원체계, 두뇌유출을 비롯한 인력문제, 연구환경 등 과학기술을 둘러싼 국내의 제반 여건들어 대해 다양한 문제를 제기했으며, 과학기술자들도 호닉의 방한이 열악한 여건을 개선시킬 수 있는 계기가 될 것이라는 기대를 내비쳤다.[42] 호닉의 한국 방문에 앞서 한국정부는 연구소 설립뿐 아니라 국내의 과학기술 연구활동을 전반적으로 진작시키

39) 김근배, "한국과학기술연구소(KIST) 설립과정에 관한 연구ー미국의 원조와 그 영향을 중심으로", 『한국과학사학회지』 12권 1호 (1990), 44–69쪽.

40) 문만용, "한국과학기술연구소 설립 과정에서 한국과 미국의 역할", 63–65쪽.

41) 홍석률, "1960년대 한미관계와 박정희 군사정권", 『역사와 현실』 56 (2005), 269–302쪽; 전재성, "1965년 한일국교정상화와 베트남 파병을 둘러싼 미국의 대한(對韓)외교정책", 『한국정치외교사논총』 26–1 (2005), 63–89쪽.

42) 예를 들어 5회에 걸친 『조선일보』의 "미개발 이상지대: 과학계의 내일을 위한 시리즈" (1965. 7. 4–7. 15)는 과학계의 열악한 당시 상황을 조명하고 있다. 또한 "'호니그' 박사 일행의 내한을 환영한다"(『서울신문』, 1965. 7. 10.)와 "미과학사절단내한의 의의"(『동아일보』, 1965. 7. 8.) 등 호닉의 방한이 국내 과학기술 발전에 새로운 자극이 될 것이라는 기대를 담은 보도들이 이어졌다.

기 위해 종합적인 과학기술 연구개발 방안을 마련했다. 이 방안은 과학기술
종합연구소의 설치와 '과학기술연구기금 특별회계'의 창설 및 과학기술진흥
법의 제정이 핵심이었으며, 과학기술 행정체계를 확립한다는 계획도 담겨 있
었다.[43] 이는 연구소의 설립과 함께 국가적인 차원에서 효율적으로 연구개발
활동을 이끌어내기 위해서는 과학기술 행정체계의 정비가 필요하다는 논리
에 바탕을 두고 있었다.

  마침내 1966년 2월 KIST가 설립되었고, 초대소장으로 최형섭이 임명되었
다. KIST는 한국과 미국 정부의 재정지원으로 설립되었지만 자율적인 운영을
위해 재단법인이라는 법적 형태를 갖추었으며, 박정희는 KIST의 설립자로 이
름을 올렸다. 대통령이 설립자라는 점은 KIST가 민간 재단법인으로서 자율성
과 독립성을 강조하는 속에서도 정부의 지원을 이끌어 낼 수 있었던 요인의
하나로 간주된다. 박정희는 설립자로서 KIST에 대한 든든한 후원자를 자처하
고 나섰으며, 설립 초기에 발생한 몇몇 문제들을 중재해서 해결하는 역할을
담당했다.[44] 대통령의 이 같은 후원은 KIST 연구원들에 대한 사회적 지위를
높이는 동시에 연구원들에게 특별한 책임감과 부담을 부여하는 효과를 가져
왔다.[45] 즉 대통령의 후원은 KIST가 정부의 확고한 지원 아래 빠른 시간 내에
성장할 수 있었던 요인의 하나가 되었으며, KIST 연구원에 대해 정부가 보여
준 적극적 지원과 높은 처우는 과학기술자가 자신의 전공 분야에서 전문적인
능력을 발휘하고 사회적으로 권위를 인정받을 수 있게 되는 계기가 되었던
것이다.[46]

  KIST는 해외의 한국인 과학기술자들을 핵심연구자로 유치하고, 계약연구
체제를 주된 운영원리로 채택하여 한국의 경제발전에 기여하는 산업기술 연

---

43) "과학기술연구소 설치", 『서울신문』, 1965. 6. 7.
44) 문만용, "한국과학기술연구소 설립 과정에서 한국과 미국의 역할", 71-75쪽.
45) 안영옥, "한국과학기술연구소의 회고", 한국미래학회 편, 『미래를 되돌아본다』(나남, 1988),
    119-128쪽; 『한국과학기술연구소 비사 제21권: 권태완』(1975. 5. 6), KIST 역사관 소
    장 자료.
46) Yoon, Bang-Soon Launius, "State Power and Public R & D in Korea: A Case
    Study of the Korea Institute of Science and Technology" (Univ. of Hawaii Ph.D.
    Diss, 1992), p.180.

구활동을 중점적으로 추진하기로 했다.[47) KIST가 해외로 유출된 두뇌들을 받아들여 성공적으로 운영된다는 것은 한국 정부에게 상당한 의미가 있었다. 무엇보다도 떠났던 과학기술자들의 귀국은 국내외에 이전과는 달라진 한국의 위상을 나타내는 지표가 될 수 있었다. 실제로 KIST는 해외의 한국인 과학기술자들을 성공적으로 유치했으며, 박정희가 내걸었던 '조국 근대화'의 상징물로 기능함으로써 정권의 정당성 확보에 도움을 즈었다. 최고의 시설과 국내외에서 유치한 최고의 연구진을 갖추고 정부의 직접적인 통제를 받지 않고 자율적으로 운영되는 KIST는 1967년 대통령 선거를 앞둔 시점에서 박정희에게는 중요한 정치적 가치를 지니고 있었다. 그러한 정치적 가치를 극대화하기 위해 박정희는 KIST를 '동양최대의 연구소'로 만들고자 했으며, 이에 따라 KIST는 처음 계획보다 그 규모가 크게 확대되었다.

결국 KIST는 한국의 과학기술 발전을 위한 전체 프로그램의 일부였으나 규모 확대에 따라 한국 정부의 재정지원 비중이 커지면서 다른 분야에 대해 정부가 계획했던 정책적 지원은 상대적으로 감소할 수밖에 없었다. 예를 들어 1965년 6월 연구소 설치방안을 마련하면서 함께 제시돈 과학기술연구기금은 1967년 8월에야 기금운용규정이 제정되면서 시작되었지만 기금확보는 예정보다 크게 부진했으며, 대학이나 다른 연구기관에 제공되는 정부의 재정지원도 늘어나고는 있었지만 연구자들의 기대에는 미치지 못했다.[48) 특히 기초과학에 대한 지원은 상대적으로 매우 빈약했다. 결과적으로 KIST는 최고의 시설을 갖춘, 과학기술자들이 원했던 충분한 여건을 갖춘 연구소로 세워졌으며, 이를 위해 정부가 막대한 자금을 투자함으로써 과학기술 연구개발에 대한 정부의 지원이 본격화된 계기라는 의미를 지니고 있지만 동시에 불균형적인 과학기술지원 정책의 출발점이 되었다고 볼 수 있다.

---

47) 설립 이후 1970년대 KIST의 연구활동에 대해서는 문만용, "한국과학기술연구소(KIST)의 변천과 연구활동", 『한국과학사학회지』 28-1 (2006), 81-115쪽 참고.
48) 1966-70년 사이의 정부의 전체 과학기술 예산은 약 352억 원이었으며 KIST에 제공된 자금은 약 16%인 54.4억 원에 달했으나 같은 기간에 국공립 이공계 대학의 실험실습 및 시설비는 43.6억 원에 불과했다. 김근배, "한국과학기술연구소(KIST) 설립과정에 관한 연구", 69쪽.

V. 과학기술 행정기구의 정립: 과학기술처의 설립

KIST의 설립으로 현대적인 연구체제가 갖추어졌다고 판단한 정부는 곧이어 종합적인 과학기술 행정기구 설립을 추진하게 되었다. 과학기술을 전담하는 독립적인 행정부처 설립은 과학기술계가 해방 이후부터 줄곧 지녀왔던 숙원이었다. 기술관리국의 발족은 그와 같은 바람의 일단을 채워 주었지만 여전히 과학기술계는 독립적 행정기구를 희망했다.

1965년 2월 경제과학심의회의 상임위원 최규남과 비상임위원 이종진이 제5회 경제과학심의회의 안건으로 제출한 '과학기술행정기구개편안'도 그러한 희망을 담고 있었다. 이 개편안은 국무위원을 장으로 하는 과학기술 분야의 독립적 행정기구로 과학기술원을 설치할 것을 건의했다.

> 원자력사업이 과학기술 전반의 일부분에 지나지 못함에도 불구하고 불합리한 행정기구로 인한 비현실성과 방향상실성 등의 현상을 지양하고 명실상부한 과학기술진흥개발을 위하여 강력하고 일원화된 과학기술 행정기구의 설치 운영이 절실히 요망된다. 이와 같은 취지하에서 우리나라 현실적 여건과 외국의 예를 참작하여 가칭 과학기술원의 기구와 운영방식의 안을 도출하여 이의 조속한 실현을 건의코자 한다.[49]

과학기술의 일부분에 불과한 원자력사업을 담당하는 원자력원이 유일한 독립행정기구로 설치된 상황이 불합리하다는 점을 지적하고 단일한 과학기술 행정기구로서 과학기술원을 신설할 필요성이 있음을 주장한 것이다. 또한 이 개편안은 과학기술 개발의 최고기본정책과 실제 정책을 수행하는 각 부처의 협조를 원활히 하기 위해 의결기관인 과학기술위원회를 국무총리 직속하에 둘 것을 제안했는데, 이 위원회는 재무부, 국방부, 문교부, 상공부, 농림부, 체신부, 과학기술원의 각 장관 및 과학기술자 7인으로 구성된다고 설명했다. 이러한 제안은 기본적으로 과학기술행정이 한 부처만의 업무가 아니라 여러

---

49) 제5회 경제과학심의회의 의결사항: 최규남 · 이종진 "과학기술행정기구개편안" (1965. 2. 23), 국가기록원 소장 자료.

부처와 연관되어 있기 때문에 정책의 종합조정이 중요함을 지적하고 있다. 앞 절에서 언급한 것처럼 KIST 설립의 타당성을 확인하기 위한 호닉의 방한을 앞두고 한국 정부가 준비한 종합적인 과학기술 연구개발 방안에도 과학기술 행정체계를 확립한다는 계획이 포함되었는데, 이때 과학기술원 설치 제안도 재검토되었을 것으로 생각된다.

KIST 설립으로부터 석 달 뒤인 1966년 5월 19일 발명의 날을 기해 '제1회 전국과학기술자대회'가 열렸고, 이 자리에서 과학기술자들은 과학기술의 진흥을 위한 대정부 건의안을 채택했다. 이 건의안은, ① 과학기술진흥법을 조속히 제정할 것, ② 과학기술자의 처우를 개선할 것, ③ 과학기술회관을 건립할 것, ④ 국무위원을 행정책임자로 하는 과학기술 전담부처를 설치할 것 등 4가지 요구를 담고 있었다.[50] 이 대회를 준비하는 과정에서 과학기술 단체들 사이의 유대를 강화하고 과학기술진흥을 위한 방안의 체계적 계획 및 실천을 통하여 국가 발전에 기여하며, 과학기술인의 지위 향상을 목적으로 과학기술인을 총망라한 전국적인 조직체를 건설해야 한다는 의견이 모아졌다. 이에 따라 과학기술자대회는 한국과학기술단체총연합회(이후 과총)의 발기총회를 겸하게 되었고, 그해 9월 과총이 공식 출범했다. 과총도 출범 이후 종합적인 과학기술 행정기구의 설치를 비롯한 4가지를 공식적으로 건의했다.

과총의 요구에 대해 정부는 과학기술진흥법의 조속한 제정을 여당에 촉구하는 한편 과학기술전담 행정기관의 설립을 정부여당이 논의 중이라는 입장을 밝혔다.[51] 첫 번째 건의사항인 과학기술진흥법은 1966년 6월 기술관리국이 초안을 완성한 다음 공화당 국회의원이었던 이재만의 발의로 국회에 제출되었으나 통과가 보류된 상태였다. 이 법은 과학기술진흥에 관한 최초의 종합적인 법률로서, 과학기술진흥을 위한 기본정책과 계획을 수립하고 그 시행을 위한 체제의 확립과 재정 조치에 관한 사항을 규정했다. 결국 1967년 1월 과학기술진흥법이 국회를 통과함으로써 과학기술진흥을 위한 기본적인 법적

---

50) '제1회 전국과학기술자대회'의 추진 배경과 과정에 대해서는 한국과학기술단체총연합회, 『과총 40년사(연혁집)』 (2006), 58-63쪽 참고.
51) 한국과학기술단체총연합회, 『과총 40년사(연혁집)』, 154-156쪽.

장치와 함께 과학기술자의 처우 개선과 과학기술회관 건립지원의 근거가 마련되었다.[52]

과학기술진흥법의 통과로 과학기술 전담 행정기구의 설립이 남은 과제가 되었는데, 정부도 이미 이 문제의 해결을 구상 중이었다. 1966년 기술관리국은 제2차 과학기술진흥5개년계획을 준비하고 있었는데, 여기에 과학기술진흥 자체를 행정 목적으로 하며 국무위원을 장으로 하는 독립된 종합적 과학기술 행정기구를 설치할 필요가 있다는 주장이 포함되어 있었다.

> 다원적인 체계하에 있는 여러 과학기술 행정기관 사이의 유기적인 연계와 협조를 보장하기 위하여 종합적인 과학기술 행정기구의 필요성은 강조된 지 오래였다. 그러므로 계획기간 중 과학기술진흥 자체를 행정 목적으로 하는 종합적 과학기술 행정기구는 국무위원을 장으로 하여 독립된 기구로서 설치되어야 할 것이다.[53]

기술관리국은 독립된 행정기구의 설치시기를 제2차 5개년계획이 끝나는 1971년 정도로 계획했으나 1967년의 대통령 선거를 앞두고 있던 정부 여당의 정치적 판단에 의해서 그 시기가 앞당겨지게 되었다.[54] 1966년 가을 기술관리국장 전상근은 여당인 공화당 정책연구실의 요청에 의해 제2차 과학기술진흥5개년계획에 대한 브리핑을 했는데, 과학기술 행정을 전담할 독립 부처 설립에 대해 관심을 갖게 된 공화당 정책위원들이 1967년 5월 3일의 대통령 선거일 이전에 부처를 설립할 것을 구상하게 되었다. '조국 근대화'를 기치로 걸었던 정부·여당에게 과학기술 전담 부처의 설립은 유용한 선거전술이 될 수 있었던 것이다.

한편으로 나중에 초대 과학기술처 장관으로 임명된 김기형의 회고에 의하

---

52) 과학기술진흥법의 제정 과정 및 이후의 변천에 대해서는 변명섭, "과학기술진흥법 탄생에서 소멸까지", 권원기 외, 『우리나라 과학기술정책 수립과정에 영향을 미친 주요요인들의 조사 분석·정리』, 1–33쪽 참고.

53) 대한민국정부, 『제2차 과학기술진흥5개년계획 1967–1971』(1966), 74쪽.

54) 전상근, 『한국의 과학기술정책』, 101–119쪽. 과학기술처의 설립 과정에 대해서는, 김기형, "과학기술처 탄생", 권원기 외, 『우리나라 과학기술정책 수립과정에 영향을 미친 주요요인들의 조사 분석·정리』, 71–105쪽 참고.

면, 1966년 8월 귀국 후 과학기술과 관련해 자문을 하는 자리에서 과학기술
행정기구 설치의 당위성을 주장했으며, 대통령과의 면담에서 영국식 부총리
제를 강력히 주장했다.[55] 그는 경제과학심의회의 상임위원으로 임명된 뒤 과
학기술 행정기구 설립에 대한 보고서를 제출했으며, 이를 본 당시 경제과학
심의회의 부위원장인 국무총리 정일권이 만족스러워 하면서 대통령에게 보
고했다고 한다.[56] 결국 박정희는 11월 21일에 열린 10차 수출진흥위원회 청
와대 확대회의에서 과학기술 업무를 전담하는 과학기술부 신설을 연구·추
진하라는 지시를 내렸다.[57] 그는 "제대로 된 과학기술연구소(KIST)를 갖게 되
었으니 이를 관리할 과학기술진흥 정부기관이 필요하다"고 하면서 선진국의
과학기술 분야 정부기관의 실태를 조사·보고하라는 지시를 내렸다.[58] 이에
따라 김기형이 미국, 영국, 이탈리아 등 구미 국가들과 인도, 파키스탄, 필리
핀, 일본 등을 시찰하여 각국의 과학기술 행정체계를 조사하고 1967년 1월 5
일 '(가칭)과학기술원 설치안'을 작성해 대통령에게 보고했다.

김기형이 제출한 과학기술원 설치안을 검토한 박정희는 1월 11일 문교부
연두순시 과정에서 과학기술행정 전담기구 설치를 지시했으며, 1월 17일 국
회 연두교서에서 과학기술 행정기구 설치를 공식 발표했다. 이후 대통령의
지시에 따라 김원태 무임소장관이 과학기술 행정기구 설치안 작성 작업을 시
작했으며, 무임소장관실은 경제기획원 기술관리국에 자문을 구했다. 이에 대
해 기술관리국은 자체적인 논의를 거쳐 과학기술원 기구(안)을 작성해서 무
임소장관실에 제공했다.[59] 전상근의 회고에 의하면, 과학기술 행정은 상공부
나 내무부와 같이 고유의 집행 업무가 없기 때문에 '부'(部)로 하는 것은 적당
하지 않고 '원'(院)이나 '처'(處)로 해야 하는데, 국가적인 차원에서 과학기술

55) "과학기술 부총리제 강력히 주장, 김기형 초대 과기부장관 회고", 인터넷 과학신문 『사이언
    스 타임즈』, 2006. 4. 7.
56) 인터뷰: 김기형 (2006. 11. 31).
57) 과학기술처, 『현황 1967』 (1967), 3쪽.
58) 오원철, 『한국형 경제건설 제3권』 (기아경제연구소, 1996), 31˙쪽; 『한국과학기술연구소
    비사 제9권: 신동식』 (1975. 7. 2), KIST 역사관 소장 자료.
59) 기술관리국에서 작성한 '과학기술원 기구'에 대해서는 전상근, 『한국의 과학기술정책』, 108
    쪽 참고.

을 진흥하자면 부총리 수준의 권위를 가져야 한다는 판단 아래 과학기술원으로 결정했다고 한다. 무임소장관실은 기술관리국을 비롯하여 과학기술 관련 학자들과 사계의 전문가들의 의견을 수렴하여 '과학기술원 기구안'을 결정하여 2월 8일 대통령에게 보고했다.[60] 청와대는 이 자료를 정부 행정조직과 기구 설치의 주무부처인 총무처에 보내 구체적인 설립 작업을 지시했으며, 총무처는 독자적인 조사연구 속에서 전문적인 문제에 대해 외부의 자문을 받으면서 '과학기술 행정기구 설치안'을 확정했다.[61]

총무처의 방안에서 주목되는 부분은 신설 행정기구를 과학기술원이 아닌 과학기술처로 만든 것이다. 이에 따르면, 정부조직대강에 의해 참모조정기능을 갖는 원과 처는 국무총리 직속으로 설치되기에 과학기술 분야의 종합적인 행정기구는 국무총리 소속 기관으로 함이 적당하며, 당시 정부의 기구조정방침이 원은 교육원, 연구원, 보건원 등에 대해 적용하고, 처는 참모조정기관에, 행정명령 집행기관은 부로 통일하는 것이었기 때문에 과학기술원이 아닌 과학기술처가 타당하다는 것이었다. 사실 과학기술원으로 하느냐, 아니면 과학기술처로 하느냐는 문제는 전담 행정기관 설치 과정에서 가장 쟁점이 되었던 부분이었다. 대부분의 과학기술계 인사들이나 기술관리국은 정부가 과학기술진흥을 힘있게 추진해나가기 위해서는 부총리급의 과학기술원이 필요하다는 입장이었다.[62] 그러나 김기형의 회고에 의하면, 부총리급인 과학기술원 안에 대해 정부 내의 반대가 매우 심했고, 이에 대해 대통령이 과학기술부로 할 것을 제안했으나 부로 만들 경우 과학기술 종합조정권이 없어진다면서 과학기술처 체제를 건의했다고 한다.[63]

과학기술행정 업무는 성격상 여러 행정 부처가 관계되어 종합조정의 필요가 있기 때문에 처음부터 원이나 처로 구상되었다. 1965년의 『과학기술연감』에 의하면, 우리나라 과학기술관계 행정기구는 기능별로 볼 때, ① 과학기술

---

60) 김원태 무임소장관실, "과학기술행정기구설치(안)" (1967. 2).
61) 총무처, "심의자료: 과학기술행정기구설치" (1967. 2).
62) 김동일, "회고담", 과학기술단체총연합회, 『과총20년사』 (1987), 26–31쪽.
63) "과학기술 부총리제 강력히 주장, 김기형 초대 과기부장관 회고", 『사이언스 타임즈』, 2006. 4. 7.

그 자체를 행정 목적으로 하고 있는 종합적 과학기술 행정기구로서 경제기획
원 기술관리국이 있고, ② 과학기술 전반을 망라하지 않고 어떤 특정부문의
과학기술관계 행정을 전문적으로 수행하는 기구로 원자력원, 표준국, 특허국
등이 있으며, ③ 해당부처의 고유한 행정목적에 수반하여 그와 관련된 범위
안에서 과학기술관계 행정을 수행하는 기구로서 문교부의 고등교육국, 보통
교육국, 국립과학관, 농림부의 농촌진흥청, 상공부, 교통부, 체신부, 건설부와
같은 기술관계 부서가 있다고 밝히고 있다.[64] 여기에 정책기구로서 대통령
자문기관인 경제과학심의회의가 활동하고 있었다. 이렇게 여러 부처의 업무
와 관련이 있지만 이들 기관 상호간에 협력이나 제도적인 연관성이 없었기
때문에 전체적인 과학기술 행정기구를 통한 국가적인 종합조정을 위해서는
원이나 처가 불가피했다고 볼 수 있다.[65]

　그러나 당시의 상황에서 신설 행정기구를 부총리급의 과학기술원으로 설
치하는 것은 쉬운 일이 아니었다. 사실 부총리는 헌법에 명시된 행정기구가
아니었으며, 당시 부총리급의 부처는 경제기획원이 유일했다. 군사정부가 위
헌 논란에도 불구하고 부총리를 급조했던 것은 정부가 경제발전을 주도적으
로 이끌어 나가야 하는 처지였기 때문에 경제기획원장관에게 강력한 리더십
을 부여하고자 하는 목적에서였다.[66] 따라서 경제와 긴밀한 관련이 있는 과
학기술 분야에 별도의 부총리를 두는 것은 경제기획원은 물론 다른 부처와의
갈등을 불러올 가능성이 컸다. 또한 '원'이 곧바로 부총리급의 기구를 의미하
는 것은 아니었다. 실제로 과학기술원을 희망했던 1965년 2월 경제과학심의
회의의 행정기구 설치 건의나 무임소장관실의 행정기구 설치안에서도 과학
기술원의 장관을 부총리로 해야 한다는 제안을 명시적으로 밝히지는 않았다.
왜냐하면 부총리 여부는 대통령의 결단이나 정치권의 합의라는 정치적인 결

64) 경제기획원, 『과학기술연감, 1965』(1965), 6~7쪽.
65) 물론 부와 원·처의 이 같은 구분이 절대적이거나 항상 명백한 것만은 아니다. 예를 들어
　　1998년 정부조직법 개정을 통해 과학기술처는 과학기술부가 되었으나 소관 업무에 근본적인
　　변화가 뒤따랐다고 보기는 어렵다. 2004년에 들어와 과학기술계의 오랜 바람대로 과학기술부
　　장관이 부총리로 승격되어 그 위상이 크게 높아졌다. 현 정부의 과학기술 행정체제 개편에 대해
　　서는 성지은, "과학기술정책결정구조의 변화", 『행정논총』 44-1 (2006), 243~264쪽 참고.
66) 조석준, 『한국행정조직론(제2판)』(법문사, 1996), 139쪽.

정에 의해서 가능한 문제였기 때문이었다.

결국 1967년 4월 21일 문을 연 종합적인 과학기술 전담부처는 과학기술처가 되었다. 비록 과학기술계의 기대처럼 부총리급 기구가 되지는 못했지만 과학기술처 장관이 국무위원으로 임명됨으로써 과학기술행정을 전담하는 독립적인 기구 설치라는 과학기술계의 계속된 건의가 드디어 실현된 것이었다. 당시 개발도상국가 중 각료급 과학기술 전담부처를 갖춘 나라는 한국이 유일하다고 얘기된다.[67] 과학기술처의 설립과 함께 원자력원은 과학기술처 장관 소관의 원자력청이 되었으며, 국립중앙관상대와 국립지질조사소를 흡수하여 과학기술처 장관이 관장토록 했다. 또한 문교부에는 '과학교육국'을 신설하여 정부의 과학기술 정책과 과학교육 정책과의 조율을 효과적으로 수행할 수 있도록 했다. 비록 정부 내에서 차지하는 위상은 그리 높지 않았지만 과학기술처의 설립은 과학기술정책의 형성 과정에서 한 획을 긋는 전환점이 되었다.

VI. 현대적인 과학기술체제의 형성: '과학기술 붐'의 조성

과학기술처의 설립은 정부의 과학기술진흥 정책의 폭과 깊이를 더욱 넓고 깊게 만들었다. 정부조직법에 과학기술처는 "과학기술진흥을 위한 종합적 기본정책의 수립과 계획의 종합조정, 기술협력과 기타 과학기술진흥에 관한 사무를 관장한다"고 규정되었다. 과학기술처의 조직은 과학기술진흥에 관한 종합적 기본정책을 수립하고 과학기술 관련 정보를 수집하며 인력 및 자원개발 정책을 세우고 집행하는 진흥국, 기술협력 사업을 전담하는 국제협력국, 과학기술 분야의 연구개발을 위한 조사연구 과제의 선정 및 관리 등을 책임지는 연구조정실, 그리고 과학기술처의 기획예산 관리 등을 맡는 기획관리실로 구성되었다.[68] 설립 이후 과학기술처는 과학기술진흥 시책의 기본방향을 설

---

67) 과학기술처, 『과학기술연감, 1967』 (1967), 3쪽; 과학기술30년사 편찬위원회 편, 『과학기술 30년사』, 35-36쪽.

정하고 행정제도와 법령을 포함한 체제의 정비와 함께 종합조정제도의 확립, 과학기술진흥 장기계획의 수립 작업 등에 착수했다. 대통령은 과학기술처 장관의 요청을 받아들여 1968년 예산 편성과정에서 전년 대비 10% 증가라는 예산 편성지침을 무시하고 예산 재배정을 지시하는 등 과학기술 정책에 힘을 실어주었다.[69]

발족 이후 과학기술처는 과학기술개발 장기종합계획(1967-86년)의 수립을 최우선 대형 과제로 추진했다.[70] 계획 수립의 1단계(1967년 8-12월)에는 기획위원회를 구성하고 KIST, 한국생산성본부, 한국종합기술공사와의 학술용역을 통해 우리나라 '기초과학과 산업기술의 현황 및 개발방향'에 대한 기초자료 조사를 하고, 이를 바탕으로 '과학기술 장기전망과 종합적 기본정책(안)'을 마련했다. 이 결과는 1967년 말에 경제각의에 상정된 후 다음해 초에 대통령에게 보고되었다. 2단계(1968년 1-11월)는 이 기본정책을 총량 계획과 부문별 계획으로 구분하여 작성했는데, 30개 부문별로 400여 명의 전문가들이 참여하여 검증·조정했다. 이렇게 작성된 '과학기술개발 장기종합계획(안)'은 1968년 12월 국무회의에 보고되어 확정되었다.[71] 이 계획은 1980년대까지 우리나라 과학기술이 자주개발 능력을 강화하여 중진공업국가군에서 최상위 수준에 도달하는 데 목표를 두었고, 이를 위해 선진기술 도입의 촉진과 흡수, 과학기술계 인력의 개발과 최대활용, 민간 기술개발 활동의 조성강화, 국제분업적이며 특성 있는 기술개발 등을 중점 개발전략으로 설정했다. 이 계획에 대해 실현가능성이 높지 않은 '탁상계획'이라는 회의적 반응도 적지 않았

---

68) 대통령령 제2996호 "과학기술처직제"(1967. 4. 12). 설립 당시 과학기술처 기구표는 전상근, 『한국의 과학기술정책』, 116쪽 참고.

69) 인터뷰: 김기형 (2006. 11. 31). 그러나 정부의 한정된 재정 규모 속에서 예산 증가도 한계가 있어서 과학기술 연구비를 안정적으로 지원하기 위한 과학기술기금 15억 원이 정부의 1968년도 예산편성과정에서 전액 삭감되어 기금 조성은 더디게 진행되었으며, 이에 과학기술처 장·차관을 비롯한 산하 전직원이 성금 40만 원을 모아 한국은행에 과학기술기금계정을 설정하고 기금모집에 나서기도 했다. "과학진흥에 차질", 『조선일보』, 1967. 8. 16.

70) 장기종합계획의 수립 과정에 대해서는 경종철, "과학기술개발 장기종합계획의 수립", 권원기 외, 『우리나라 과학기술정책 수립과정에 영향을 미친 주요요인들의 조사 분석·정리』, 106-145쪽 참고.

71) 과학기술처, 『과학기술개발 장기종합계획 1967-1986』(1968).

지만,[72] 경제개발에 연동되는 중·단기 개발계획이 아닌 20년 단위의 장기종합 계획은 과학기술 전담부처가 있었기에 가능했다.

또한 과학기술처는 해외유학을 통제하는 그동안의 소극적 정책에서 벗어나 정부재원을 이용하여 해외 한국인 과학기술자들의 귀국을 유도하는 적극적인 정책으로 전환했다. 1967년 8월 과학기술처 산하에 재단법인 인력개발연구소가 설치되어 인력의 수급·양성·확보·활용·보존 등 인력개발에 관한 연구를 수행했으며, 1968년부터 재외 한국인 과학기술자 유치사업을 시작하여 첫 해 영구유치자 5명, 일시유치자 2명의 해외 과학기술자를 유치했다. 이 사업은 귀국을 희망하는 과학자들에게 여비, 체제비 등 재정적인 지원과 함께 국내 취업처를 알선하는 것이었는데, 최소한 2년 이상 국내에서 취업하는 영구유치와 수개월의 단기간 강의 또는 자문을 하는 일시유치로 구분되었다. 이러한 정책은 세계적으로 그 정도가 매우 심한 편이었던 한국의 '두뇌유출(brain-drain)'을 극복하려는 정부차원의 노력이 본격화되었음을 보여주었다.[73]

과학기술처의 설립 이후 과학기술 분야 학회들의 활동도 활발해졌다. 1950년대까지 과학기술학회는 그 수도 적었을 뿐 아니라 재원과 인력 부족으로 인해 학회지 발행이나 연구발표회 등의 학술활동을 제대로 수행하지 못했다. 그러나 1960년대에 접어들어 해외유학이나 연수를 떠났던 연구자들이 귀국하면서 학회활동에 대한 의욕이 커져갔으며, 적은 금액이었지만 원자력원이 과학기술진흥을 위해 일부 연구자들에게 연구비를 지원하면서 연구활동이 조금씩 활성화되어 갔다. 1960년대 중반에 이르러 자연과학과 공학 분야 학회들이 정규적으로 발간하는 학술지가 21종이 되었으며, 이를 통해 매년 발표되는 논문의 수가 300편을 넘게 되었다.[74] 농학과 의약학 분야까지 포함하면 정규 학술지의 수는 60종에 달했으며, 과학기술처의 발족 이후 정부가 각

72) "과학한국 80년대의 청사진: 과학기술처서 마련한 계획과 전망", 『조선일보』, 1968. 1. 25; 송상용, "한국과학 25년의 반성", 『형성』 3권 4호 (1969), 51–64쪽.
73) 정부의 해외유학생에 대한 정책 변화와 해외 과학기술자 유치사업에 대해서는 문만용, "한국의 '두뇌유출' 변화와 한국과학기술연구소(KIST)의 역할", 『한국문화』 37 (2006), 229–261쪽 참고.
74) 경제기획원, 『과학기술연감, 1966』 (1966), 332쪽; 김근배, "서구과학의 도입과 현대 한국과학의 형성", 37–40쪽.

학회에 보조금을 지원하면서 학회의 학술활동은 안정적 상태를 유지할 수 있게 되었다. 비록 정부의 지원은 그 규모가 크지 않아서 학회지 발간, 학술발표회, 국제학회 가입 및 참가 등으로 제한되었지만 물리학과 화학을 비롯하여 중점 지원분야로 선정된 학회들은 발표된 연구논문의 수가 2-3배로 늘어났을 뿐 아니라 학회지의 발간 횟수도 증가하는 등 학술활동이 크게 증진되었다.

과학기술처가 설립되고 몇 달이 지난 1967년 12월 9로 과학기술자들의 후생복지를 목적으로 내세운 재단법인 한국과학기술후원회가 대통령을 설립자로 하여 설립되었으며, 박정희는 과학기술후원회 설립 취지문을 직접 작성했다.[75]

> 우리의 당면과제는 하루속히 자립 경제 건설과 조국의 근대화를 이룩하는 데 있다고 믿습니다. 과학기술의 진흥은 바로 경제 자립과 근대화를 촉진하고 선도하는 발전의 요체입니다. (중략) 과학기술후원회를 건립하는 뜻이 여기에 있으며 이로써 훌륭한 과학자 기술자를 거국적으로 기르고 이들을 받드는 과학 하는 국민, 과학 하는 나라의 자세를 갖추고자 합니다. 아울러 과학기술진흥에 온 생애를 바쳐 국가와 사회발전에 현저한 공헌을 하여 온 과학자, 기술자 또는 연구활동에 심혈을 기울이고 있는 과학자와 기술자들의 후생 복지를 도모하고 그들의 능력을 충분히 국가 발전과 과학기술진흥에 기여할 수 있는 기회를 부여코자 합니다.[76]

과학기술의 진흥을 위해서는 과학자와 기술자를 우대하고 생활의 구석구석까지 과학기술이 스며드는 사회풍토의 조성이 시급하며, 이를 위해 우선 원로 과학기술자에 대한 후생복지가 필요하다는 것이었다. 과학기술후원회의 초대 이사장은 1960년 조직된 과학기술진흥협회의 초대 회장으로 선출되었던 윤일선이 임명되었다. 윤일선은 전국경제인연합회의 협조 아래 대기업을 방문하여 3천여만 원의 기금을 모집했으며, 박정희는 후원회의 기금 모집을 돕기 위해 '생활의 과학화'라는 휘호를 써주었다. 과학기술후원회는 1968

75) "과학기술자후원회 설립", 『조선일보』, 1967. 7. 26; "대통령이 직접 설립 취지문 작성, 과학문화재단 설립 정주영 등 재계 인사 대거 참여", 『사이언스 타임즈』, 2006. 4. 27.
76) "과학기술후원회 건립 움직임이 시작되다", 『사이언스 타임즈』, 2007. 2. 14.

년 유공과학기술자로 선정된 9명의 원로 과학자에게 월 2만 원씩의 지원금을 종신으로 지급하기 시작했으며, 다음해부터 생활과학 아이디어를 모집하여 이를 책자로 발간·보급하는 등 과학기술 풍토 조성과 관련된 사업을 전개했다.[77]

또한 과학기술처가 발족하면서 소관부처를 문교부에서 과학기술처로 바꾸고 재단법인체로 새롭게 출발한 한국과학기술정보센터(KORSTIC)도 새로운 변화를 맞게 되었다. 과학기술정보센터는 1962년 1월 유네스코 한국위원회의 한 부서인 한국과학문헌센터로 설립되어 1964년 12월 문교부 산하기관인 한국과학기술정보센터로 독립했지만 재원 부족 등으로 인해 연구자들로부터 요청받은 과학기술 문헌을 번역하거나 복사해서 제공한다는 본래의 역할을 충분히 수행하지 못하고 있었다. 그러나 재단법인체로 전환 후 1968년 홍릉에 새로운 청사 건축을 시작했으며, 다음 해 '한국과학기술정보센터육성법'이 제정되면서 규모와 역할이 커지기 시작했다. 박정희는 과학기술정보센터 역시 KIST처럼 청와대에서 맡아서 집중적인 후원을 해야 한다고 하면서 당시 비서실장인 이후락에게 직접 관여할 것을 지시했다고 한다.[78] 이에 따라 이후락이 과학기술정보센터의 이사장이 되었고, 비서관 신동식이 이사로 참여하게 되면서 정부 지원이 강화되었다.

이처럼 1967년 과학기술처 설립을 전후로 과학기술 관련 기관·제도의 구축 및 정비가 줄지어 진행되었는데, 이러한 상황에 대해 당시 한 신문은 1967년을 우리나라에서 '과학기술 붐'이 일어난 해라고 높이 평가했다.[79] 이는 그로부터 3년 전 언론들이 1964년의 과학기술계에 대해 부정적인 평가를 내렸던 것과는 매우 대조적이었다. 결국 이러한 '과학기술 붐'은 독립적인 과학기술 전담부처가 등장하여 과학기술에 대한 국가적 지원 체계가 만들어졌고, 과학기술 관련 기관의 설립과 전문 학회들의 본격적 활동으로 과학기술 연구가 체계적이고 조직적으로 추구되었으며, 과학기술에 대한 정부 안팎의 관심

77) 과학기술후원회는 1972년 한국과학기술진흥재단으로 개편되어 다음해부터 본격화된 '전국민의 과학화 운동'의 주요 추진기관의 하나로 활동했다. 송성수·홍성욱, "'전(全)국민의 과학화운동'의 변천과정과 그 성격", 과학문화연구센터 편 『과학문화연구센터 2006년 최종연구 발표회 자료집』(2006), 235–266쪽 중 244–245쪽.
78) 『한국과학기술연구소 비사 제9권: 신동식』(1975. 7. 2), KIST 역사관 소장 자료.
79) "어디까지 왔나? '67 한국의 과학기술① 고개든 「붐」", 『중앙일보』, 1967. 12. 12.

이 크게 높아지면서 여러 기관과 제도가 등장했음을 의미했다.

이와 같은 현상을 근거로 이 시기에 한국에서 현대적인 과학기술 체제가 형성되었다고 평가할 수 있다. 과학기술 체제가 ① 과학기술 행정체제, ② 연구개발 수행체제, ③ 기타 과학기술 관련 기구 등으로 이루어진다고 본다면,[80] 우선 과학기술처가 설립되면서 과학기술진흥 관련 제도와 정책들이 수립·집행되면서 과학기술 행정체제가 구비되었고, 두 번째 연구개발 수행체제의 경우 KIST가 설립되어 산업기술 연구가 시작되는 한편 과학기술 분야 학회의 활동이 활성화되면서 연구개발이 본격화되었음을 지적할 수 있다. 물론 연구개발 체제의 경우 산업계나 대학이 중요한 주체가 될 수 있으며, 국가혁신체제에서 첫 번째로 고려되는 하부 시스템이 민간부문의 기술혁신 체제이지만,[81] 이 시기까지는 산업계나 대학의 연구활동이 본격화되지 못했다. 산업계는 연구개발의 필요성을 아직 인식하지 못한 상태였으며, 대학은 일부 연구자들이 학회를 통해 연구 성과를 발표했지만 열악한 연구 환경으로 인해 연구보다 교육에 중심을 두고 있는 상태였다. 결국 이 시기에 정부가 주도한 공공연구기관이 연구개발 활동의 유력한 주체로서 활약을 시작했으며, 이에 따라 당시의 과학기술계를 국가혁신체제라는 개념보다 과학기술체제라는 용어를 사용하여 설명하는 것이 적절하다고 여겨진다.[82] 세 번째 기타 과학기술 관련 기구의 경우 과학기술계를 대변하는 민간 기구로 과총이 조직되고, 과학기술후원회의 설립으로 과학기술자의 후생복지와 과학기술 풍토조성에 관한 사업이 시작되는 등 과학기술에 대한 사회적인 관심 고조와 함께 과학

---

80) 각주 7번 참고.

81) 한국의 국가혁신체제에 대해서는 이공래·송위진, "한국 국가혁신체제의 구조와 특징", 『기술혁신연구』 6권 2호 (1998), 1–31쪽 참고.

82) 과학기술체제를 다루는 문헌들에는 중국, 동유럽 국가들, 베트남 등 국가 주도의 성격이 강했던 사회주의 국가들을 대상으로 한 경우가 많다. Zhicun Gao & Clem Tisdell, "China's Reformed Science and Technology System: An Overview and Assessment", pp. 311–331; Slavo Radosevic, "Transformation of Science and Technology Systems into Systems of Innovation in Central and Eastern Europe: The Emerging Patterns and Determinants," *Structural Change and Economic Dynamics 10* (1999), pp. 277–320; K. Bezanson, J. Annerstedt, K. Chung, D. Hopper, G. Oldham, F. Sagasti, *Viet Nam at the Crossroad: The Role of Science and Technology* (International Development Research Centre, 1999).

기술진흥을 직간접으로 지원하는 기관들이 활동하기 시작했다. 이러한 점에서 볼 때 1966-67년은 한국의 과학기술체제가 형성된 시기이며, 이는 한국에서 현대적인 과학기술이 시작되었음을 뜻한다고 해석할 수 있을 것이다.

Ⅶ. 맺음말

1960년대의 '과학기술 붐'은 한국 사회에서 현대적인 의미의 과학기술체제 형성을 상징하는 표현이었다. 군사쿠데타를 통해 등장한 박정희 정권은 경제발전을 최우선적인 과제로 내세웠고, 과학기술이 경제발전을 뒷받침하는 중요 요소가 된다는 생각 아래 과학기술이 부각되기 시작했으며, 정부의 주도적인 역할에 힘입어 과학기술 붐이 조성되었던 것이다. 과학기술 붐의 정점에는 과학기술처의 설립이 있었으며, 과학기술처의 주도로 과학기술개발 장기계획이 수립되고 연구개발 지원 정책 등이 본격화되었다. 그리고 과학기술처 설립 전후로 과총과 한국과학기술후원회가 조직되면서 과학기술 풍토 조성의 출발점이 마련된 것이다.

1967년 4월 현실화가 된 과학기술처 설립의 직접적인 계기는 바로 다음 달에 예정된 대통령 선거였다고 볼 수 있다. 이러한 사실은 한국의 정부조직 개편 입법과정이 대부분 대통령 권력의 강화 또는 약화를 목적으로 정당간의 대결의 차원에서 진행된다는 기존 연구의 분석과 크게 어긋나지 않는다.[83] 이익집단의 이해관계가 주된 요인으로 작용되는 미국이나 정당간의 정책대결을 주된 배경으로 갖는 영국의 정부조직개편 입법과정과는 달리 한국은 사회 내 이익집단들의 성장이 지체되었고, 정부가 정책결정을 주도해 왔기 때문에 정부조직 개편에서 대통령과 집권여당의 정치적 판단이 중요했던 것이다. 과학기술처의 설립도 '조국 근대화'를 모토로 내건 정부가 그것을 뒷받침할 수 있는 과학기술 정책을 체계적으로 펼쳐 보인다는 정치적 효과 때문에

---

83) 박대식, "정부조직개편 입법과정의 유형과 변화: 한국 역대정부의 조직개편을 중심으로", 『한국정치학회보』 38-2 (2004), 237-262쪽.

당초 계획보다 빨리 설치될 수 있었던 것이다.

　그러나 과학기술처의 설립에는 대통령 선거라는 직접적인 계기 외에 다른 요인도 작용했다. 무엇보다도 1960년대 초부터 계속되었던 과학기술계의 요구를 들 수 있다. 과학기술진흥을 위해서는 종합적인 과학기술 행정부처가 필요하다는 주장이 계속해서 제기되었는데, 1965년 경제과학심의회의의 건의서나 다음해 전국과학기술자대회 및 과총의 건의도 그 같은 과학기술계의 요구를 보여주었다. 이는 과학기술계가 일종의 이익집단으로서 자신들의 이해를 대변해줄 수 있는 정부조직의 설치를 지속적으로 요구했음을 뜻하며, 이러한 요구가 과학기술처 설립을 촉진하는 힘으로 작용했다고 볼 수 있다. 결국 과학기술자들의 계속된 노력은 부총리급의 행정기구라는 원래의 기대에는 미치지 못했지만 과학기술처의 설립으로 결실을 보았던 것이다. 흥미롭게도 과학기술진흥을 책임진 행정기구는 문교부 과학진흥과(1948), 경제기획원 기술관리국(1962), 과학기술처(1967), 과학기술부(1998), 그리고 2004년 과학기술부총리 체제까지 단계적인 성장을 거쳤는데, 이는 과학기술계의 지속적인 요구가 작용한 결과였으며, 부총리급이라는 과학기술계의 희망이 현실화되기까지는 40년이 넘는 시간이 소요되었던 것이다.[84]

　또한 1966년 KIST 설립을 계기로 과학기술에 대한 관심이 전반적으로 높아졌던 사회적 환경도 영향을 미쳤다고 볼 수 있다. 제대로 된 연구소를 갖게 되었으니 이를 관리할 과학기술진흥 정부기관이 필요하다는 박정희의 발언이나 미국 대통령 과학기술고문 호닉의 방한을 맞아 당시의 과학기술계를 되돌아보는 언론의 보도에서 과학기술 행정체계의 정비 필요성이 계속 제기되었다는 사실에서 그 같은 측면을 확인할 수 있다. 1961년 군사정부가 들어섰을 때 충분한 여건을 갖춘 연구소의 설립과 과학기술 행정체계의 구축을 우선적으로 요구하는 과학기술자들의 목소리가 많았는데, KIST 설립으로 다른 기관에 모델이 될 만한 연구소가 세워졌기 때문에 과학기술계와 정부의 관심

---

84) 2008년 2월 새 정부 출범과 함께 과학기술부는 교육인적자원부오 통합하여 교육과학기술부로 개편되어 과학기술행정을 전담하는 독립적 부처로서 과학기술부는 역사 속으로 사라지고 말았다.

이 행정기구의 설치로 모아질 수 있었던 것이다. 비록 과학기술 붐이 사회 저변의 광범위한 참여 속에서 자연스럽게 형성된 현상이기보다 정부 주도의 기관 및 제도 구축을 지칭하는 것이었지만 과학기술자들의 그 같은 목소리는 과학기술 붐이 전적으로 정부만의 작품은 아니었음을 보여준다.

1966-1967년에 형성된 현대적 과학기술체제는 1970년대를 거치면서 정부출연연구소의 연이은 설립으로 더욱 강화되었으며, 당시 형성된 특성들 중 상당부분은 지금까지 영향력을 미치고 있다. 예를 들어 경제개발을 지원하기 위한 과학기술육성정책은 현재까지 그 기조가 크게 변하지 않았으며, 몇몇 기관이나 분야에 대한 편중 내지 불균형 지원정책은 '선택과 집중'이라는 이름 아래 계속되면서 단기간에 효과를 발휘하기도 했지만 동시에 과학기술계에 갈등의 불씨를 남겼다. 추후에는 1960년대 후반에 형성된 과학기술체제가 이후 40여 년을 지나면서 어떻게 달라져갔으며, 어떠한 특성을 지니게 되었는지에 대한 보다 실증적인 연구가 이루어져야 할 것이다.[85]

---

85) 송성수, "한국 과학기술정책의 특성에 관한 시론적 고찰", 『과학기술학연구』 제2권 1호 (2002), 63-83쪽은 한국 과학기술 정책의 흐름에 대한 연구로서 과학기술 체제의 변천을 살피는 데 출발점이 될 수 있을 것이다.

'전(全)국민의 과학화운동'의 출현과 쇠퇴*

송성수

부산대학교

Ⅰ. 서 론

과학기술과 대중을 연계하는 제반 활동을 의미하는 '과학기술문화'에 대한 논의가 활발히 전개되고 있다.[1] 과학기술문화에 대한 기존 연구는 대부분 국가 차원의 계획을 수립하거나 해당 기관의 사업을 구상하는 작업과 연계되어 이루어져 왔다.[2] 물론 과학기술문화에 대한 학문적 접근도 다각도로 시도되어 왔지만, 주로 과학기술문화에 대한 개념을 정립하거나 과학기술문화와 관련된 선진국의 사례를 소개·분석하는 데 국한되어 있다.[3]

한국 사회에서 과학기술문화가 가진 위상과 의미를 모색하기 위해서는 과학기술문화의 역사에 대한 체계적인 분석이 필수적이다. 이와 관련하여 송성

---

* 이 논문은 2006년도 과학문화연구센터의 지원에 의하여 연구되었으며, 같은 제목으로『한국과학사학회지』제30권 제1호 (2008), 171-212쪽에 게재되었음. 이 논문의 초기 형태는 2006년 8월 18일의 과학문화연구센터 중간발표회와 12월 16일의 최종발표회에서 발표된 바 있다. 이 논문을 준비하는 과정에서 많은 도움을 주신 홍성욱 선생님과 이영미 씨, 몇 가지 좋은 자료를 소개해 주신 김동광 선생님, 이 논문의 초고를 검토해 주신 송상용 선생님께 감사드린다.

1) 과학기술과 대중을 둘러싼 다양한 개념에 대한 논의로는 김동광, "과학과 대중의 관계 변화: 대중에 대한 인식 변화를 중심으로",『과학기술학연구』제2권 2호 (2002), 1-24쪽; 송성수, "대중과 과학기술: 이론적 흐름과 정책적 이슈",『기술혁신학회지』제6권 2호 (2003), 137-158쪽을 참조.
2) 이러한 작업이 집대성된 것으로는 과학기술부 외,『과학기술문화창달 5개년 계획』(2003)을 들 수 있다.
3) 예를 들어 김학수 외,『과학문화의 이해: 커뮤니케이션 관점』(일진사, 2000); 김영식 외,『한국의 과학문화: 그 현재와 미래』(생각의나무, 2003)를 참조.

수는 한국 과학기술문화 활동의 변천과정을 1970년대와 1980년대의 형성기와 1990년대 이후의 확대기로 구분하여 고찰한 후 그 특징을 목표, 주체, 수행방식의 측면에서 분석한 바 있다.[4] 그러나 그 논문은 1970년대부터 현재까지의 과학기술문화 활동을 전반적으로 다루고 있으며, 앞으로는 한국의 과학기술문화에 대한 보다 세부적인 주제를 본격적으로 분석하는 연구가 요청되고 있다.

이런 맥락에서 이 논문에서는 1970년대 한국의 과학기술문화 활동을 대표하는 '전(全)국민의 과학화운동'에 대해 집중적으로 검토하고자 한다. 그 운동은 1973년에 박정희 대통령의 연두기자회견을 통해 주창되었으며, 한국과학기술진흥재단을 통한 과학기술의 계몽·보급, 국·공립 과학관을 통한 과학기술의 전시·교육, 한국과학기술단체총연합회를 통한 새마을 기술지도 등을 매개로 추진되어 왔다. 전국민의 과학화운동은 그동안 자주 언급되어 왔음에도 불구하고 이에 대한 학문적 차원의 분석이 거의 이루어지지 않았던 주제에 해당한다.

전국민의 과학화운동을 직접적으로 다루고 있는 기존 연구로는 김동광의 미출간 논문을 들 수 있다.[5] 그는 계몽이 과학활동에서 중요한 역할을 담당한다고 전제한 후 전국민의 과학화운동을 매개로 체제 경쟁과 유신 이념의 구현을 위해 계몽이 '동원'되었다는 점에 주목하였고, 한국과학기술단체총연합회를 비롯한 한국의 과학자사회는 국가에 능동적으로 헌신하는 '공헌하는 과학'을 표방하면서 전국민의 과학화운동에 전면적으로 참여했다는 점을 지적하였다. 이처럼 김동광은 전국민의 과학화운동이 가진 성격을 적절히 부각시키고 있지만, 그 운동이 실제로 전개되어 온 과정에 대해서는 본격적으로 고찰하지 않고 있다.

이 논문은 전국민의 과학화운동이 어떤 과정을 통해 출현, 성장, 쇠퇴했는지에 대하여 체계적으로 검토하는 것을 목적으로 삼고 있다. 이를 위하여 이

---

4) 송성수, "한국 과학기술문화활동의 변천과 특장", 『역사문화연구』 박성래교수정년기념특별호 (2005), 17-48쪽.
5) 김동광, "계몽의 동원과 과학자 사회의 대응: 전국민과학화 운동을 중심으로", 『2006년 한국 과학사학회 추계 학술대회 발표논문집』 (2006. 11. 4), 20-38쪽.

논문에서는 당시에 발간된 다양한 문건과 잡지를 활용했으며, 관련 기관의 역사에 대한 자료와 주요 행위자의 회고록도 참고하였다. 특히, 과학기술처가 매년 발간한『과학기술연감』과 한국과학기술단체총연합회가 매월 발간한『과학과 기술』에 실린 전국민의 과학화운동에 관한 사항이나 기사가 집중적으로 검토되었다.[6] 이하의 논의는 전국민의 과학화운동의 변천과정을 태동기(1971-1973년), 확대기(1973-1979년), 쇠퇴기(1979-1982년)로 구분하여 고찰한 후 그 운동이 가진 성격을 분석하는 식으로 구성되어 있다.

II. 전국민의 과학화운동의 기원

전국민의 과학화운동은 1973년 1월 12일에 있었던 박정희 대통령의 연두기자회견에서 비롯된 것으로 알려져 있다.[7] 당시에 박정희는 한국 경제의 미래를 전망하는 부분에서 1980년대 초에 국민소득 1,000달러와 수출 100억 달러를 달성할 수 있는 기반을 조성하기 위해서 철강, 화학, 비철금속, 기계, 조선, 전자공업을 6대 전략산업으로 선정하여 집중적으로 육성한다는 '중화학공업 정책'을 선언하였다.[8] 이와 함께 박정희는 중화학공업의 육성에 과학기술의 역할이 필수적이라는 점을 지적하면서 모든 국민이 과학기술을 익혀야 한다는 점을 강조하는 차원에서 '전국민의 과학화운동'을 제창하였다.

---

6) 물론 이러한 자료가 대부분 전국민의 과학화운동을 주관한 집단이나 사람에 의해 작성되었기 때문에 자료 자체가 편향성을 가지고 있다는 비판이 가능하다. 그러나 그 밖의 다른 자료는 입수하기 매우 어렵거나 그 내용이 빈곤한 것이 현실이며, 필자들은 해당 자료를 가능한 한 비판적으로 활용함으로써 서술의 객관성을 유지하고자 하였다. 즉, 전국민의 과학화운동의 전개과정에 대한 사실적 정보는 충분히 활용하되, 편향성의 여지가 있는 사항은 여러 자료들을 비교하여 분석하거나 논리 전개의 맥락을 고려하여 주의 깊게 해석하였다.

7) 이와 관련하여 과학기술처,『과학기술 30년사』(1997), 66쪽에는 "1973년 3월 전주에서 열린 전국민의 과학화를 위한 전국교육자대회에서 행한 대통령 치사에서 전국민 과학화운동을 제창"한 것으로 기록되어 있지만, 이에 앞서 박정희 대통령은 1973년 1월의 연두기자회견에서 전국민의 과학화운동을 제창한 바 있다.

8) 박정희, "1973년도 연두기자회견",『박정희 대통령 연설문집』제10집 (대통령비서실, 1973), 25~63쪽, 특히 56~60쪽.

나는 오늘 이 자리에서 국민 여러분에게 경제에 관한 중요한 선언을 하고자 합니다. 우리나라 공업은 이제 바야흐로 중화학공업 시대에 들어갔습니다. 따라서 정부는 이제부터 중화학공업 육성의 시책에 중점을 두는 중화학공업 정책을 선언하는 바입니다. 또 하나 오늘 이 자리에서 우리 국민들에게 내가 제창하고자 하는 것은, 이제부터 우리 모두가 전국민의 과학화운동을 전개하자는 것입니다. 모든 사람들이 과학기술을 배우고 익히고 개발을 해야 되겠습니다. 그래야 우리 국력이 급속히 늘어날 수 있습니다. 과학기술의 발달 없이는 우리가 절대로 선진 국가가 될 수 없습니다. 80년대에 가서 우리가 100억 달러 수출, 중화학공업의 육성 등등 이러한 목표 달성을 위해서 범국민적인 과학기술의 개발에 총력을 집중해야 되겠습니다. 이것은 국민학교 아동에서부터 대학생 사회 성인까지 남녀노소 할 것 없이 우리가 전부 기술을 배워야 되겠습니다.9)

이와 같은 연두기자회견이 있은 지 4일 후인 1973년 1월 17일에 박정희 대통령은 과학기술처에 대한 초도순시를 하면서 전국민의 과학화운동을 다시 한번 강조하였다.10) 당시에 과학기술처는 중화학공업화를 위한 핵심 연구소의 설치, 연구학원도시의 건설에 관한 구상, 전국민의 과학화운동의 추진방향 등을 중심으로 박정희 대통령에게 신년도 업무계획을 보고했던 것으로 판단된다.11) 전국민의 과학화운동과 관련하여 최형섭 과학기술처 장관은『과학과 기술』신년사를 통해 "국민이 과학기술을 존중하고 아끼며 국민의 사고방식이 과학적이고 합리적으로 될 때 그 나라의 과학기술이 힘차게 자라날 수 있다"고 전제한 후 청소년의 과학교육을 강화하는 일과 기술을 전국적으로 보급하는 일을 강조하였다.12)

1973년 3월 20일에는 문화공보부가 전국민의 과학화운동에 관한 홍보자료

9) 같은 글, 58–59쪽.
10) 박정희 대통령이 1973년의 과학기술처 초도순시에서 전국민의 과학화운동을 강조했다는 정보는 장상권, "전국민의 과학화운동",『碩林』79–4호 (1979. 10. 15), 11쪽에, 1973년의 과학기술처 초도순시가 1월 17일에 있었다는 정보는 전상근,『한국의 과학기술정책: 한 정책입안자의 증언』(정우사, 1982), 154쪽에 있다.
11) 이러한 점은 1973년의 과학기술정책방향을 개관하고 있는 최형섭, "신년사: 범국민의 과학화를 위하여",『과학과 기술』제6권 1호 (1973), 4–5쪽; "과학기술정책",『과학기술연감』(1973), 3–12쪽 등을 통해 추론할 수 있다.
12) 최형섭, "신년사", 5쪽.

를 발간하였다.13) 그 자료는 전국민 과학화운동의 의의, 전국민 과학화운동의 필요성, 과학화운동의 실천방안, 제3차 과학기술개발 5개년 계획의 주요 내용, 우리의 각오와 자세 등으로 구성되어 있다. 그중에서 전국민 과학화운동의 필요성은 전국민이 조국근대화의 산업전사가 되기 위해서, 중화학공업의 육성을 위해서, 농어촌의 혁신적 개발을 위해서, 국민생활의 합리화와 사회개혁을 위해서 등의 다섯 가지로 제시되고 있다. 특히, 그 자료는 '전국민의 산업전사화(産業戰士化)' 혹은 '전국토의 작업장화(作業場化)'와 같은 수사를 통해 전국민의 과학화운동에 전투를 연상하게 할 정도의 결연한 의미를 부여하고 있다.

> 전국민의 과학화운동의 첫 번째 필요성은 전국민이 과학기술을 익혀 근대화의 역군으로서 당당한 산업전사가 되자는 데 있다. 우리가 70년대에 경제발전을 계속 추진하여 80년대에 조국근대화와 민족번영을 이룩하기 위해서는 전국토가 작업장화하고 전국민이 기술자화되어야 할 것이다. … 한편 중화학공업의 시대가 도래하고 산업구조가 고도화함에 따라서 기술과 기능을 가진 수많은 산업전사가 요구되기 마련이다. 이와 같은 시대적 요청에 부응하여 기술과 기능을 갖춘 산업전사의 저변을 확대하고 인적자원의 질적 향상을 도모하기 위해서는 전국민의 과학기술 함양을 위한 과학화운동의 전개가 무엇보다 요청되고 있는 것이다. 전국토의 산업권화와 전국민의 산업전사화를 기약하고 있는 현시점에서 전국민 누구나가 다 적어도 한 가지 이상의 기술과 기능을 습득하여 조국근대화와 국가발전에 기여하여야 한다는 것은 너무나도 당연한 국민적인 사명이요 과업이 아닐 수 없다.14)

이어 1973년 3월 23-24일에는 전국민의 과학화를 위한 전국교육자대회가 전주에서 개최되어 전국민 과학화의 방법론과 과학교육의 개선방향이 집중적으로 논의되었다.15) 당시에 박정희는 치사를 통해 '국적(國籍) 있는 교육'

---

13) 문화공보부, 『홍보자료: 전국민의 과학화운동』(1973).
14) 같은 자료, 16-17쪽. 이와 관련하여 송상용은 "과학의 대중화와 학회의 몫", 『과학과 기술』 제34권 7호 (2001), 78쪽에서 "1973년에 박정희가 '전국민의 과학화'라는 섬뜩한 구호를 내세웠으며, 그 용어는 북한의 구호인 "전국토의 요새화'에서 따왔음직한 것"이라는 의견을 피력한 바 있다.

을 거론하면서 전국민의 과학화운동의 기본방향으로 과학을 일상생활에 활용하는 과학적 생활풍토를 조성하는 일과 과학과 기술에 대한 교육제도를 대폭적으로 개선하는 일을 강조하였다.[16] 그 대회는 다섯 항목으로 구성된 결의문을 채택하기도 했는데, 거기에는 "전국민의 과학화운동과 새마을 교육을 연결하여 합리적으로 사고하고 생산활동에 앞장서게 하는 실천교육에 주력한다"는 항목과 "국가적 시책에 호응하는 수출자원의 개발과 과학기능의 보급 및 숙달을 위해 1인 1기(一人一技) 교육을 실천한다"는 항목이 포함되어 있었다.[17]

1973년 4월 21일에 거행된 제6회 과학의 날 행사도 전국민의 과학화운동을 다짐하는 계기로 활용되었다. 그 행사에서 김종필 국무총리는 "전국민의 과학화가 이룩되는 날, 우리는 우리 조국의 근대화를 이룩하였다고 자부할 수 있게 될 것"이라고 강조하면서 "[과학기술인] 여러분이 국민을 위한 과학, 국민에 의한 기술을 당장의 행동요령으로 삼으실 것"을 당부했으며,[18] 최형섭 장관은 "지금 과학화운동의 불길은 연구실에서, 강단에서, 그리고 생산현장에서 힘차게 타오르기 시작했으며, 자라나는 청소년 학생들의 가슴 속에서도 불붙여가고 있다"고 발언하였다.[19] 이에 부응하여 그 행사에서는 "우리는 대통령 각하께서 제창하신 전국민의 과학화운동에 앞장서서 전국토의 산업권화, 전일손의 기술자화를 촉진함에 능동적으로 참여하여 전력을 기울인다"는 항목을 포함한 과학기술인의 결의문이 채택되기도 했다.[20]

이처럼 전국민의 과학화운동을 다짐하는 각종 대회가 개최되는 가운데 과학기술처는 1973년 8월에 전국민의 과학화운동에 관한 실천계획안을 마련하

---

15) 전국민의 과학화를 위한 전국교육자대회의 주요 내용은 문교부, 『'전국민의 과학화'를 위한 전국교육자대회: 기조강연 및 주요발표문집』 (1973)으로 발간된 바 있으며, 그 개요는 『과학과 기술』 제6권 3호 (1973), 2~12쪽에 수록되어 있다.
16) 박정희, "전국민의 과학화를 위한 전국교육자대회 치사", 『박정희 대통령 연설문집』 제10집 (대통령비서실, 1973), 113–118쪽; "박대통령 치사 요지: 전국교육자대회", 『과학과 기술』 제6권 3호 (1973), 3쪽.
17) "과학으로 유신을 다짐", 『과학과 기술』 제6권 3호 (1973), 2쪽.
18) 김종필, "치사: 과학기술인은 국민과학화의 첨병", 『과학과 기술』 제6권 4호 (1973), 5쪽.
19) 최형섭, "식사: 과학기술은 국가발전을 선도", 『과학과 기술』 제6권 4호 (1973), 6쪽.
20) "과학기술인의 결의문", 『과학과 기술』 제6권 4호 (1973), 6쪽.

여 발표하였다.21) 전국민의 과학화운동의 기본방향으로는, 첫째, 모든 국민
의 사고와 생활습성을 과학화하고 과학기술을 존중하며 과학지식을 일상생
활에 활용할 줄 아는 과학적 생활풍토를 조성하고, 둘째, 국민 각자가 한 가
지 기술과 기능을 익혀서 국가개발에 기여하고 자기의 삶의 향상을 도모하게
하며, 셋째, 공업화의 선결요건인 산업기술의 전략적 개발을 촉진하는 것이
도출되었다. 이와 함께 실천계획안은 전국민의 과학화운동을 효과적으로 추
진하기 위하여 국민을 과학기술계와 비(非)과학기술계로 구분하고 이를 다시
계층별로 나누어 목표와 수단을 예시하였다(<표 1> 참조). 과학기술계의 경
우에는 기술과 기능을 더욱 연마하여 산업발전에 직접적으로 기여하게 하고,
비과학기술계의 경우에는 과학기술에 대한 이해를 증진하고 실생활과 직결
된 기술의 습득과 이용에 초점을 둔다는 것이었다.22)

<표 1> 전국민의 과학화운동의 대상과 도표

분류	대상	도달목표	수단
비(非) 과학기술계	초중고교생	기본 기능의 완전 습득	- 기능장 제도의 실시 - 새마을운동과 연계 추진 - 농어민 기술훈련 강화 - 매스컴을 활용한 계몽보급 - 교저의 발간 보급
	농어민	농어업기술의 숙련, 농가부업기술의 습득	
	주부	보건위생지식 및 가정실생활 기술의 생활화	
	일반직장인	직장생활환경과 직결된 기본공학원리의 체득	
과학기술계	실업계고교생	실기에 능숙한 기술자	- 과학기술 및 실업교육 제도의 혁신 - 산·학·협동체제의 확립 - 기술자격제도의 체계화 - 국내 기술자의 조직적 활용
	전문학교 초대생	현장기술에 적응력 높은 기술자	
	이공계 대학생	신기술에 적응력 높은 기술자	
	과학자	국가목표에 부응한 연구개발수행자	

---

21) 1973년 8월에 전국민의 과학화운동에 관한 실천계획안이 마련되었다는 정보는 과학기술처,
『과학기술행정 20년사』(1987), 271쪽에 있으며, 그 계획의 개요는 "전국민의 과학화", 『과
학기술연감』(1973), 13–20쪽에 수록되어 있다.

22) 이와 유사한 내용이 과학기술처, 『과학기술행정 20년사』(1987), 271쪽에도 제시되고 있다.

과학기술계	기술자	산업기술 고도화의 주역 (기술사 수준)	
	기능자	단위기술의 완전 숙련 (Meister화)	
	전문직종사자	국제공인 자격 수준	
기타	재소자, 단순노동자, 미취업자, 비진학청소년	전문기능자로 양성 (1인 1기 달성)	- 직업훈련의 강화 - 직업안정제도의 강화 - 기능자의 사회적 우대 조치

자료: 과학기술처, 『과학기술연감』(1973), 15쪽.

실천계획안이 제시하고 있는 전국민의 과학화운동에 관한 주요 시책과 세부 사업의 내용은 매우 방대하다. 과학적 생활풍토의 조성을 위한 시책으로는 과학적·창의적 창작기풍 조성(청소년), 실생활 기술지도·계몽(주부), 과학기술지식의 계몽·보급(일반 시민), 행정의 과학화, 과학기술행사 등 학술활동 조성(과학자, 연구자 등), 새마을 기술 보급(농어민) 등이, 전국민의 기술 및 기능화를 위한 시책으로는 초·중등학교 과학기능교육의 강화, 실업교육의 진흥, 공과대학 교육 개선, 군(軍) 기술교육 강화 및 기술요원의 인사관리 제도화, 기술자격제도의 개선, 직업훈련 및 기능 검정 등이, 산업기술의 개발 촉진을 위한 시책으로는 기술개발 기반 구축, 공업기술개발활동 조성, 선진기술 도입 촉진 등이 거론되고 있는 것이다. 이어 실천계획안은 주요 시책별로 세부 사업을 제시하면서 각 사업을 담당하는 관계 부처를 명기하고 있다.[23]

이와 같은 실천계획안의 내용을 고려한다면, 사실상 전국민의 과학화운동은 당시의 과학기술정책을 거의 망라한 '포괄적 프로그램(umbrella program)'의 성격을 띤다고 볼 수 있다. 당시에 우리나라의 과학기술정책은 과학기술 기반의 조성·강화, 산업기술의 전략적 개발, 과학기술 풍토의 조성을 기본 방향으로 설정하여 추진되었는데,[24] 이와 관련된 거의 모든 시책이 전국민의

---

23) "전국민의 과학화", 『과학기술연감』(1973), 16~20쪽.
24) 이러한 세 가지 정책방향은 제2대 과학기술처 장관인 최형섭(재임 기간: 1971. 6. 4~1978. 12. 21)에 의해 설정되었으며, 1970년대를 일관한 우리나라 과학기술정책의 기조로 작용한 것으로 알려져 있다[과학기술처, 『과학기술행정 20년사』(1987), 24쪽]. 그러나 당시의 『과학기술연감』을 통해 정확한 시기를 확인해 보면, 이와 같은 과학기술정책의 3대 기조는

과학화운동으로 포괄되었던 것이다. 즉, 전국민의 과학화운동에 관한 실천계
획안은 과학기술 풍토의 조성은 물론 산업기술의 전략적 개발을 주요 내용으
로 삼고 있었고, 과학기술기반의 조성·강화에 해당하는 과학기술 인력의 양
성과 과학기술 행정체제의 정비에 관한 사항도 상당 부분을 포함하고 있었
다. 이러한 점은 실천계획안의 세부 사업 중에 연구학원도시의 건설 추진, 5
대 공업연구기관 설립 추진, 기술개발 추진을 위한 제도 보완 등이 포함되어
있다는 점에서도 확인할 수 있다.[25]

이처럼 전국민의 과학화운동은 방대한 내용을 담고 있지만, 실제적인 초점
은 과학기술 풍토의 조성에 주어졌던 것으로 판단된다. 이러한 점은 전국민
의 과학화운동에 관한 실천계획안이 주요 추진사업으로 과학필름라이브러리
설치·운영, 우량 과학도서의 발간·보급, 주부를 대상으로 한 과학기술 계
몽·보급, 농어민을 위한 새마을 기술지도 등을 예시하고 있다는 점에서 확
인할 수 있다. 즉, 외국의 우수과학 계몽영화 필름을 구입하여 우리말로 번역
한 후 전국 학교를 순회하면서 상영하고, 학생들에게 과학에 대한 동경심을
함양할 목적으로 과학기술문고를 발간하여 전국 학교의 독서클럽에 배포하
며, 의식주를 통한 생활의 과학화와 실생활에 유용한 과학기술지식을 체득하
기 위하여 전국 주요 도시에서 주부생활강좌를 개최하고, 새마을 사업의 효
율적인 성취를 위하여 과학기술인이 새마을 기술봉사단을 결성하여 기술지
도를 다각적으로 실시한다는 것이다.[26]

사실상 이러한 사업들은 과학기술처가 과학기술풍토 조성사업의 일환으로
이미 추진해 왔던 것이었다. 과학기술처는 최형섭 장관이 부임한 직후인
1971년 9월 15일에 진흥국 내에 조성과를 신설하여 과학기술풍토 조성사업을
모색하였다. 그것은 "지금까지 구축한 과학기술 연구개발 기반을 토대로 하
여 현직 과학기술자들이 보다 의욕적으로 연구개발에 임할 수 있고, 또한 앞
으로 새롭고 유능한 과학기술 후보자로 등장할 학생들을 인도하기 위하여 학

1973-1978년에 공식적으로 천명되고 있음을 알 수 있다.
25) "전국민의 과학화", 『과학기술연감』 (1973), 19쪽.
26) 같은 글, 15-16쪽.

생들의 과학교육 및 과학활동을 지원하는 한편, 일반 국민들에게 대하여도 생활의 과학화를 통한 합리적인 생활을 영위하도록 과학적 사고방식의 함양을 증진시킬 필요"에 의해 구상되었다.[27] 이러한 인식을 바탕으로 과학기술처는 1972년부터 과학기술주간 행사의 실시, 우수과학자 연고지 학교 순방강연, 과학기술문고 발간·보급, 과학필름라이브러리 설치·운영, 새마을 기술봉사단의 결성, 과학관을 통한 과학기술 전시·보급, 청소년 과학공작품 전시·보급, 생활과학 아이디어 발굴·보급, 과학기술용어 제정·보급 등을 포함한 과학기술풍토 조성사업을 본격적으로 실시하였다.[28] 이러한 목록은 앞서 거론된 전국민의 과학화운동의 주요 추진사업을 모두 포괄하고 있는 것이다.

과학기술풍토 조성사업이 공식화된 1972년은 해당 사업을 담당하는 주체가 정비된 해이기도 했다. 우선, 기존의 한국과학기술후원회가 1972년 1월 29일에는 한국과학기술진흥재단으로 확대·개편되었다. 한국과학기술후원회는 1967년 12월에 은퇴한 과학기술자들을 지원하는 기구로 설립되었으며, 1969년부터는 생활과학 아이디어를 모집하여 이를 책자로 발간·보급하는 사업도 전개해 왔다. 1971년에 과학기술처는 과학기술풍토 조성사업을 모색하면서 그 사업을 전담하는 기구의 설치를 추진하였고, 1972년에는 한국과학기술후원회를 모태로 하여 한국과학기술진흥재단이 설립되었다.[29]

또한, 한국과학기술단체총연합회(이하 '과총'으로 약칭함)가 1972년 4월 21일 과학의 날을 기하여 새마을 기술봉사단을 결성하였다. 과총은 1966년 9월에 과학기술단체의 활동을 지원하기 위한 기구로 설립되었으며, 1968년부터는 과학의 날 행사를 주관하는 역할도 담당해 왔다. 과총은 1971년부터 정부가 적극적으로 추진해 왔던 새마을 운동에 호응하기 위한 방안을 모색하였고, 1972년에는 산하 단체의 과학기술자를 중심으로 새마을 기술봉사단을 조

---

27) 『과학기술연감』 (1971), 73쪽.
28) 『과학기술연감』 (1972), 53–61쪽.
29) 과학기술처, 『과학기술행정 20년사』 (1987), 269–270쪽; 과학기술처, 『과학기술 30년사』 (1997), 379쪽. 이와 관련하여 과학기술처, 『제3차 과학기술개발 5개년 계획(1972–1976년)』 (1971), 59쪽은 과학기술풍토의 조성을 위한 주요 시책으로서 "과학기술 계몽보급 활동을 민간주도 형태로 발전시키도록 한국과학기술진흥재단을 지원·육성할 것이다"고 명시한 바 있다.

직하여 농어촌에 기술을 지도하고 보급하는 활동을 전개하기 시작하였다.[30]

이와 함께 국립과학관은 1972년 9월 8일에 박정희 대통령 내외가 참석한 가운데 상설전시관에 대한 개관식을 거행하였다. 국립과학관의 모태는 일제 시기인 1927년 5월에 개관한 은사기념과학관(恩賜記念科學館)이었다. 은사기념과학관은 1945년 10월에 국립과학박물관으로 개칭된 후 1949년 7월에는 국립과학관으로 개편되었다. 국립과학관은 한국전쟁으로 사실상 소실된 후 거의 10년 동안 방치되었다가 1960-1970년에 8차례의 증축공사를 거쳤다. 1969년 4월에 문교부에서 과학기술처로 이관되었고 1970년 9월에 본관을 준공했으며 1971년 10월에 상설전시관을 일부 개관한 후 1972년 9월에 정식으로 출범하였다.[31]

이처럼 1972년에는 한국과학기술진흥재단, 과총, 국립과학관 등이 신설 혹은 정비됨으로써 과학기술풍토 조성사업을 추진할 수 있는 체제가 갖추어졌다. 사실상 전국민의 과학화운동의 경우에도 이러한 기관들을 통해 해당 사업이 추진되는 방식으로 전개되었다.

이상의 논의에서 보듯이, 전국민의 과학화운동은 내용이나 주체의 측면에서 과학기술풍토 조성사업을 계승한 것이라 할 수 있다. 1973년 1월에 박정희 대통령의 연두기자회견이 있은 지 4일 만에 과학기술처가 전국민의 과학화운동의 추진방향을 보고할 수 있었던 것도 이러한 맥락에서 이해할 수 있다. 물론 당시의 정치사회적 상황을 고려할 때, 대통령이 전국민의 과학화운동을 제창한 것은 과학기술풍토조성사업이 국가적 차원의 핵심 사업으로 탈바꿈하는 계기로 작용했다고 볼 수 있다. 이와 관련하여 과학기술처가 1987년에 발간한 『과학기술행정 20년사』는 "이 사업[과학기술풍토조성사업]은 1973년

---

30) 한국과학기술단체총연합회의 초기 활동의 개요는 『과총 20년사』(1987), 39-49쪽을 참조할 것
31) 정인경, "한국 근현대 과학기술문화의 식민지성: 국립과학관사(國立科學館史)를 중심으로" (고려대 과학기술학 협동과정 박사 논문, 2005), 119-122쪽; 전상근, 『한국의 과학기술정책』, 155쪽. 정인경은 1969년 4월에 국립과학관이 문교부로부터 과학기술처로 이관되면서 그동안 의미 있게 추진되어 왔던 국립과학관 확충사업이 백지화되었다고 평가하고 있는 반면, 과학기술처, 『과학기술행정 20년사』(1987), 266쪽은 "국립과학관은 … 문교부로부터 과학기술처로 이관된 것을 계기로 새로운 발전의 기틀을 다지기 시작했다"고 서술하고 있다.

대통령의 연두기자회견에서 강조한 전국민의 과학화운동을 계기로 조직적이며 광범하게 전개되기 시작했다"고 기록하고 있다.[32]

그러나 과학기술풍토조성'사업'이 저절로 전국민의 과학화'운동'으로 발전한 것은 아니었다. 즉, 전국민의 과학화운동이 일종의 사회운동으로 발돋움하기 위해서는 그 운동이 가진 이념적 기반을 확인하고 관련 행위자들이 이에 동조하는 작업이 추가적으로 필요했던 것이다. 그것은 1973년 3월의 전국교육자대회와 1973년 4월의 과학의 날 행사가 전국민의 과학화운동을 주제로 개최되었고 해당 행사를 계기로 결의문이 채택되었다는 점에서도 확인할 수 있다. 과학기술자와 과학교사는 전국민의 과학화운동을 실제적으로 담당하게 될 핵심 행위자에 해당했으며, 그러한 행위자들이 채택한 결의문은 전국민의 과학화운동에 집단적으로 동조한다는 점을 상징했던 것이다.

이와 함께 일반 국민을 대상으로 전국민의 과학화운동을 선전·홍보하는 작업도 요구되었다. 이를 위하여 1973년 상반기에는 과학기술처를 중심으로 전국민의 과학화운동을 선전·홍보하기 위한 종합적인 대책이 마련되었다. 신문에 대해서는 전국민의 과학화운동에 관한 사설을 매월 1회 이상 게재하고 고정 캠페인 난을 마련하도록 권고하였다. 방송의 경우에는 매주 1회 이상 특집방송을 통해 전국민의 과학화운동을 촉구하는 것, 생활과학 고정 프로그램을 확보하여 매주 2회 이상 생활 주변에서 손쉽게 익힐 수 있는 과학기술을 소개하는 것, 각종 프로그램에 매일 3회 이상 스팟트 드라마를 방영하는 것, 라디오와 TV의 단막극에 과학기술을 주제로 한 내용을 방영하는 것 등이 제안되었다. 간행물에 관한 대책으로는 전국민의 과학화운동의 필요성을 알리는 자료를 2만 부 발간하여 각급 기관과 단체에 배포하는 것, 『새마을』, 『새농민』, 『어민』 등의 잡지에 기술지도에 관한 고정 캠페인 난을 설치하는 것, 과학기술처와 문교부가 협조하여 과학기술문고를 발간하는 것 등이 포함되었다. 영화의 경우에는 '대한뉴스'와 '새마을뉴스'를 통해 전국민의 과학화운동에 대한 캠페인을 전개하고, 과학적·합리적 생활을 통해 국가에 봉사하는 어느 직장인의 생활관을 소개하는 '생활의 과학화'라는 30분짜리 문화영

---

32) 과학기술처, 『과학기술행정 20년사』 (1987), 29쪽.

화를 제작하며, 민간 문화영화업자에게 매년 4편 이상 과학을 주제로 한 문화영화를 제작토록 권장하는 대책이 강구되었다. 이와 함께 '과학의 노래'를 제정하여 보급하고, 과학관과 각급 학교 전시회를 활용하며, 전국교육자대회와 과학의 날 행사를 활용하는 방안이 제시되었다.[33]

그중에서 '과학의 노래'는 전국민의 과학화운동을 선전하고 그 이념을 내재화하는 중요한 수단으로 활용되었다. 사실상 박정희 정권 시기에는 국민의 정신을 계몽하기 위한 목적으로 다양한 노래들이 제작·보급되었는데, 그 대표적인 예로는 '잘살아보세', '새마을의 노래', '혼분식의 노래', '시월 유신의 노래' 등을 들 수 있다. 3절로 구성된 '과학의 노래'는 정진건이 작사하고 정세문이 작곡했으며, 1973년 3월 5-15일에 제정된 후 악보, 테이프, 음반 등의 형태로 제작되어 학교와 방송을 통해 널리 보급되었다.[34] '과학의 노래'는 모든 국민이 생활의 과학화와 1인 1기의 습득을 바탕으로 산업과 경제의 발전에 기여하자는 내용을 담고 있어서 전국민의 과학화운동에 관한 기본방향을 충실히 반영하고 있는 것으로 판단된다.

1. 과학 하는 마음으로 능률 있게 일하고, 사람마다 손에 손에 한 가지씩 기술 익혀, 부지런한 하루하루 소복소복 부는 살림, 세상에 으뜸가는 복된 나라 이루세.
2. 과학 하는 이치 찾아 새로운 것 발명하고, 겨레의 슬기 모아 산업 크게 일으켜서, 천불 소득 백억 수출 무럭무럭 크는 국력, 세상에 으뜸가는 힘센 나라 이루세.
3. 과학 하는 국민으로 기술 가진 국민으로, 살림살이 늘려가고 산업 크게 일으키면, 나라의 힘 용솟음쳐 다가오는 평화통일, 세상에 으뜸가는 과학한국 이루세.[35]

더 나아가 전국민의 과학화운동이 가진 역사적 의의가 강조되면서 국가권력의 정당성을 옹호하는 논리가 개발되기도 했다. 예를 들어, 앞서 언급했던

33) 과학기술처, "전국민의 과학기술인화를 위한 종합계획안", 『과학과 기술』 제6권 4호 (1973), 26-27쪽.
34) 같은 글, 27쪽.
35) "과학의 노래 만든다", 『대덕넷』, 2005. 10. 8. 『대덕넷』은 대덕밸리의 소식을 전하는 인터넷 신문으로서 홈페이지 주소는 http://www.hellodd.com이다.

문화공보부의 홍보자료는 전국민의 과학화운동의 의의를 논의하면서 우리 민족은 일찍이 과학기술에 남다른 자질과 역량을 발휘했지만 유교적 지도이념의 팽배, 일제 시기의 탄압, 광복 후 정치사회적 혼란 등의 시련을 겪어오다가 5·16 이후에야 비로소 조국근대화를 통한 민족중흥을 지향하게 되었으며 그것의 요체가 과학기술에 있다는 점을 강조하였다.[36] 특히, 전국민의 과학화운동은 1972년에 출범한 유신체제와 결부되어 종종 논의되었는데, 최형섭 장관은 1973년 『과학과 기술』의 신년사에서 전국민의 과학화운동을 거론하면서 "국가발전과 민족중흥을 다짐하는 유신의 대열에 앞장서서 우리의 맡은 바 사명을 다할 것"을 주문하였고,[37] 과총은 1973년 1월 10일에 채택한 건의문인 '과학유신(科學維新)의 방안'에서 새마을 기술봉사단의 역할을 강조하면서 과학기술인의 총동원 자세를 수립할 것을 촉구하였다.[38]

III. 전국민의 과학화운동의 전개와 확대

이 절에서는 1972-1979년에 전국민의 과학화운동이 전개되는 과정을 주요 주체와 사업을 중심으로 살펴보고자 한다. 전국민의 과학화운동을 추진하는 데 필요한 사업을 담당한 대표적인 주체로는 한국과학기술진흥재단, 과학관, 과총을 들 수 있다. 한국과학기술진흥재단은 다양한 매체와 행사를 활용하여 과학기술을 계몽·보급하는 사업을 추진하였고, 국립과학관과 학생과학관은 과학기술에 대한 전시를 담당하면서 과학교육을 보완하는 활동을 전개했으며, 과총은 새마을 기술봉사단을 통해 농어촌에 기술을 지도하고 보급하는 역할을 맡았다.[39] 전국민의 과학화운동의 주요 사업은 대부분 1972-1973년에

---

36) 문화공보부, 『홍보자료: 전국민의 과학화운동』 (1973), 10–13쪽.
37) 최형섭, "신년사: 범국민의 과학화를 위하여", 『과학과 기술』 제6권 1호 (1973), 4–5쪽.
38) 한국과학기술단체총연합회, "과학유신의 방안", 『과학과 기술』 제6권 1호 (1973), 7–8쪽.
39) 전국민의 과학화운동이 이러한 세 범주로 추진되었다는 점은 『과학기술연감』을 통해서도 확인할 수 있다. 예를 들어 『과학기술연감』 (1978), 40–41쪽은 전국민의 과학화운동의 과제로 ① 범국민적인 참여와 전개, ② 과학기술풍토조성 단위사업의 확충 강화, ③ 국립과학관 및 시도학생과학관 강화, ④ 농어촌 기술보급 확대를 들고 있는데, 추진방향의 성격을 띠고

시작되었으며, 1975년을 전후하여 안정적인 궤도에 진입하면서 관련 조직을 강화하거나 추가적인 사업이 발굴되는 양상을 보였다.[40]

1. 한국과학기술진흥재단과 과학기술의 계몽 · 보급

한국과학기술진흥재단이 1972년에 설립되면서 중점적으로 추진한 사업은 청소년을 주요 대상으로 하여 과학기술을 계몽 · 보급하는 것이었다. 과학기술문고의 발간, 과학필름라이브러리의 운영, 과학기술자 순방강연 등은 그 대표적인 예이다. 과학기술문고는 청소년으로 하여금 과학기술에 대한 올바른 자세와 확고한 사고를 확립시켜 급변하는 과학기술에 대처하는 적응능력을 배양하기 위한 목적으로 발간되었다. 1972년의 경우에는 세계적인 발명과 발견의 사례를 다룬 『위대한 지혜』 시리즈 4권이 5천 부씩 발행되었으며, 전국의 중학교에 독서클럽을 조직하여 보급하는 방식이 채택되었다. 과학필름라이브러리는 주로 외국의 우수한 과학기술영화를 확보하여 각급 학교와 기관에 대여 · 상영함으로써 과학기술에 대한 흥미와 인식을 제고하기 위한 목적으로 설치되었다. 1972년에는 국내 기관이 소장하고 있는 과학기술에 대한 영화 · 필름의 목록을 작성하고 외국의 우수영화 18편을 선정하여 우리말로 번역 · 녹음한 후 보급하였다. 과학기술자 순방강연은 청소년이 과학기술자를 직접 만날 수 있는 기회를 제공하기 위하여 저명한 과학기술자를 초빙하여 모교 혹은 연고지의 중 · 고등학교에서 강연을 실시하는 방식으로 이루어졌다. 강연의 주제에는 과학기술자로의 성장 과정, 과학기술자의 사명, 위대한 과학기술자의 사례, 국가 발전에서 과학기술의 역할, 생활의 과학화의 중

있는 ①을 제외하면 ②, ③, ④는 각각 한국과학기술진흥재단, 과학관, 과총이 담당하는 사업에 해당하는 것이었다.

40) 이러한 점은 『과학기술연감』에 나타난 전국민의 과학화운동의 추진체계나 성과에 대한 평가를 통해서도 간접적으로 확인할 수 있다. 『과학기술연감』(1973), 15쪽은 "1973년도에 있어서는 과학기술처가 사업추진 방향을 제시하고 각 부처에서는 사업을 자체적으로 고안 · 추진했으며 과학기술처는 종합 파악한 데 그쳤다"고 지적했던 반면 『과학기술연감』(1976), 57쪽은 "과학기술처는 … 각 부처가 추진하고 있는 과학화 사업에 대한 기본방향의 제시와 아울러 종합조정 기능을 담당하여 왔던 바 관계 부처는 물론 범국민적인 참여로 이 운동은 많은 성과를 올리고 있다"고 평가했던 것이다.

요성, 인류와 과학기술의 장래 등이 포함되었다.[41]

　1973년에 전국민의 과학화운동이 제창되면서 한국과학기술진흥재단의 사업은 더욱 강화·확대되었다. 우선, 청소년을 위한 기존의 사업이 양적으로 증가하거나 본격적으로 추진되는 경향을 보였다. 과학기술문고는 1972년에『위대한 지혜』4권이 5천 부씩 발간되었지만 1973년에는『의문의 세계』4권이 8천 부씩, 1974년에는『가상의 세계』4권이 9천 부씩 발간되었다. 과학필름은 1972년에 18편에 불과했지만 1973년 9월에는 51편으로, 1974년 12월에는 99편으로 증가하였고, 이에 대하여 당시의『과학기술연감』은 "창설 3년 만에 라이브러리 체계를 어느 정도 확립"한 것으로 평가하기도 했다. 과학기술자 순방강연은 1972년의 경우에는 시범적으로 실시되었지만 이후에 보다 본격화되어 1974년에는 30명의 과학기술자가 60개교를 방문하여 강연회를 실시하였다.[42]

　또한, 1973년부터 한국과학기술진흥재단은 주부생활과학강좌라는 새로운 사업을 한국일보사와 공동으로 추진하였다. 이전에 청소년에 국한되어 있었던 사업이 전국민의 과학화운동이 제창되는 것을 계기로 주부를 비롯한 성인으로 확장된 것이었다. 주부생활과학강좌는 과학 하는 사회풍토의 조성이 국민생활의 기초인 가정생활의 과학화에서 이루어져야 한다는 인식에서 비롯되었다. 그 사업은 의식주, 보건위생, 육아, 교양, 취미, 부업 등과 관련된 영역에서 생활과학을 실천할 수 있도록 실험실습 및 시청각 자료를 활용하는 방식으로 전개되었다. 주부생활과학강좌는 1973년에 6회가 개최되었으며 1974년에는 12회로 확대되었다.[43]

　1973년부터 나타난 또 다른 경향으로는 매스컴을 통한 사업이 적극적으로 추진되었다는 점을 들 수 있다. 매스컴을 통해 과학기술풍토를 조성한다는 생각은 1971년부터 거론되었지만,[44] 1973년 이전에는 별다른 실적이 없었던

---

41)『과학기술연감』(1972), 58쪽; 최형섭,『개발도상국의 과학기술개발전략: 한국의 발전과정을 중심으로』제3부 (보진재, 1981), 268-272쪽.
42)『과학기술연감』(1973), 16쪽;『과학기술연감』(1974), 16-17쪽.
43)『과학기술연감』(1973), 16쪽;『과학기술연감』(1974), 18쪽. 주부생활과학강좌에 대하여 최형섭은 "이 사업은 당시 평가도 좋았고 사회호응도 꽤 높았다"고 회고한 바 있다. 최형섭,『불이 꺼지지 않은 연구소: 한국 과학기술 여명기 30년』(조선일보사, 1995), 281쪽.
44)『과학기술연감』(1971), 76쪽.

것으로 판단된다. 그러나 1973년에 전국민의 과학화운동이 제창되는 것을 계기로 이를 홍보하기 위한 작업이 신문, 라디오, TV 등과 같은 매스컴을 통해 대대적으로 전개되기 시작하였다. 1973년 9월을 기준으로 KBS TV는 '생활의 지혜', '백만인의 과학', '주부교실' 등을 매일 방영하였고, KBS 라디오는 '과학이야기'를 매일 방송하면서 전국민의 과학화운동에 관한 좌담회를 개최하기도 했다. 이와 함께 사설, 특집, 해설기사 등의 형태로 주요 일간지가 전국민의 과학화운동을 집중적으로 다루었으며, 『전국민의 과학화운동』이라는 별도의 책자가 27,000부 발간되기도 했다. 1974년 1-9월에는 KBS TV가 2종 560분을, KBS 라디오가 200회를 생활과학 프로그램에 할당한 것으로 집계되었다.[45]

1975년을 전후해서는 1972-1973년에 시작된 사업이 안정적인 궤도에 진입하는 가운데 기존의 사업이 다변화되거나 이와 연계된 새로운 사업이 추진되는 특징을 보였다. 과학기술문고의 경우에는 중·고등학생을 대상으로 한 것으로 출발했지만 1975년부터는 국민학생을 대상으로 한 어린이과학그림문고가 추가되어 1978년까지 총 25권 160,900부가 발간되었다.[46] 과학필름의 경우에는 1977년까지 187편이 확보되는 가운데, 1974년에는 국산 과학영화 제작의 붐을 조성하기 위하여 소형과학영화 콘테스트가 실시되기도 했다.[47] 과학기술자 순방강연은 1978년을 기준으로 167명의 과학기술자가 266개의 중·고등학교를 대상으로 실시했으며, 1976년 이후에는 우수한 중학생을 선발하여 과학단지를 견학하고 과학강좌를 수강하는 기회를 제공하는 사업이 추가적으로 실시되었다.[48] 이와 함께 한국과학기술진흥재단은 1977년에 인류에 위

45) 『과학기술연감』(1973), 16-17쪽; 『과학기술연감』(1974), 17쪽.
46) 『과학기술연감』(1978), 34-35쪽; 최형섭, 『개발도상국의 과학기술개발전략』 제3부, 258-269쪽. 1975-1978년에 발간된 과학기술문고는 『환상의 세계』 2권 각 5,000부, 『진기한 세계』 2권 각 5,000부, 『바다』 1권 6,500부(이상 1975년), 『끝없는 집념』 4권 각 8,000부, 『지구』 1권 7,000부(이상 1976년), 『별』 1권 7,000부(1977년), 『동물』 1권 200부, 『식물』 1권 200부(이상 1978년)이었으며, 그중에서 『지구』, 『별』, 『동물』, 『식물』 이 어린이그림과학문고에 해당하였다.
47) 『과학기술연감』(1974), 17쪽; 『과학기술연감』(1978), 35쪽.
48) 『과학기술연감』(1977), 33쪽; 『과학기술연감』(1978), 35쪽; 최형섭, 『개발도상국의 과학기술개발전략』 제3부, 271-272쪽.

대한 공헌을 한 과학기술자의 초상화를 제작하여 각급 학교에 보급하는 사업을 전개하기도 했다.[49)

주부생활과학강좌는 1977년까지 89회에 6만여 명이 수강했으며, 1976년부터는 주부가 일상생활에서 활용할 수 있는 『주부과학편람』이 발간·배포되었다.[50) 이와 함께 주부생활과학강좌에 대한 참여도를 제고하기 위하여 1975년부터는 콘테스트를 통해 시상식을 거행하고 1976년부터는 과학단지 및 산업시찰의 기회를 제공하는 방법이 활용되었다.[51) 매스컴의 경우에는 TV와 라디오를 통해 다양한 스팟트 필름이 계속해서 방영되는 가운데 1974년에는 일간지를 통해 과학퀴즈를 풀게 하는 학생과학콘테스트가 실시되었으며, 1976년에는 KBS TV가 어린이 대상의 '과학교실'과 일반인 대상의 '알고 계십니까'를 편성하기도 했다.[52) 전국민의 과학화운동에서는 영화도 널리 활용되었다. 처음에는 대한뉴스를 통해 홍보하는 정도에 머물렀으나 1976-1977년에는 문화영화나 홍보영화가 직접 제작되어 방영되는 것으로 이어졌다. 1976년에는 '연탄가스 중독방지'라는 천연색 문화영화가 제작되어 전국의 극장에 널리 보급되었고, 1977년에는 과학기술과 산업의 미래를 다룬 홍보영화인 '두뇌산업'이 제작되었던 것이다.[53) 그밖에 한국과학기술진흥재단은 1975-1976년에 기업체 및 연구기관에 국내외 과학기술동향을 제공하기 위하여 『과학시대』를 매월 발간하여 배포하기도 했다.[54)

이상의 논의에서 보듯이, 전국민의 과학화운동을 매개로 한국과학기술진흥재단의 사업은 지속적으로 확대·강화되어 왔다. 그러나 해당 사업이 실제적인 효과를 달성하기에는 규모가 너무 작거나 짧은 기간에 추진되는 것으로 그친 경향도 나타났다. 예를 들어 과학기술문고의 경우에는 한 종에 6천여 부로 제작되어 전국의 학교 수에 크게 미치지 못하였고, 해마다 늘어나는 제

---

49) 『과학기술연감』 (1977), 33-34쪽.
50) 『과학기술연감』 (1976), 64쪽; 『과학기술연감』 (1978), 35쪽.
51) 『과학기술연감』 (1975), 14쪽; 『과학기술연감』 (1976), 62쪽.
52) 『과학기술연감』 (1974), 18쪽; 『과학기술연감』 (1976), 59쪽.
53) 『과학기술연감』 (1976), 63쪽; 『과학기술연감』 (1977), 33쪽; 최형섭, 『개발도상국의 과학기술개발전략』 제3부, 270쪽.
54) 『과학기술연감』 (1975), 15쪽; 『과학기술연감』 (1976), 64쪽.

작비를 감당하지 못해 발행 부수가 감소하는 경향을 보였다.[55] 또한, TV와 라디오의 프로그램은 방영 시간이 10분 정도에 불과했으며 그것마저도 오랫동안 지속되지 못했다.[56] 그밖에 각종 도서와 자료가 지속적으로 발간·보급되었지만 그것을 활용하여 추가적인 사업을 전개하는 방법은 거의 시도되지 않았다. 이러한 점은 전국민의 과학화운동이 당초의 야심 찬 계획에 비해 성과가 충분하지 않았으며, 해당 기관의 물적·인적 사정에 따라 점진적으로 사업을 보완하는 식으로 추진되었다는 것을 암시하고 있다.

2. 과학관과 과학기술의 전시·교육

앞서 언급했듯이, 국립과학관은 1972년 9월에 상설전시관을 개관함으로써 본격적인 과학관의 모습을 갖추게 되었다. 상설전시관은 전기전자실, 우주항공실, 물성실, 에너지실, 기계실, 화학실, 기상실, 지질광업실, 해양실, 인체실, 동물실, 곤충실의 12개 분야 223개 주제로 구성되었다.[57] 당시에 국립과학관장을 맡았던 전상근의 회고에 따르면, "종래 생물과학 위주의 전시에서 벗어나 물리, 화학, 천문학 등 여러 과학 분야와 산업기술 분야에 이르기까지 고루 전시"된 것이었다.[58] 이와 함께 새로운 상설전시관에서는 전시물을 단추로 눌러 작동시킬 수 있게 하는 등 기존의 정적인 전시를 넘어서기 위한 방법이 시도되기도 했다.[59]

---

55) 한국과학기술단체총연합회, 『한국 과학기술 30년사』 (1980), 330쪽.

56) 이와 관련하여 최형섭은 "TV 및 라디오를 통하여 과학기술을 일반 대중에게 확산·보급하는 사업은 … 이제 정기적인 프로그램 제정이 바람직한 시점에 와 있다"고 지적한 바 있다. 최형섭, 『개발도상국의 과학기술개발전략』 제3부, 270쪽.

57) 『과학기술연감』 (1972), 59쪽.

58) 전상근, 『한국의 과학기술정책』, 155쪽. 전상근은 1971년 3월에 국립과학관장으로 부임했을 때의 상황에 대하여 "4층으로 된 건물의 방들은 거의 모두 다른 기관에 빌려주고 과학관 본래의 기능은 하지 못하고 있었으며", "직원은 거의 20여 명이었으나 상설전시관도 없었고 창고에는 조류의 박제품 몇 점이 뒹굴고 있는 형편이었고", "곤충, 조류, 식물표본 같은 것은 비용이 적게 들고 학생들도 쉽게 모을 수 있어" 생물과학 분야가 주된 전시품이었다고 회고한 바 있다. 같은 책, 154-155쪽.

59) 이와 관련하여 최형섭과 전상근은 각각 '움직이는 과학관' 혹은 '움직이는 현대적 과학관'이란 용어를 사용하고 있다. 최형섭, 『개발도상국의 과학기술개발전략』 제3부, 266쪽; 전상근, 『한국의 과학기술정책』, 155쪽.

국립과학관은 1972년 10-11월에 과학기술풍토조성사업의 일환으로 한국과학기술진흥재단과 함께 청소년 과학공작품 및 과학완구 전시회를 개최하기도 했다. 그것은 "청소년 및 어린이들에 대한 과학교육의 향상과 이를 뒷받침하는 우수한 과학교육자료의 국내생산을 촉구하고 나아가 그 보급·활용에 힘써 과학기술진흥을 도모"하는 것을 목적으로 삼았다. 그 전시회에서는 공작품 155개, 완구 51개, 모형 9개, 이화학기기 124개 등 334개의 작품이 출품되었다. 당시의 『과학기술연감』은 그 전시회가 초·중·고 학생들이 "일상생활 혹은 학습과정에서 과학공작품을 분해·조립·조작하는 습성을 길러 그 원리를 터득케 함으로써 과학기술에 대한 관심과 흥미, 그리고 동경을 불러일으키는 계기"가 되었다고 평가하고 있다.[60]

1973년에 전국민의 과학화운동이 제창되면서 국립과학관의 시설과 사업은 더욱 강화·확대되었다. 상설전시관의 전시물이 증대되는 가운데 1973년 말에는 공개과학교실과 영사실이 설치되었던 것이다. 상설전시관은 원자력, 화학, 생활과학, 과학사 등의 분야를 추가하여 1977년을 기준으로 17개 분야, 281개 주제를 포괄하게 되었다. 특히, 1975년 9월에는 생활과학전시실이 신설되어 가정주부들이 가전제품에 대한 사용법과 에너지 절약의 방법을 익히는 공간으로 활용되었다.[61] 공개과학교실은 '과학을 아는 교육'보다 '과학을 하는 교실'의 역할을 표방하면서, 청소년과 일반인을 대상으로 주중에는 실험실습의 기회를 제공하고 주말에는 과학강좌를 개최하는 식으로 운영되었다. 영사실은 16mm 영사기 2대, 영화필름 140편, 좌석 400석을 구비하여 매일 3-4편의 과학영화를 상영했으며, 과학기술 관련 행사의 장소로도 활용되었다.[62]

전국민의 과학화운동을 계기로 전국과학전람회도 활성화되는 양상을 보였다. 전국과학전람회는 청소년과 일반인이 제작한 과학기술에 관한 작품을 전

---

60) 『과학기술연감』 (1972), 59-60쪽.
61) "국립과학관 안내", 『과학과 기술』 제9권 3호 (1976), 33-34쪽; 임성택·이병훈, "한국의 과학관의 교육사업에 관한 연구: 그 현황과 개선책을 중심으로", 『과학교육논총』 제3집 (1978), 29쪽.
62) "국립과학관 안내", 『과학과 기술』 제9권 3호 (1976), 34쪽; 김지은, "국립과학관의 배경과 활동 전망", 『과학과 교육』 제14권 8호 (1977), 32쪽; 최형섭, 『개발도상국의 과학기술 개발전략』 제3부, 266쪽.

시하는 행사로서 1946년부터 시작되었지만 오랜 기간 동안 명맥을 유지하는 수준에서 벗어나지 못하다가 1970년대 이후에 과학기술풍토 조성을 위한 주요한 행사로서 정착하게 되었다.[63] 특히, 1974년 10-11월에 개최된 제20회 전국과학전람회의 경우에는 최형섭 장관을 비롯한 1백여 명의 관계 인사가 참여하여 성대하게 개막되었고, 기존의 대회와 달리 초·중·고등학교의 과학 교재로 활용될 수 있는 작품에 중점을 두어 수상자를 선발하였다.[64] 이와 함께 1974년부터는 전국과학전람회가 한 번의 행사에 그치지 않고 전국을 순회하면서 수상작을 전시하는 식으로 개최되었으며, 1975년에는 전국과학전람회에서 수상한 학생들을 일본에 파견하여 과학관과 관련 기관을 견학하고 한·일 청소년 교류의 기회를 제공하는 사업이 전개되기도 했다.[65]

더 나아가 전국민의 과학화운동은 국립과학관을 확충하는 것은 물론 전국 시·도에 학생과학관을 신설하는 기회로 활용되었다. 문교부는 1973년 11월 26일에 전국민의 과학화운동에 대한 후속 조치로 전국적으로 학생과학관을 건립하는 계획을 마련하였다. 당시의 과학관으로는 국립과학관, 서울어린이회관, 경북학생과학관 등 3개가 있었는데, 서울과 경북을 제외한 지역에 학생과학관이나 어린이회관을 신설한다는 것이었다. 그 계획을 바탕으로 1974년에는 부산어린이회관, 전남학생과학관, 충남학생과학관이, 1975년에는 충북학생과학관, 경남학생과학관, 전북학생과학관, 강원학생과학관, 경기학생과학관이, 1978년에는 제주학생과학관이 잇달아 건립되었다〈표 2〉 참조).[66]

---

63) 전국과학전람회는 광복 후 1960년대까지 "과학기술풍토조성의 불씨로서 외로운 가교 구실을 해 왔다"고 볼 수 있다. 과학기술처, 『과학기술행정 20년사』 (1987), 268쪽. 1946년부터는 문교부 주최로 '우리과학전람회'가 개최되어 초·중·고등학생이 제작한 과학기술에 관한 작품이 전시되었으며, 그것은 1949년 이후에 일반인까지 참여하는 '전국과학전람회'로 확대된 후 1964년부터는 국립과학관이 주관하는 체제가 형성되었다. 과학기술처, 『과학기술 30년사』 (1997), 375쪽.

64) "성년의 전국과학전 성황리 개최", 『과학과 기술』 제7권 10호 (1976), 7-15쪽. 참고로 1978년의 전국과학전람회는 "제24회 전국과학전람회", 『과학과 기술』 제11권 9호 (1978), 11-18쪽에 소개되어 있다.

65) 김지은, "국립과학관의 배경과 활동 전망", (1977), 32-33쪽; 『과학기술연감』 (1975), 15-16쪽.

66) 문교부, 『각 시·도 학생과학관 건립계획(안)』 (1973); 정인경, "한국 근현대 과학기술문화의 식민지상", 127쪽.

<표 2> 국내 과학관의 현황(1978년 기준)

과학관 명	소재지	설립 시기	총건평 (㎡)	전시면적 (㎡)	전시품 (종)
국립과학관	서울	1927. 5	15,936	5,313	281
서울어린이회관	서울	1970. 7	17,176	3,230	169
경북학생과학관	대구	1971. 4	3,663	1,188	130
부산어린이회관	부산	1974. 9	11,402	5,445	200
전남학생과학관	광주	1974. 9	4,310	330	22
충남학생과학관	대전	1974. 9	2,881	716	72
충북학생과학관	청주	1975. 3	2,600	594	85
경남학생과학관	마산	1975. 4	5,735	535	58
전북학생과학관	전주	1975. 5	3,508	568	95
강원학생과학관	원주	1975. 7	3,845	762	43
경기학생과학관	수원	1975. 9	2,574	647	25
제주학생과학관	제주	1978. 3	1,779	1,096	68

자료: 과학기술처·국립과학관, 『국립과학관 확충사업 계획서』 (1979), 9쪽; 임성택·이병훈, "한국의 과
　　학관의 교육사업에 관한 연구: 그 현황과 개선책을 중심으로", 『과학교육논총』 제3집 (1978), 33쪽.

　　이러한 과학관들은 모두 전국민의 과학화운동에 기여한다는 점을 설립 목
적으로 삼고 있었다. 예를 들어, 1974년 9월에 개관한 전남학생과학관은 과학
관 조례 제1조에 "전국민의 과학화를 위한 지역적 센터 역할을 다하는 데 기
여함"이라고 명시하였다.[67] 실제로 학생과학관이 수행한 기능은 국립과학관
의 경우와 거의 비슷하였다. 전시 사업의 경우에는 국립과학관보다 규모는
작지만 비슷한 주제를 포괄하였고 관람자가 전시물을 직접 작동할 수 있게
하였다. 주요 주제별로 실험실습을 하기 위한 과학교실을 운영하고 시청각실
을 통해 과학영화를 상영하는 것도 학생과학관의 주요한 기능이었다. 또한,
학생과학관은 해당 지역에 과학실험 기자재를 보급 혹은 수리하고 전국과학
전람회를 비롯한 각종 대회의 지역별 예선을 치르는 공간으로 활용되었다.
그밖에 학생과학관은 방학 기간을 활용하여 과학교사의 자질 함양을 위한 연

---

67) 정인경, 같은 논문, 127쪽. 그것은 『과학기술연감』 (1974), 18쪽이 "이들 학생과학관이 준
　　공을 보게 되면 … 지방의 과학교육 및 전국민의 과학화 실천에 있어 중심적 역할을 담당하
　　게 될 것"이라고 기록하고 있다는 점에서도 확인할 수 있다.

수를 담당했으며, 몇몇 과학관은 이동 차량을 통해 각급 학교를 방문하면서 실험실습을 지도하기도 했다.[68]

1973년부터 중화학공업 정책이 본격적으로 추진되면서 국립과학관을 활용하여 그 성과를 선전하기 위한 사업도 모색되었다. 그것은 중화학공업 정책을 상징하는 대표적인 공장의 모형을 제작·전시하기 위한 산업기술전시사업으로 구체화되었다. 일반인과 청소년에게 간접적인 산업시찰 기회를 제공함으로써 중화학공업의 중요성을 인식시키고 관련 지식을 습득할 수 있는 계기를 마련한다는 것이었다.[69] 그 사업은 1979년 7월에 산업기술관을 별도로 건립하는 것으로 이어졌으며, 산업기술관 개관식은 '전국민의 과학화' 휘호탑 제막식과 함께 거행되었다. 산업기술관은 철강, 화학, 비철금속, 기계, 조선, 전자 등 6대 전략산업의 공업기지에 대한 입체지형도와 함께 해당 업체가 제작·기증한 주요 공장의 모형을 전시하였다.[70]

이처럼 전국민의 과학화운동은 국립과학관이 확충되고 전국적으로 학생과학관이 설치되는 계기로 작용하였다. 전국민의 과학화운동을 통해 국내의 과학관은 전시물의 확보, 전국과학전람회의 개최, 과학교실의 운영, 과학영화의 상영 등을 주요 사업으로 추진했으며, 과학기술에 대한 전시는 물론 학교 밖 과학교육을 담당하는 역할을 맡았다. 선진국의 과학관이 전시 중심의 제1세대와 교육 중심의 제2세대를 거쳤던 반면 우리나라의 과학관은 두 가지 기능을 동시에 포괄하는 특징을 보였던 것이다.[71] 그러나 1970년대의 우리나라 과학관은 정부 주도로 급속히 건립됨으로써 다양한 콘텐츠가 확보되지 못한

---

68) 임성택·이병훈, "한국의 과학관의 교육사업에 관한 연구: 그 현황과 개선책을 중심으로", 29–32쪽; 전학민, "전국민 과학화운동을 위한 학생과학관의 사업: 경북학생과학관을 중심으로", 『과학과 교육』 제16권 5호 (1979), 20–22쪽.

69) 김지은, "국립과학관의 배경과 활동 전망", 33쪽; 최형섭, 『개발도상국의 과학기술개발전략』 제3부, 267–268쪽.

70) 정인경, "한국 근현대 과학기술문화의 식민지성", 135–136쪽. 이와 관련하여 1979년 7월 19일자 『중앙일보』는 "한국의 대표적인 공장 한눈에"라는 기사에서 "포항제철의 종합제철소를 보면 꼭 시뻘건 쇳물이 흘러나올 것만 같다. 이 앞에 서면 축소된 모형이 거대한 포항종합제철소의 웅지를 실감나게 한다"고 소개한 바 있다.

71) 과학관의 세대 변화와 전망에 대해서는 임소연·홍성욱, "과학(박물)관의 새로운 변화와 우리의 과제: PUS와의 관련성을 중심으로", 『과학기술학연구』 제5권 2호 (2005), 97–127쪽을 참조할 것

채 거의 비슷한 과학관이 전국에 분포되는 것으로 이어졌다. 게다가 산업기술관의 사례에서 알 수 있듯이, 전시 및 교육의 내용에 있어서도 정부의 주요 정책을 선전하는 도구로 활용되기도 했다.[72]

3. 한국과학기술단체총연합회와 새마을 기술지도

과총은 1972년부터 과학기술풍토 조성사업의 일환으로 과학기술용어를 제정·보급하는 역할을 맡았다. 그것은 과학기술계, 산업계, 교육계 등에서 사용되는 과학기술용어가 뚜렷한 원칙 없이 무질서하게 통용되고 있다는 인식에서 비롯되었다.[73] 과총은 1972년 7월에 과학기술용어제정심의위원회를 설치한 후 1978년까지 기초과학, 공학, 농·수산학, 약학, 의학 분야에서 총 342,352개의 용어를 제정하였다. 이와 함께 1975년 4월에는 과학기술용어편찬위원회가 구성되었고 1977년 7월에는 기초과학, 공학, 농수산, 약학 등을 포괄한 『과학기술용어집』제1집을, 1978년 10월에는 의학 분야를 다룬 『과학기술용어집』제2집을 발간하였다.[74]

1972년부터 과학기술풍토조성사업이 본격화되면서 과학의 날 행사도 점점 확대되었다. 과학의 날 행사는 과학기술처 창립 1주년이었던 1968년 4월 21일에 시작된 후 1971년까지는 우수 과학기술자에 대한 포상을 중심으로 실시되어 왔다. 과학기술처는 과학기술풍토 조성사업을 매개로 과학의 날 행사를 일반 국민의 과학기술에 대한 관심과 이해를 제고하기 위한 행사로 발전시키는 방안을 강구하였고, 그것은 1972년부터 과학기술주간 행사가, 1975년부터는 과학의 달 행사가 개최되는 것으로 이어졌다. 이에 따라 해당 행사에 참여

---

72) 이에 대하여 정인경은 "한국의 과학관은 … 공장의 제품처럼 똑같은 모습을 갖게 되었다. 중앙행정기구 주도의 일방적인 설립방식은 각 고장에 맞는 개성 있고 창의적인 전시아이템이나 민간인이 참여한 사용자 중심의 운영은 기대할 수 없었다. 결국 과학관은 전국민의 과학화운동이 내포하고 있는 … 국가정책을 선전하는 기관으로 자리 잡게 되었다"고 평가하고 있다. 정인경, "한국 근현대 과학기술문화의 식민지성", 127쪽.
73) 『과학기술연감』(1972), 60쪽; 한국과학기술단체총연합회, 『과총 20년사』(1987), 351쪽.
74) 한국과학기술단체총연합회, 『과총 20년사』(1987), 351-354쪽.

하는 기관과 단체가 지속적으로 증가하는 가운데 행사의 내용도 과학기술자 포상은 물론 과학관 및 연구소 개방, 강연회 및 세미나 개최, 청소년 과학체험활동, 학술발표회 개최 등을 포괄하게 되었다.[75]

과총이 1972년부터 추진했던 가장 중요한 사업은 새마을 기술지도에 관한 것이었다. 앞서 언급했듯이, 과총은 1972년 4월 21일 과학의 날을 기하여 새마을 기술봉사단을 결성하였다.[76] 새마을 기술봉사단은 "과학기술인이 농어촌의 생활수준을 향상시키고 소득을 증대시키는 데 필요한 지식과 기술을 제공"하는 것을 목적으로 삼았다.[77] 1972년에 새마을 기술봉사단은 방송 및 신문을 통한 기술지도와 서신 문의에 의한 기술지도를 실시하였고 내무부에서 표방한 농어촌 표준사업을 중심으로 기술교본과 기술편람을 발간했으며 한국과학기술진흥재단과 협조하여 순회 기술지도를 추진하였다. 특히, 1973년에는 50명의 전문가를 활용하여 중앙본부 산하에 농수산, 공학, 보건위생, 종합 등 4개 분과별로 기술지원단을 편성하였고, 충남 온양군 아산읍 좌부리 마을을 시범새마을부락으로 선정하여 집중적인 기술지도를 실시하기도 했다.[78]

새마을 기술봉사단은 1974년에 조직의 확대를 통해 본격적인 활동을 추진하기 시작하였다.[79] 그것은 1974년의 과학기술처 연두순시에서 박정희 대통령이 "새마을 기술봉사단의 활동은 매우 흥미 있는 일이며 좋은 착안이므로 계속 관계부처와 연구해서 농촌에 과학기술을 보급시키게 하라"고 지시한 데

75) 『과학기술연감』 (1972), 58쪽; 『과학기술연감』 (1975), 17–18쪽.
76) 새마을 기술봉사단의 기원에 대하여 최형섭은 "소득을 증대시킬 수 있는 기술을 지원함으로써 과학기술에 대한 기본인식을 바꾸어 놓자는 의도"를 가지고 과총의 김윤기 회장과 상의한 후 정년퇴임한 교수를 활용하여 새마을 기술봉사단을 구성하는 방안을 강구하였다고 회고한 바 있다. 최형섭, 『불이 꺼지지 않은 연구소』, 285–286쪽.
77) "새마을 기술봉사단을 활용하자", 『과학과 기술』 제5권 6호 (1972), 9쪽.
78) 『과학기술연감』 (1972), 58쪽; 김윤기, "새마을 기술봉사단의 업무보고", 『과학과 기술』 제6권 7호 (1973), 18–19쪽. 좌부리 마을에 대한 기술지도 활동은 『과학과 기술』 제6권 7호 (1973), 20–33쪽에 소개되어 있다.
79) 이와 관련하여 한국과학기술단체총연합회, 『과총 20년사』 (1987) 47쪽은 1974년에 도 지부가 결성되기 이전에 새마을 기술봉사단의 활동은 소극적인 성격을 띠고 있었다고 평가하고 있으며, 『과학기술연감』 (1974), 23쪽은 "작년까지만 해도 새마을 기술봉사단은 … 지역적 한정성을 면치 못하였을 뿐만 아니라 기동성의 부족으로 적시에 적절한 지도를 기대하기 어려웠던 것도 사실이었다"고 기록하고 있다.

서 비롯되었다.80) 이에 대한 후속조치를 강구하기 위하여 2월 14일에는 최형섭 장관의 주재로 대책회의가 개최되었다. 그 회의에서 최형섭은 새마을 기술봉사단이 "좀 더 조직적이고 효과적으로 일해 나가기 위한" 방안을 주문하였고, 김동일 과총 부회장은 "지방에 지부를 설치해야 한다"고 주장하면서 "행정부에서 이에 따른 재정적 뒷받침이 있어야 한다"고 강조하였다.81)

이러한 논의를 바탕으로 과총은 1974년 3-10월에 새마을 기술봉사단의 조직을 확대·정비하는 작업을 추진하여 중앙본부에 사무국과 5개의 전문분과위원회를 설치하였고 제주도를 제외한 8개 도에 지부를 결성하였다. 이에 따라 새마을 기술봉사단의 단원은 50명에서 1,094명으로 크게 확대되었으며, 국고보조금도 1973년의 약 609만 원에서 1974년에는 약 1,154만 원으로 증가하였다.82) 이와 같은 인력과 예산의 증가를 바탕으로 새마을 기술봉사단은 수시로 농어촌 현장을 직접 방문하여 기술을 지도·보급하는 활동을 본격적으로 전개했으며, 그 공로를 인정받아 1974년 12월 10일에 개최된 전국새마을지도자대회에서 대통령 단체표창을 받기도 하였다.83)

1975년 이후에는 새마을 기술봉사단의 활동이 더욱 다변화되었다. 그 대표적인 예로는 1마을 1과학자 기술결연사업, 새마을기술적응 지역특화사업, 전국 새마을 기술지도 사례발표회를 들 수 있다.

1마을 1과학자 기술결연사업은 새마을 기술봉사단의 단원들이 연고가 있는 마을과 결연을 맺고 기술지도를 담당하는 식으로 추진되었다. 그 사업은 1975년 8월에 140개 마을로 출발한 후 1976년 2월의 200개 마을을 거쳐 1977년 2월 이후에는 300개 마을로 확대되었다. 당시에 발간된『과학기술연감』에

---

80) "유류세 사용 에너지 개발과 새마을 기술봉사활동 강화",『과학과 기술』제7권 1호 (1974), 9쪽. 이어 박정희는 "과거에 대학생들이 방학 때를 이용해서 농촌봉사나 의과대학생들이 의료봉사를 하는 것도 좋으나 공과계통이나 기술계통에 있는 학생이나 일반 기술인들도 농촌에 기술봉사활동을 해야 하겠다"고 말하기도 했다.
81) "새마을 기술봉사단을 극대화",『과학과 기술』제7권 2호 (1974), 4-6쪽.
82)『과학기술연감』(1974), 23-25쪽; 한국과학기술단체총연합회,『과총 20년사』(1987), 337쪽. 전문분과위원회는 농수산 분과, 환경개선 분과, 새마을공장 분과, 보건위생 분과, 종합 분과 등의 5개로 구성되었으며, 제주도에는 1975년 1월에 지부가 결성되었다.
83) "새마을 기술봉사단, 영광의 대통령단체표창 받아",『과학과 기술』제7권 12호 (1974), 6쪽.

따르면, 기술결연사업은 과학기술자의 참여의식이 강하고 주민과의 일체감을 확보하기가 용이하며 장기간에 걸쳐 지속적으로 추진될 수 있는 장점을 가지고 있었다.[84] 기술결연사업이 확대되면서 과총은 1977년의 제10회 과학의 날에 채택한 '과학기술인의 결의문'에 "우리 모든 과학기술인은 새마을 기술봉사활동에 진력하는 한편, 1과학기술자 1마을 기술결연에 동참하여 전국민의 과학화에 헌신한다"는 조항을 신설하기도 했다.[85]

새마을기술을 적용하여 지역특화사업을 추진하는 방안은 1975년 6월부터 1976년 5월까지 과학기술처가 지원했던 지역특화사업 적용시험연구에서 비롯되었다. 그 연구는 새마을 기술봉사단의 각 도별 지부가 지역특성에 적합한 과제를 1건씩 선정하여 추진하였다.[86] 이러한 연구를 바탕으로 1976-1978년에는 각 도별로 과학기술이식 시범마을을 선정하여 기술적 애로사항을 타개하고 새로운 기술을 보급하는 활동이 집중적으로 추진되었다.[87] 특히, 제주도의 경우에는 처음에 감귤에 대한 연구로 시작되었지만, 점차적으로 축산, 풍력, 자연자원 등으로 확대되어 한국과학기술연구소를 중심으로 제주도의 종합개발에 필요한 기술을 개발하고 지원하는 연구가 지속적으로 수행되었다.[88]

이와 같은 새마을 기술봉사단의 주요 활동은 1976년부터 1981년까지 매년 개최되었던 전국 새마을 기술지도 사례발표회를 통해 논의되었다. 발표된 사례는 영농의 과학화, 농가공산품의 제조, 위생 및 환경의 개선, 과학기술의

84)『과학기술연감』(1975), 21-22쪽;『과학기술연감』(1978), 33쪽.
85) "과학기술인의 결의문",『과학과 기술』제10권 4호 (1977), 14쪽.
86)『과학기술연감』(1976), 73쪽; 한국과학기술단체총연합회,『과총 20년사』(1987), 325-326쪽. 각 도별 연구과제는 다음과 같다. 통일찰벼재배 및 보급시험(경기), 태백산지역 도토리의 식량화를 위한 새마을공장 기술적응시험(강원), 온돌 및 변소개량(충북), 시범 새마을부락 종합개발(충남), 한지의 과학적 제조(전북), 인초의 조속재배 연구(전남), 영농 작부 체계 적응시험(경북), 논답배 저숙재배와 후작벼 정상재배법(경남), 감귤원의 개원방법 시험연구(제주).
87) 과학기술이식 시범마을에 관한 주요 지역별 사례는『과학과 기술』제11권 2-7호 (1978)를 통해 연재된 바 있다.
88)『과학기술연감』(1976), 74쪽;『과학기술연감』(1978), 39쪽. 제주도 종합개발 기술지원사업은 최형섭이 1974년 12월에 제주도에서 열린 새마을지도자대회에 참석하면서 구상되었고 한국무역협회의 지원을 받아 과학기술연구소의 연구과제로 추진되었다. 최형섭,『불이 꺼지지 않은 연구소』, 290-292쪽.

계몽 등을 중심으로 구성되었으며, 새마을운동에서 과학기술의 중요성을 강
조하거나 새마을 기술지도에 관한 체험을 소개하는 경우도 있었다. 이러한
발표회는 새마을 기술봉사단의 활동을 평가하고 향후의 발전방향을 논의하
는 것은 물론 새마을기술에 대한 정보를 교환하고 보급·확산하는 계기로 활
용되었다.[89]

그 밖에 새마을 기술봉사단은 새마을 기술지도에 대한 홍보의 강화, 내무
부 지원 집중지도 연구사업의 전개, 단기 영농기술학교의 개설 등을 추진하
였다. 새마을 기술봉사단에 대한 홍보를 위하여 영화, 슬라이드, 팸플릿, 책
자 등의 다양한 매체가 활용되었는데, 1975년에는 '새마을과 과학기술'이라
는 홍보영화가, 1976년에는 신품종 고추에 관한 슬라이드가 제작되기도 했
다.[90]

집중지도 연구사업은 내무부의 지원으로 새마을 기술봉사단의 각 도별 지
부가 수행한 것으로서 농촌 우사 및 퇴비사의 개선방안, 비육우와 재래산양
입식에 의한 소득증대방안, 낙도 급수지원 개발조사 등이 포함되어 있었
다.[91] 단기 영농기술학교는 새마을 지도자를 대상으로 일주일 동안 영농의
과학화와 생활의 과학화를 교육하기 위한 것으로서 1978년 2월과 8월에 충남
새마을 기술봉사단과 숭전대 대전캠퍼스가 공동으로 주최하였다.[92]

이상에서 논의한 새마을 기술지도에 관한 주요 사업의 실적을 정리하면
〈표 3〉과 같다.

---

89) 한국과학기술단체총연합회, 『과총 20년사』 (1987), 329–333쪽. 전국 새마을 기술지도 사
례발표회의 내용은 1976–1981년의 『과학과 기술』에 게재되어 있다. 제9권 9호 (1976),
2–27쪽; 제10권 8호 (1977), 6–15쪽; 제11권 8호 (1978), 6–20쪽; 제12권 9호 (1979),
38–50쪽; 제12권 9호 (1980), 6–27쪽; 제14권 11호 (1981), 6–28쪽을 참조할 것.
90) 『과학기술연감』 (1976), 72쪽; 『과학기술연감』 (1977), 38쪽.
91) 한국과학기술단체총연합회, 『과총 20년사』 (1987), 328–329쪽.
92) "단기영농기술학교", 『과학과 기술』 제11권 2호 (1978), 62쪽; "단기영농학교", 『과학과
기술』 제11권 8호 (1978), 63쪽.

<표 3> 새마을 기술지도에 관한 주요 사업 실적

구분	사업명	실적 (1972–1979년)	실적 (1972–1982년)
현지방문기 술지도	일반마을 기술지도	4,638회	4,726회
	결연마을 기술지도	13,208회	16,515회
	과학기술이식 시범마을 조성·지도	9건	9건
	주산단지 조성·지도	–	520회
	특수단지 조성·지도	–	255회
자료보급 및 홍보	매스컴을 통한 기술지도 (방송, 신문, 서신)	6,272회	8,120회
	새마을 기술교본 발간·보급	56,000부	65,000부
	새마을 기술편람 발간·보급	20,000부	20,000부
	기술지도 자료 〈과학마을〉 발간·보급	–	67,000
	기술지도용 슬라이드 제작	1편	1편
	홍보 팸플릿 발간·보급	4,000부	4,000부
	홍보영화 제작	1편	1편
	홍보슬라이드 제작	1편	1편
	봉사단 안내책자 발간·보급	35,330부	35,330부
조사연구	새마을기술적응 시험연구	9건	9건
	선진국형 시범마을 조성계획 수립	9건	9건
	내무부지원 연구사업	6건	6건
교육 및 평가	단기영농기술학교 운영	2회	2회
	전국 새마을 기술지도 사례발표회	4회	6회

자료: 과학기술처, 『과학기술연감』(1980), 49쪽; 과학기술처, 『과학기술연감』(1982), 291쪽.

새마을 기술지도는 과학기술을 매개로 농어촌의 소득증대와 환경개선을 도모하기 위한 것으로서 전국민의 과학화운동을 새마을운동과 연계시키려는 시도에 해당한다. 새마을 기술봉사단의 활동은 처음에는 단편적인 성격을 띠고 있었지만 1970년대 중반 이후에는 현장에 밀착된 기술지도를 실시하고 이를 바탕으로 지역특화사업을 추진하는 방향으로 발전되었다. 이러한 새마을 기술지도는 정부의 안정적인 지원을 바탕으로 추진되었으며,[93] 농어촌의 구

---

93) 새마을 기술봉사단에 대한 국고지원금은 1972년에 159만 원에 불과했지만 1974년의 1,154만 원과 1977년의 4,105만 원을 거쳐 1979년에는 6,000만 원으로 지속적으로 증

체적인 기술적 문제를 해결하기 위해 과학기술자가 적극적으로 참여했던 특징을 보이고 있다. 그러나 새마을 기술지도는 새마을운동이라는 국가적 프로젝트와 밀접히 관련되었기 때문에 1970년대 말 이후에 새마을운동이 퇴조하면서 지속적으로 추진되기 어려운 상황에 직면하게 되었다.

IV. 새로운 단계의 모색과 쇠퇴

1979년에는 전국민의 과학화운동을 새로운 차원으로 발전시키기 위한 방안이 강구되었다. 그것은 1979년 2월 9일에 박정희 대통령이 과학기술처 연두순시에서 "전국민의 과학화운동은 지난 73년 초 내가 기자회견 때 강조한 것으로 기억되는데, 다시 한번 이 운동을 대대적으로 보급하는 데 주력해야 하겠다"고 지시한 데서 비롯되었다. 당시에 박정희는 "지금 우리가 과학기술 진흥을 강조하는 것은 물론 당장 우리가 추진하고 있는 경제개발, 중화학공업, 수출진흥, 방위산업을 위하여 필요한 것이지만, 우리 사회가 80년대가 되면 점차 고도의 산업사회로 옮겨감에 따라서 우리들 일상생활에 있어서도 과학과는 떨어져서 살 수 없는 그런 생활환경이 되리라고 본다"고 진단하였다. 이러한 맥락에서 박정희는 초·중·고등학교의 교과서와 TV, 라디오, 신문, 잡지 등의 모든 매체를 활용하여 '생활의 과학화'에 매진할 것을 주문하였다.[94]

이러한 박정희 대통령의 지시에 부응하여 과총은 1979년 2월 15일에 열린 제14회 정기총회에서 "전국민의 생활의 과학화운동이 조국근대화와 복지사회를 이룩하는 첩경임을 깊이 인식하고 총력을 경주하여 범국민운동의 기수가 될 것"을 다짐하면서 다음과 같은 결의문을 채택하였다.

> 1. 우리는 전국민의 생활의 과학화가 국민 모두에게 확산되고 범국민운동으로 결집되도록 최대의 노력을 경주한다.

가하였다. 한국과학기술단체총연합회, 『과총 20년사』 (1987), 337쪽.
94) "박대통령 각하 지시사항, 전국민의 과학화운동", 『과학과 기술』 제12권 3호 (1979), 5쪽.

2. 우리는 전국민의 생활과학화운동의 핵심적 역군으로서 과학정신 함양과 과학
   지식 보급에 적극 봉사한다.
3. 우리는 국민생활의 비(非)과학적 폐습을 타파하고 합리적인 생활과학화운동을
   위한 지주적 역할을 담당한다.95)

그 결의문은 전국민의 과학화운동에만 초점을 두었다는 점에서 이전의 결
의문과 차별된다. 예를 들어, 과총이 1973년 과학의 날과 1977년 과학의 날에
채택했던 결의문은 4개 항목 중에 1개를 전국민의 과학화운동과 관련된 것으
로 포함시키는 형태를 띠고 있었던 것이다.

과총은 결의문을 채택한 데 이어 1979년 3월에 '전국민의 과학화운동 지침'
을 마련하였다. 그 지침은 "합리성, 능률성 및 협동정신을 기조로 하여 … 생
산적이고 진취적인 국민기풍을 만들어 국가건설에 전국민의 역량을 집결, 참
여하도록 하고 나아가서 국민 개인의 복지증진 보장을 얻고자 하는 데 있다"
는 것을 목표로 삼았다. 과학화운동의 방향으로는 전국민의 기술 및 기능화
를 촉진한다는 점과 국민의 사고방식과 의식구조를 개선한다는 점이 강조되
었다. 주요 사업에는 표어와 포스터를 제작하여 배포하는 것, 생활과학 웅변
대회를 개최하는 것, 학생, 주부, 노인을 위한 생활과학강좌를 실시하는 것,
과학기술자의 모교방문 강연을 실시하는 것 등과 함께 10만 과학기술인 1천
원씩 모금하여 1억 원을 조성하는 것이 포함되어 있었다.96)

과학기술처도 박정희 대통령의 지시에 대한 후속조치로 1979년 3월에 전
국민의 과학화운동 추진 기본계획을 마련했으며, 그 계획은 4월 13일에 국무
총리가 주재한 종합과학기술심의회에서 확정되었다.97)

---

95) 한국과학기술단체총연합회, "과학화운동의 선도결의", 『과학과 기술』 제12권 2호 (1979),
   10쪽.
96) 한국과학기술단체총연합회, "전국민의 과학화운동 지침", 『과학과 기술』 제12권 3호 (1979),
   25-28쪽. 이 지침의 개요는 한국과학기술단체총연합회, 『과총 20년사』 (1987), 316-317쪽
   에도 실려 있다.
97) 그 계획의 내용은 과학기술처, "전국민 과학화운동 추진계획", 『과학과 기술』 제12권 3호
   (1979), 20-24쪽; 과학기술처, "전국민 과학화운동을 위한 정부시책", 『과학과 교육』 제16권
   5호 (1979), 23-26쪽; 『과학기술연감』 (1979), 18-19쪽; 한국과학기술단체총연합회, 『과총
   20년사』 (1987), 314-315쪽에 조금씩 다른 형태로 실려 있다.

전국민의 과학화운동 추진 기본계획은 전국민의 과학화운동의 필요성, 목표, 추진전략, 주요 사업 등으로 구성되어 있었다. 전국민의 과학화운동의 필요성은 국가발전적 측면과 국민생활적 측면으로 구분하여 제시되었다. 국가발전적 측면에서는 고도산업국가의 건설을 위하여 과학기술 개발에 국민역량을 집결하고 천연자원이 부족한 우리의 실정에서는 풍부한 인력자원의 개발·활용이 관건이며 1980년대 새마을운동의 새로운 추진체로서 과학화운동이 필요하다는 점이 거론되었다. 국민생활적 측면에서는 복잡다양화 되어가는 고도산업사회에 대한 적응력을 배양하고 도시와 농촌 간 격차를 해소함과 동시에 기계기구의 효율적 활용을 도모하며 소비만연 풍조를 불식하도록 건전하고 합리적인 의식구조를 유도한다는 점이 강조되었다.[98] 목표의 경우에는 합리, 능률, 창조를 정신기조로 표방했으며, 생산적·진취적 국민기풍 진작, 선진국 도약에 국민역량 집결, 창조적 선진사회 구현을 실천목표로 삼았다.[99]

기본계획의 추진전략은 추진차원, 추진단계, 추진방법 등으로 구분하여 제시되었다. 추진차원에서는 새마을운동의 맥락 속에서 과학화운동의 성격이 도출되었다. 새마을운동은 근면, 자조, 협동을 이념으로 하는 '잘살기 운동'으로, 과학화운동은 합리, 능률, 창조를 이념으로 하는 '슬기롭게 살기 운동'으로 그 위상이 정립되었다. 이와 함께 새마을운동의 주요 차원인 정신계발, 환경개선, 소득증대는 과학화운동에서 사고의 합리화, 생활의 과학화, 기술의 대중화로 연결되었다(〈그림 1〉 참조). 특히, '새마을운동 제2단계 점화'라는 문구가 사용되면서 전국민의 과학화운동이 새마을운동을 새로운 단계로 유도하는 역할을 담당한다는 점이 강조되었다. 새마을운동의 제1단계는 전통적 낙후 사회를 탈피하기 위한 잘살기 운동으로서 새마을지도자를 포함한 농민

---

98) "전국민 과학화운동을 위한 정부시책", 23쪽; 『과학기술연감』 (1979), 18쪽. 이에 대한 보다 자세한 논의는 과학기술처, "전국민 과학화운동의 필요성", 『과학과 기술』 제12권 6호 (1979), 7-12쪽을 참조할 것
99) "전국민 과학화운동 추진계획", 20쪽; "전국민 과학화운동을 위한 정부시책", 23쪽. 이와 관련하여 『과학기술연감』 (1979), 18쪽은 전국민의 과학화운동을 "우리 사회에 전통적으로 잔존하고 있는 비합리적인 사고방식을 털어버리고 생활의 과학화를 이룩하자는 것으로 합리성, 능률성, 창조성을 이념으로 하여 생산적이고 진취적인 국민기풍을 진작시켜 선진국으로의 도약에 국민역량을 집결하기 위한 범국민 운동"으로 규정하기도 했다.

을 중심으로 농촌에서 도시로 확산되는 성격을 가졌던 반면, 새마을운동의
제2단계는 창조적 미래 사회를 구현하기 위한 슬기롭게 살기 운동으로서 과
학기술인을 비롯한 지식인이 주체가 되어 도시에서 농촌으로 확산되어야 한
다는 것이었다.[100]

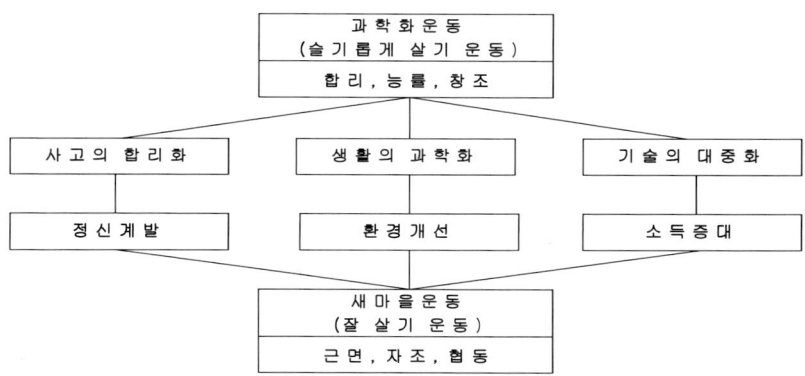

자료: 과학기술처, "전국민 과학화운동 추진계획", 〈과학과 기술〉 제12권 3호 (1979), 20쪽; 과학기술처,
"전국민 과학화운동을 위한 정부시책", 〈과학과 교육〉 제16권 5호 (1979), 23쪽.

<그림 1> 전국민의 과학화운동과 새마을운동의 관계에 대한 개념도

기본계획은 전국민의 과학화운동의 기간을 1979-1991년의 12년으로 상정하
고 있었으며, 이를 세 단계로 나누어 추진함으로써 1990년대에 선진복지 국
가형의 과학풍토를 정착시키는 것을 지향하였다. 추진단계에 대한 논의는 기
본계획의 원안과 최종안에서 약간의 차이를 보였다. 원안에서는 점화 단계
(1979년), 활성화 단계(1980-1981년), 심화 단계(1982-1991년)로 구분되었지
만,[101] 최종안에서는 붐 조성 단계(1979-1980년), 활성화 단계(1981-1986년),
심화 단계(1987-1991년)로 수정되었던 것이다.[102] 이어 기본계획은 전국민의
과학화운동에 대한 인식을 부각시킨다는 점과 기존 조직 및 각종 운동을 최

---

100) "전국민 과학화운동 추진계획", 20-21쪽; "전국민 과학화운동을 위한 정부시책", 23쪽.
101) "전국민 과학화운동 추진계획", 21쪽; "전국민 과학화운동을 위한 정부시책", 23쪽.
102) 『과학기술연감』 (1979), 19쪽; 과학기술처, "전국민 과학화운동의 추진전략", 『과학과 기
　　술』 제12권 7호 (1979), 6-7쪽.

대한 활용한다는 점을 추진방법으로 제시하였다. 전자의 경우에는 과학화운동이 무엇인가를 국민에게 알려주기 위하여 매스컴, 자료, 강연, 전시 등을 활용하는 것은 물론 시·도별 과학화운동 촉진대회를 개최하는 방법이 제안되었다. 후자의 경우에는 새마을 교육, 공무원 교육, 민방위 훈련 등에서 과학화운동을 홍보하기 위한 시간을 확보하는 것이 강조되는 가운데 반상회 회보에 생활과학 자료를 게재하고 대학에 생활과학과를 설치하는 방법이 제안되기도 했다.[103]

기본계획은 역점대상을 청소년, 일반시민, 농어민으로 상정한 후 국민학생, 중학생, 고등학교, 공전·공대, 이공계 대학원, 한국과학원, 과학기술인, 기능자, 일반 시민, 농어민, 공공연구기관, 산업계 등으로 세분하여 대상별 주요 사업을 제안하였다.[104] 이와 함께 전국민의 과학화운동의 세 단계에 따라 중점적으로 추진할 사업도 제시되었다. 제1단계부터 추진할 사업으로는 청소년의 경우에는 과학영화 상영, 과학도서 읽기 감상문 모집, 과학반의 조직, 과학자 강연 등이, 대학생을 위해서는 외국 과학도서의 번역·발간, 과학기술용어사전의 간행, 우수 대학생의 연구소 연수 등이, 일반 시민의 경우에는 매스컴을 통한 과학기술의 계몽·보급, 주부생활과학강좌의 확대·강화, 생활과학정보자료실 설치, 과학기술풍토조성 전문가의 자질 향상 등이 계획되었다. 또한, 농어민을 위해 과학영농의 방법을 개발하여 소득증대를 촉진하고 산업계에 대해서는 주요 산업에서 기술개발을 의무화함과 동시에 경영의 과학화를 유도해 나가기로 했다. 중기 사업에는 과학잡지와 과학신문의 발간, 이동과학교실의 운용, 외국과학도서 번역보급센터의 설치 등이 포함되어 있었으며, 장기 사업으로는 국립과학관의 보완과 과학대공원의 건립 등이 거론되었다.[105]

이러한 기본계획은 1973년에 마련된 전국민의 과학화운동에 관한 실천계

103) "전국민 과학화운동 추진계획", 24쪽; "전국민 과학화운동을 위한 정부시책", 25-26쪽; 『과학기술연감』 (1979), 19-20쪽.
104) 대상별 주요 사업의 내용은 "전국민 과학화운동 추진계획", 21-23쪽; "전국민 과학화운동을 위한 정부시책", 24-25쪽을 참조할 것
105) 『과학기술연감』 (1979), 19쪽; 한국과학기술단체총연합회, 『과총 20년사』 (1987), 315쪽.

획안과는 차별화된 성격을 띠고 있었다. 1979년의 기본계획에서는 장기적인 관점에서 추진방향을 정립하는 데 많은 노력이 기울여졌던 반면, 1973년의 실천계획안은 현안 과제 중심의 단편적인 내용을 담고 있었다. 무엇보다도 1979년의 기본계획은 1973년의 실천계획안과 달리 전국민의 과학화운동의 대상 기간을 명시하는 가운데 12년에 걸친 장기적인 시야를 바탕으로 3단계에 걸쳐 추진하는 방법을 채택하고 있었다. 또한, 1979년의 기본계획은 전국민의 과학화운동의 이념으로서 합리, 능률, 창조를 공식화했으며 새마을운동과의 상관관계를 적극적으로 모색하였고 고도산업사회에 적응하기 위한 과학정신의 함양을 중시했다는 특징을 가지고 있었다.

이와 관련하여 과총이 1980년에 발간한 『한국 과학기술 30년사』는 1973-1978년을 '전국민의 과학화운동(Ⅰ)', 1979년 이후를 '전국민의 과학화운동(Ⅱ)'로 구분한 후 후자에 대하여 다음과 같이 평가하고 있다.[106]

> 1973년의 경우는 이 운동의 목표를 과학기술인력의 양성에 중점을 둔 데 반해 이번에는 과학문명의 수용태세를 갖추는 데도 큰 비중을 두어야 한다고 역설하여 주목을 끌었다. 그동안 경제개발계획은 4차의 5개년 계획을 거치는 동안 경제의 비약적인 성장에 따라 사회변동도 가속화하게 되었다. … 그러나 공업화에 따르게 마련인 도시인구의 과밀화와 오염원의 격증, 주거패턴의 변화와 핵가족제도가 빚어내는 전통적인 가치관의 붕괴, 교통수단의 발달로 생기는 사고의 빈발과 대형화, 급격한 사회변천에 따르게 마련인 스트레스의 과중 등 정신위생상의 여러 문제, 정보의 홍수로 인한 결정능력의 파괴 등 많은 부정적인 단면도 차츰 드러나기 시작했다. 경제발전계획을 밀고 나가야 하는 정부의 입장으로서는 … 그 긍정적인 면을 최대한으로 활용하되 부정적인 영향이나 충격을 최소한이 되도록 노력하면서 최적 사회를 건설한다는 필요에서 과학운동을 다시 강조하게 이른 것이다.[107]

앞의 인용문은 급속한 공업화를 배경으로 발생한 부정적 영향에 주목함으

---

106) 한국과학기술단체총연합회, 『한국 과학기술 30년사』 (1980), 328-333쪽.
107) 같은 자료, 331쪽. 이와 비슷한 내용은 한국과학기술단체총연합회, 『과총 20년사』 (1987), 313쪽에도 나타나 있다.

로써 1979년에 전국민의 과학화운동이 다시 한번 강조된 배경을 풍부히 하고 있으며, 1979년 이후에는 전국민의 과학화운동의 방향이 새로운 과학문명에 대한 수용태세를 확립하는 것으로 변화되었다는 점을 명확히 하고 있다. 그러나 그것은 전국민의 과학화운동이 1979년을 계기로 크게 변화했다는 점을 강조하기 위하여 이전에 전개되었던 전국민의 과학화운동의 성격을 지나치게 단순화시키고 있다. 즉, 앞의 인용문은 1973년의 전국민의 과학화운동이 과학기술인력 양성을 목표로 삼았다고 평가하고 있지만, 실제로는 1979년 이전의 전국민의 과학화운동에는 매우 다양한 목표가 혼재되어 있었다고 볼 수 있다. 즉, 1973년의 실천계획안은 과학적 생활풍토의 조성, 전국민의 기술 및 기능화, 산업기술의 전략적 개발 등과 같은 방대한 범위를 설정하고 있었고, 1979년 이전까지 전개되었던 전국민의 과학화운동의 주요 사업도 청소년의 과학기술에 대한 관심을 제고하여 과학기술인력을 양성하는 것은 물론 일반 국민이 과학기술에 접할 수 있는 기회를 확대하는 것과 새마을 기술지도를 통해 농어촌에 과학기술을 보급하는 것 등을 포괄하고 있었던 것이다. 게다가 이와 같은 사업의 상당 부분이 1979년의 기본계획에서도 계속해서 거론되고 있다는 점을 감안한다면 1979년에 전국민의 과학화운동이 단절적인 변화를 겪었다고 보기는 어려운 것으로 판단된다.

전국민의 과학화운동의 연속성은 그 운동의 이념이나 차원에 관한 논의에도 적용될 수 있다. 1979년의 기본계획에서는 고도산업사회에의 대응이 강조되면서 전국민의 과학화운동의 이념으로 합리, 능률, 창조가 공식적으로 천명되었지만, 이와 비슷한 논의는 1973년부터 계속해서 언급되어 왔던 것이다. 예를 들어, 1973년 3월에 발간된 문화공보부의 홍보자료는 "과학화운동을 통한 과학정신의 함양은 국민의 생활과 사고를 합리화하고 능률화하며 창조적인 생활기풍을 진작시킨다"고 언급하고 있으며,[108] 1976년에 발간된 『과학기술연감』은 "전국민의 과학화운동은 모든 국민이 사고와 생활습성을 과학화함으로써 앞으로 우리에게 닥쳐올 고도의 산업사회에 적응할 합리적이고 능률적이며 창조적인 국민 기풍을 진작함에 궁극적 목표를 두고 있다"고 기록

---

108) 문화공보부, 『홍보자료: 전국민의 과학화운동』 (1973), 21-22쪽.

한 바 있다.[109] 또한, 1979년의 기본계획은 전국민의 과학화운동의 차원을 새마을운동의 맥락 속에서 적극적으로 규정하고 있지만, 전국민의 과학화운동과 새마을운동의 상관관계도 계속해서 거론되어 왔던 주제에 해당한다. 예를 들어, 최형섭 장관은 1973년 3월의 전국교육자대회의 기조강연에서 "과학화운동을 통하여 새마을운동의 상승적 효과를 기대할 수 있다"고 언급하였고,[110] 1977년과 1978년의 전국 새마을 기술지도 사례발표회에서는 "과학기술이 새마을운동을 새로운 차원으로 유도"해야 하며, "새마을현장에 지역특성에 맞는 적정기술을 이식"시켜야 한다는 점을 강조했던 것이다.[111]

1979년 2-3월에 전국민의 과학화운동이 다시 제창되고 이에 관한 기본계획이 마련되는 것을 배경으로 전국민의 과학화운동을 촉구하거나 홍보하기 위한 활동이 대대적으로 전개되었다. 신문의 경우에는 '생활과학' 난을 마련하면서 과학기술에 관한 내용을 본격적으로 다루었는데, 주요 일간지의 과학기사는 1979년 2월의 51편에서 같은 해 6월에는 203편으로 크게 증가하였다. 방송에서는 생활과학에 관한 10분짜리 프로그램이 정착되면서 KBS TV의 '생활과학', MBC TV의 '과학수첩', TBC TV의 '백만인의 과학'은 1979년 2-9월에 각각 83회, 75회, 62회가 방영되기도 했다.[112] 더 나아가 1979년 5-7월에는 과학기술처의 지침을 바탕으로 전국 11개 시·도가 주관하는 과학화운동 촉진대회를 대대적으로 실시되었다. 그 대회는 과학기술처 장관의 격려사, 시·도지사의 대회사, 과학교사 혹은 새마을지도자의 결의문 낭독, 전국민의 과학화운동에 대한 강연, 생활과학에 관한 영화 상영 등으로 구성되었다.[113]

---

109) 『과학기술연감』 (1976), 57쪽. 『과학기술연감』 (1977), 31쪽; 『과학기술연감』 (1978), 33쪽도 전국민의 과학화운동이 합리, 능률, 창조를 정신기조로 삼는다는 점을 계속해서 표방하고 있다.

110) 최형섭, "기조강연: 국력배양과 국민의 과학화운동", 문교부, 『'전국민의 과학화'를 위한 전국교육자대회: 기조강연 및 주요발표문집』 (1973), 8–16쪽, 특히 13쪽.

111) 최형섭, "격려사: 과학기술로 새마을운동을 새로운 차원으로 유도할 때", 『과학과 기술』 제10권 8호 (1977), 8–9쪽; 최형섭, "치사: 적정기술 이식하여 소득격차 좁혀가자", 『과학과 기술』 제11권 8호 (1978), 10–11쪽.

112) 『과학기술연감』 (1979), 19–20쪽.

113) 『과학기술연감』 (1979), 19쪽; "과학화운동 촉진대, 생활의 과학화 다짐", 『과학과 기술』 제12권 5호 (1979), 9쪽.

『과학과 기술』을 비롯한 각종 잡지도 전국민의 과학화운동을 집중적으로 다루었다.114) 각종 잡지에 실린 대부분의 글들은 전국민의 과학화운동에 관한 정부의 시책을 소개하거나 이에 동조하는 성격을 띠고 있었지만, 몇몇 경우에는 당시의 전국민의 과학화운동이 가진 문제점을 지적하면서 이를 해결하기 위한 방향을 제안하기도 하였다. 예를 들어 성균관대 송상용 교수는 "근래 몇몇 엉터리 과학해설자들이 대중을 오도하고 있다"고 비판한 후 "생활과학이 과학의 전부일 수는 없지만 … 과학교육이 실생활을 비롯한 다른 문제들과의 관련성이 드러나도록 각별한 배려가 있어야 한다"고 지적하면서 생활의 과학화를 위해서는 과학관의 대폭 강화, 과학출판을 위한 여건 조성, 과학보급진흥기금의 설립 등이 필요하다고 제안하였다.115) 또한, 한국외대 박성래 교수는 전국민의 과학화운동이 표방한 목표와 수단에 문제를 제기하면서 그 운동의 "궁극적 목표는 유능한 인재를 과학계로 끌어들이는 데 있으며" "과학상식의 공급보다 … 과학기술의 급격한 발달이 몰고 온 오늘날 우리 사회의 정체를 보다 바르게 지식층에게 알리려는 노력이 중요하다"고 강조한 후 역사 속의 과학기술자 발굴, 풍토조성 전문가의 양성, 과학화운동에 대한 집중 투자 등을 제안하였다.116)

이처럼 1979년에는 전국민의 과학화운동이 집중적으로 논의되면서 이전에 추진되지 않았던 새로운 사업이 강구되기도 했다. 한국과학기술진흥재단은 한국일보사와 공동으로 제1회 학생과학도서 독후감 모집대회를 실시했으며, 국립과학관에서는 과학기술처와 동아일보사의 주최로 초·중·고생을 대상으로 제1회 전국 학생발명품 경진대회가 개최되었고, 과총은 1979년 9월 29일에 제1회 서울시민 과학의 밤 행사를 추진하였다. 이와 함께 1979년부터는 일반인, 주부, 학생 등이 참여하는 과학화 모범사례 발표회가 매년 개최되는 가운데 정부부처별 교육훈련사업을 활용하여 기술훈련을 강화하는 조치도 취

---

114) 예를 들어, 『과학과 기술』은 1979년 3–8월에 계속해서 전국민의 과학화운동에 관한 특집을 마련하였다. 제12권 3호, 6–28쪽; 제12권 4호, 29–39쪽; 제12권 5호, 9–25쪽; 제12권 6호, 7–26쪽; 제12권 7호, 6–20쪽; 제12권 8호, 24–42쪽을 참조할 것
115) 송상용, "생활의 과학화: 배경과 전망", 『과학과 교육』 제16권 5호 (1979), 12–15쪽.
116) 박성래, "궁극적 목표는 유능한 인재 유치", 『과학과 기술』 제12권 7호 (1979), 12–15쪽.

해졌다.117) 그밖에 초·중·고교의 과학교과과정을 전면적으로 개편하는 방안이나 과천에 있는 서울대공원에 과학관을 건립하는 방안도 구상되었다.118)

과총은 1979년 12월 31일에 전국민의 과학화운동에 관한 교본으로『과학과 생활』이라는 책자를 발간하기도 했다.119) 그 책자는 총론, 과학화운동의 실천, 미래사회와 과학기술로 구성되어 있는데, 과학화운동의 실천에서는 의·식·주와 같은 일상생활에 필요한 과학기술에 관한 지식을 사례 중심으로 소개하고 있고, 미래사회와 과학기술에서는 기초과학, 으주개발, 식량과 농업, 해양개발, 기상과 풍토, 응용화학, 전자계산기, 통신기술 등과 같은 과학기술의 각 분야별로 현황과 전망을 다루고 있다. 특히, 그 책자는 과학화운동이 새마을운동과 병행되어야 한다고 전제한 후 각 마을에서 과학화운동을 담당하는 '과학화지도원(科學化指導員)'을 육성해야 한다는 점에 주목하고 있다.

> 과학화운동은 구호만으로서는 이룩될 수가 없다. 이 운동이야말로 국민 각자의 진정한 자각심과 노력, 그리고 강력한 행정적 지원이 있어야만 가능하다. … 새마을운동의 성공도 이로써 얻어진 것이다. 과학화운동은 새마을운동과 병행되어야 한다. 마을마다 새마을지도원이 있듯이, 과학화지도원이 마을 단위로 배치되어 부단히 그네들로 하여금 중앙에서 공급되는 계몽홍보자료를 익히고 마을 주민의 적성에 맞는 것을 선정하여 그 실험응용을 권장케 한다. … [과학화운동의] 첫 단계에 있어서는 일반국민이 흥미를 어떻게 해서든지 과학으로 향하게 하는 것이 중요하다. 다음은 반복계몽으로 체득이 시행으로 [이어지고 그러한] 시행이 습관화되도록 국민을 이끌어 나가야 하는 것이 과학화운동의 지도원과 국가시책 담당자가 가장 유념하여야 하는 전략의 첫 장이다. 그것이 성공하면 그 다음 문제는 국민 스스로가 해결해 줄 것이다.120)

그러나 전국민의 과학화운동을 본격화하려는 시도는 1979년 10월 29일에

---

117)『과학기술연감』(1979), 20–22쪽; 한국과학기술단체총연합회,『과총 20년사』(1987), 316쪽. 과학화 모범사례 발표회는 1984년까지 계속되었으며 그 개요는『과총 20년사』, 339–342쪽에 실려 있다.
118)『과학기술연감』(1979), 21–22쪽; 김화선, "국립중앙과학관의 건립과 운영" (전북대 과학학과 석사 논문, 2005), 14–15쪽.
119) 한국과학기술단체총연합회,『과학과 생활: 전국민과학화운동』(1979).
120) 같은 책, 7–8쪽.

박정희 대통령이 사망하면서 급속히 퇴조하는 양상을 보였다. 그것은 1980년 이후에 발간된『과학기술연감』에서 '전국민의 과학화운동'이라는 용어가 거의 자취를 감추었다는 점에서도 간접적으로 확인할 수 있다. 1980년 이후의『과학기술연감』은 박정희 정권의 흔적이 배어 있는 '전국민의 과학화운동' 대신에 '과학화운동' 혹은 '과학기술풍토조성'을 채택하고 있었던 것이다. 또한, 이전에는 거의 거론되지 않았던 과학화운동의 문제점이 공식적으로 지적되기도 했다. 예를 들어 1980년의『과학기술연감』은 과학화운동의 문제점으로 지방행정기관에 과학화 업무를 담당하는 전담기구가 없다는 점, 과학기술교육을 위한 투자가 감소하고 있다는 점, 민간단체가 과학기술풍토 조성을 주도하기 위한 대책이 미흡하다는 점 등을 들고 있다.[121]

이러한 배경에서 1981년에는 과학화운동의 방향을 다시 정립하여 추진하는 시도가 이루어졌다. 이와 관련하여 1981년의『과학기술연감』은 과학화운동의 기본방향으로 국민의 과학기술에 대한 인식을 제고하고 과학기술을 전국적으로 확산·보급하며 청소년에게 과학에 흥미와 관심을 유도하는 것을 표방하고 있다. 이와 함께 "과학화운동은 이제 여러 분야에서 활성화되고 정착화되어 가고 있으나 추진의 조직 면에서나 예산 면에서 사업의 영세성을 벗어나지 못하고 있는 실정이므로 이의 과감한 정비와 투자의 확대가 시급"하다고 진단한 후 "앞으로 청소년 과학화운동에 최(最)역점을 두어 가면서 전국적 새마을조직을 활용하여 새마을과학화운동 차원으로 발전시켜" 나가야 한다는 점을 강조하고 있다.[122] 과학화운동의 기본방향은 이전과 유사하게 포괄적인 성격을 띠고 있었지만 실제적인 내용은 청소년 과학화와 새마을 기술지도에 초점을 둔다는 점이 강조되었던 것이다.

실제로 1980년을 전후해서는 과학화운동이 청소년 과학화를 중심으로 전개되는 경향을 보였다. 앞서 언급한 전국 학생발명품 경진대회가 지속적으로 개최되는 가운데 학생과학도서 독후감 모집대회는 1980년부터 학생 과학책 읽기 운동의 일환으로 추진되었다. 또한, 1980년부터는 과학활동의 모범이

---

121)『과학기술연감』(1980), 50−51쪽.
122)『과학기술연감』(1981), 48−49쪽.

되는 국민학교 6학년을 대상으로 우수과학어린이 포상이 실시되었고, 1981년
에는 국·공립 과학관을 통해 겨울방학 기간에 과학체험의 기회를 제공하는
과학동산 프로그램이 시작되었다. 그밖에 1981-1982년에는 과학차(science
car)가 시범적으로 운영되기도 했는데, 그것은 20여 종의 과학기자재를 장치
하여 과학실험, 과학공작지도, 과학영화상영 등을 통해 '움직이는 과학교실'
의 역할을 담당하였다. 이에 반해 일반 시민의 과학화를 위한 사업은 주부생
활과학강좌가 지속적으로 실시되는 가운데 과학화 모범사례 발표회가 매년
개최되는 정도에 머물렀다.[123]

새마을 기술봉사단은 1980년대 초반에 기존의 몇몇 사업을 계속하면서 이
를 발전시키려고 시도하였다〈표 3〉 참조). 새마을 기술에 관한 홍보를 위하
여 기술교본을 발간하고 전국 새마을 기술지도 사례발표회를 개최하는 것은
물론 1981년 3월에는 계간지인 『과학마을』이 창간되기도 했다. 기술지도의
경우에는 매스컴을 통한 기술지도, 일반마을 기술지도, 결연마을 기술지도
등이 지속되는 가운데 1981-1982년에는 지역특화사업이 집중적으로 실시되었
다. 지역특화사업은 주산단지조성 지도사업과 특수단지조성 지도사업으로
구분하여 추진되었는데, 전자는 참깨, 오이, 고추, 인삼 등을 포함한 지역의
풍토에 적합한 작물을, 후자는 축산, 과수, 수산, 영농기계화 등과 같은 지역
별로 발전시켜야 할 중요사업을 대상으로 삼았다.[124] 그러나 박정희 사망 이
후에 새마을운동이 급속히 쇠퇴하는 것을 배경으로 새마을 기술봉사단의 실
제적인 활동은 1982년으로 종료되었고, 1983년부터는 새마을 기술봉사단을
내무부로 이관하여 각 군별로 시행하는 방식이 채택되었다.[125]

이상의 논의에서 보듯이, 전국민의 과학화운동은 1979-1982년에 새로운 단
계가 적극적으로 모색되다가 급속히 쇠퇴한 양상을 보였다. 박정희 대통령이

---

123) 『과학기술연감』 (1980), 47-49쪽; 『과학기술연감』 (1982), 286-291쪽.

124) 『과학기술연감』 (1980), 49-50쪽; 『과학기술연감』 (1982), 291-292쪽. 1981-1982
년에 추진된 지역특화사업의 개요는 한국과학기술단체총연합회, 『과총 20년사』 (1987),
326-328쪽에 실려 있다.

125) 『과학기술연감』 (1983), 308-309쪽. 이와 관련하여 최형섭은 "새마을운동이 그렇게 급격
히 쇠퇴하지 않았다면 지금쯤 몇천 명의 과학자들이 조직화되어 과학화운동에 크게 기여하
고 있었을지도 모른다"고 회고한 바 있다. 최형섭, 『불이 꺼지지 않은 연구소』, 287쪽.

1979년 2월에 전국민의 과학화운동을 다시 강조한 후에 이에 관한 기본계획이 마련되면서 단계별 추진전략이 제안되고 다양한 사업이 강구되었다. 그러나 박정희가 사망한 후 1980년대 초반에는 전국민의 과학화운동이 청소년 과학화와 새마을 기술지도로 축소되는 것으로 이어졌다. 결국 전국민의 과학화운동은 새마을 기술봉사단이 사실상 해체되었던 1982년으로 종결되었고, 1983년 이후에는 청소년 과학화에 초점을 둔 과학기술풍토 조성사업만이 남게 되었다.

V. 결론적 고찰

전국민의 과학화운동은 박정희 대통령의 1973년 연두기자회견에서 주창되었지만, 1972년부터 본격적으로 추진되었던 과학기술풍토 조성사업에서 비롯된 것이라 할 수 있다. 물론 전국민의 과학화운동이 주창되면서 그 운동이 가진 이념적 기반을 확인하고 관련 행위자들이 동조하는 작업이 추가적으로 이루어졌지만, 내용과 주체의 측면에서 전국민의 과학화운동과 과학기술풍토 조성사업은 크게 다르지 않았다. 이에 따라 당시 정책담당자나 실무자의 입장에서는 전국민의 과학화운동과 과학기술풍토 조성사업을 특별히 구분하기가 어려웠을 것으로 판단된다. 이와 관련하여 최형섭은 "내가 과기처 장관으로 재임하면서 … 역점을 두고 진행시킨 사업이 있다. 바로 과학기술풍토를 조성하기 위한 전국민의 과학화운동이다"고 회고한 바 있다.[126)]

전국민의 과학화운동이 전개되는 과정에서 수많은 수사가 활용되었음에도 불구하고 그 운동이 가진 목표는 분명하지 않았고 매우 포괄적인 성격을 띠고 있었다. 물론 1973년 부근에는 조국의 근대화가, 1979년을 전후해서는 고도산업사회에의 대응이 강조되었지만, 이러한 슬로건은 전국민의 과학화운동에 국한된 것이 아니라 과학기술정책 전반 혹은 모든 국가정책에 적용될 수 있는 성격을 띠고 있었다. 시기별로 강조점의 차이는 있지만 전국민의 과

---

126) 최형섭, 『불이 꺼지지 않은 연구소』, 276쪽.

학화운동은 계속해서 국민의 사고방식을 합리화하고 일상생활을 과학화하며 기술을 지도·보급하는 데 주목해 왔던 것이다. 이러한 점에서 전국민의 과학화운동은 특정한 목표를 가지고 추진된 것이라기보다는 다양한 사업이나 활동을 포괄하는 프로젝트였다고 할 수 있다.

전국민의 과학화운동은 '하향식 운동(top-down movement)'의 성격을 띠고 있었다. 그것은 전국민의 과학화운동의 시작, 부흥, 쇠퇴 등의 모든 단계가 박정희 대통령에서 비롯되었다는 점에서 단적으로 드러난다. 즉, 1973년 1월의 연두기자회견을 통해 전국민의 과학화운동이 시작되었고, 1979년 2월의 과학기술처 연두순시를 계기로 전국민의 과학화운동의 새로운 단계가 모색되었으며, 1979년 10월에 박정희 대통령이 사망한 이후에는 전국민의 과학화운동이 쇠퇴했던 것이다. 실제로 전국민의 과학화운동이 추진되는 과정도 한국과학기술진흥재단, 과학관, 과총 등과 같은 주요 주체를 동원하는 방식으로 이루어졌고, 이와 같은 주체들도 하향식 동원을 당연한 것으로 간주하면서 이에 적극적으로 호응하는 경향을 보였다.

전국민의 과학화운동이 하향식으로 추진되었다 하더라도 이를 지속적으로 담당할 수 있는 활동가 집단이 형성되었더라면 그 운동이 박정희 대통령의 사망과 함께 급속히 쇠퇴하지는 않았을 것이다. 이와 관련하여 1979년에 전국민의 과학화운동의 새로운 단계가 모색되는 과정에서 '풍토조성 전문가' 혹은 '과학화지도원'의 양성이 거론되었다는 점은 주목할 만하다. 그것을 거꾸로 해석하면 전국민의 과학화운동이 1973년에 주창된 이후에 상당 기간 동안 전개되었지만 활동가 집단의 형성에는 특별한 주의를 기울이지 않았다는 점을 시사한다. 이처럼 전국민의 과학화운동은 새마을운동과 달리 세부적인 추진체계를 설계하고 정립하는 것으로 나아가지 못했던 것이다.

전국민의 과학화운동은 목표가 분명하지 않고 세부적인 추진체계가 정립되지 못했다는 점에서 성공적이지 못했다고 평가할 수 있다. 이와 관련하여 1990년대 이후에 발간된 문건들은 전국민의 과학화운동이 뚜렷한 성과를 거두지 못한 것으로 간주하고 있다. 예를 들어 1994년에 한국과학교육학회가 개최한 과학의 대중화 및 과학교육에 관한 세미나에서 정완호는 "과학의 대중화 운동은 우리나라에서도 1973년에 거국적으로 시작되었건만 그것은 일시적인 행사 위주로 끝나고 말았다"고 지적하였고,[127] 2001년에 있었던 과학기술부 장관 초청 학회장 간담회에서 송상용은 "[전국민의 과학화운동은] 구호만 요란했을 뿐 과학의 대중화는 별로 눈에 띄는 성과가 없었다"고 평가하였다.[128] 심지어 과학기술처가 1997년에 발간한 『과학기술 30년사』도 "[1979년 이전의] 전국민의 과학화운동은 전국 일선의 기관에서 형식적으로 추진하는 경향이 문제였다"고 기록하고 있다.[129]

이처럼 전국민의 과학화운동은 기본적으로 성공적이지 못한 운동이었지만, 그 운동의 성과가 전혀 없었다고 결론짓기는 어렵다. 왜냐하면 전국민의 과학화운동은 과학기술과 대중을 연계하는 과학기술문화 활동이 한국 사회에서 형성되는 계기를 제공했기 때문이다. 이전에 산발적으로 전개되어 왔던 과학기술문화 활동은 전국민의 과학화운동을 통해 포괄적이고 집중적으로 추진되면서 과학기술정책의 중요한 영역으로 자리 잡았고 이후에도 계속해서 확대되었던 것이다. 특히, 전국민의 과학화운동을 추진하는 매개체가 되었던 한국과학기술진흥재단(1996년에 한국과학문화재단으로 개편됨), 과학관, 과총은 오늘날의 과학기술문화 활동에서도 중요한 역할을 담당하고 있다.

그러나 이와 동시에 전국민의 과학화운동을 통한 1970년대의 과학기술문화 활동이 단기적이거나 외형적인 것에 초점을 두어 왔다는 점도 지적되어야 할 것이다. 한국과학기술진흥재단은 전국민의 과학화운동을 매개로 다양한 사업을 전개해 왔지만, 해당 사업의 규모가 작거나 짧은 기간 내에 추진되는 경향을 보였다. 또한 전국민의 과학화운동이 전개되면서 국립과학관이 확충되고 전국적으로 학생과학관이 설치되었지만 시설의 확충이나 신축에만 주의를 기울임으로써 실제적인 콘텐츠를 충분히 확보하지는 못했다. 이와 같은 문제점은 1980년대 이후의 과학기술문화 활동이 계속해서 해결해야 할 과제로 남겨졌다.

127) 정완호, "초대의 글", 『과학의 대중화 및 과학교육에 관한 세미나 및 학술논문 발표회』 (1994); 한국과학기술진흥재단, 『과학기술대중화 관련 자료 모음집』 (1996), 4쪽에서 재인용.
128) 송상용, "과학의 대중화와 학회의 몫", 『과학과 기술』 제34권 7호 (2001), 78쪽.
129) 과학기술처, 『과학기술 30년사』 (1997), 66쪽.

과학기술거점의 진화:
대덕연구단지의 사례*

송성수
부산대학교

I. 서 론

최근에 과학기술 활동을 다양한 차원의 공간과 연관시켜 이해하려는 연구가 이루어져 왔으며, 과학기술거점(science and technology poles)은 그 대표적인 예에 해당한다(Asheim and Gertler, 2005; Croissant and Smith-Doerr, 2007). 과학기술거점은 과학기술 관련 주체들과 기관들이 특정한 지역에 집중되어 과학기술의 창출, 확산, 활용을 집중적으로 수행하는 역할을 담당한다. 이와 관련된 개념으로는 과학단지(science parks), 과학도시(science city), 산업지구(industrial district), 클러스터(clusters) 등이 있으나, 이 연구에서는 모든 유형의 과학기술집적지를 포괄하는 차원에서 과학기술거점을 사용하고자 한다.

과학기술거점과 관련된 기존 연구는 주로 지역혁신체제(regional innovation systems) 혹은 클러스터에 관한 논의를 중심으로 전개되어 왔다고 볼 수 있다.[1] 기존 연구는 다양한 사례 연구와 이에 대한 비교를 바탕으로 과학기술

---

* 이 논문은 2007년도 과학문화연구센터의 지원에 의하여 연구되었으며, 같은 제목으로『과학기술학연구』제9권 제1호 (2009), 33–55쪽에 게재되었음.
1) 물론 지역혁신체제론이나 클러스터이론 이외에도 혁신환경론, 산업지구론, 신산업공간론 등의 다양한 이론이 있지만, 다른 이론들은 지역혁신체제론으로 종합되는 경향을 보이고 있다는 점을 감안하여 이 논문에서는 본격적으로 다루지 않았다. 지역혁신체제와 관련된 이론적 흐름에 대해서는 이정협 외(2005)를 참조.

거점의 조직원리를 검토하고 발전방향을 제안하는 것에 초점을 맞추어 왔지만, 역사적 관점에 입각한 꼼꼼한 분석이 부족하다(Braczyk, Cooke, and Heidenreich, 1998; OECD, 1999; 권오혁 외, 2002; 복득규 외, 2003; 국가균형발전위원회, 2004; 국가균형발전위원회, 2005; Castells and Hall, 2005; 신동호 외, 2006). 즉, 특정한 과학기술거점의 변천과정은 간략히 소개되어 있을 뿐 이에 관한 본격적인 고찰이 결여되어 있으며, 과거의 사실을 다룸에 있어서 연구 당시의 시점에서 필요한 부분만을 취사선택하는 경향을 보이고 있다.

이런 문제의식을 바탕으로 이 연구는 '과학기술거점의 일생'이란 관점에서 대덕연구단지의 진화과정을 체계적으로 분석하고자 한다. 대덕연구단지와 관련된 기존 연구는 대부분 특정한 시점에서 정책방향을 제공하기 위한 정보를 제공하는 성격을 띠고 있다(설성수 외, 1999; 김정흠 외, 2000; 송성수 외, 2001; 설성수 외, 2002; 권오혁, 2002; 신동호, 2006). 이에 따라 기존 연구는 대덕연구단지의 역사보다는 대덕연구단지의 현황과 문제점을 분석하는 데 초점을 두고 있다. 또한, 2003년에 발간된 『대덕연구단지 30년사』는 대덕연구단지의 역사에 초점을 두고 있긴 하지만(과학기술부·대덕전문연구단지관리본부, 2003), 본격적인 연구라기보다는 관련 정보를 산발적으로 제공하고 있는 정도에 불과하다고 볼 수 있다.

이에 반해 최근에 출간된 최송호(2008)는 대덕연구단지의 진화에 대한 본격적인 연구에 해당한다. 그는 진화론적 관점을 채택한 후 정책요인, 기술요인, 기업요인, 시장요인으로 구분하여 대덕연구단지의 변천과정에서 나타난 특징을 분석하고 있다. 그러나 최송호는 주로 기술창업이나 사업화의 시각에서 대덕연구단지의 진화를 검토하고 있으며, 시기적으로는 1990년대 이후의 논의에 집중되는 경향을 보이고 있다. 그것은 대덕연구단지의 진화 단계를 벤처기업의 배태, 대덕밸리의 형성, 대덕연구개발특구의 지정으로 구분하여 논의하고 있다는 점에서도 확인할 수 있다.

이하의 구성은 다음과 같다. 2절에서는 과학기술거점에 대한 이론적 논의를 과학기술거점의 유형을 중심으로 살펴보면서 그것이 가진 한계를 지적한다. 3절에서는 대덕연구단지의 진화과정을 개념 정립기(1968-1977년), 단지

조성기(1978-1992년), 클러스터 형성기(1993년 이후)로 구분하여 자세히 검토한다. 여기서 클러스터 형성기의 경우에는 대덕연구단지의 진화가 아직도 계속되고 있다는 점을 감안하여 대덕연구개발특구가 지정된 2005년까지를 대상으로 한다. 마지막 4절에서는 과학기술거점의 진화라는 측면에서 대덕연구단지의 사례가 가진 특징을 도출한다. 이를 통해 이 연구에서는 대덕연구단지의 역사와 과학기술거점에 대한 이론을 결합시킴과 동시에 두 부류의 논의를 더욱 풍부하게 하고자 한다.

II. 과학기술거점의 유형에 관한 이론적 논의

과학기술거점에 관한 이론적 논의는 지역혁신체제론과 클러스터 이론으로 대별할 수 있다.

지역혁신체제에 대한 논의를 선도해온 학자로는 쿠크(Philip Cooke)를 들 수 있다(Cooke, 1992; Cooke, 2001; 문미성, 2001). 그는 1992년의 논문에서 지역혁신체제라는 개념을 처음 사용했으며, 지역학에서 이루어진 다양한 연구들을 지역혁신체제의 틀로 종합하는 작업을 전개해 왔다. 쿠크는 국민국가 단위보다는 지역 단위의 혁신체제가 더욱 의미 있는 것이라고 주장하면서 지역혁신체제의 구성요소를 크게 하부구조(infra-structure)와 상부구조(super-structure)로 구분하였다.

하부구조는 도로, 공항, 통신망 등과 같은 물적 하부구조와 대학, 연구소, 금융기관, 지방정부 등과 같은 사회적 하부구조로 구성되어 있으며, 상부구조에는 해당 지역의 제도, 문화, 분위기, 규범 등이 포함된다. 그는 효과적인 혁신체제를 가진 지역의 특성으로 지방정부의 독립성, 지역밀착형 금융, 교육기관 및 연구소의 존재, 기업내·기업간 협력, 우호적 노사관계 등을 열거하고 있다.

쿠크는 지역혁신체제와 관련된 다양한 연구결과를 종합하면서 지역혁신체제를 유형화하는 데에도 많은 관심을 기울이고 있다. 그는 거버넌스(governance)

의 차원과 비즈니스 혁신(business innovation)의 차원에서 지역혁신체제를 유형화하고 있다. 거버넌스의 차원은 기술이전이 어떻게 시작되고 자원의 조달과 조정을 누가 담당하는가 하는 점과 직결되어 있다.

쿠크는 거버넌스의 차원에 따라 풀뿌리(grassroots), 네트워크(network), 통제적(dirigiste) 지역혁신체제로 구분하고 있다. 풀뿌리 혁신체제는 기술이전의 초기과정이 특정한 도시나 지구를 중심으로 조직되며 혁신을 위한 자원도 지역 내부에서 조달되는 반면, 통제적 혁신체제는 기술이전이 외부로부터 시작되고 국가 차원의 조정이 이루어진다. 이에 반해 네트워크 혁신체제의 경우에는 기술이전이 지역, 국가, 세계 등의 다차원에서 진행되며, 혁신체제의 조정방식도 정부는 물론 협회, 기업, 대학, 연구소 등의 기관 간 상호협력에 의해서 이루어진다.

두 번째 차원인 비즈니스 혁신의 차원은 기업을 비롯한 기술혁신 주체들 사이에 이루어지는 상호작용이 어떤 공간에서 이루어지는가 하는 점과 관련되어 있다. 쿠크는 비즈니스 혁신의 차원에 따라 국지적(localist), 상호작용적(interactive), 세계적(globalized) 혁신체제로 구분하고 있다. 국지적 혁신체제에서는 대기업이 드물거나 지배정도가 낮고, 따라서 외부통제의 정도가 낮다. 기업의 혁신범위도 크지 않고, 공공의 혁신자원이 부족하며, 상호작용의 대부분은 기업 내부 또는 기업 간에 이루어진다. 반면 세계적 혁신체제에서는 세계적 기업과 대기업에 의존적인 중소기업들로 구성되어 있지만, 혁신과정이 주로 기업 내부에서 이루어지며 공공부문의 역할은 상대적으로 미약하다. 상호작용적 혁신체제는 중소기업과 대기업, 공공부문과 사적부문이 조화를 이루고 있으며, 기업, 정부, 대학, 연구소 등 관련 주체들 사이에 높은 수준의 협력문화가 존재한다.

이상의 논의를 바탕으로 쿠크는 지역혁신체제의 유형과 사례를 〈표 1〉과 같이 종합하고 있다.

<표 1> 지역혁신체제의 유형과 사례

구분		거버넌스의 차원		
		풀뿌리	네트워크	통제적
비즈니스 혁신의 차원	국지적	투스카니(이탈리아)	탐페레(덴마크)	도호쿠(일본)
	상호작용적	카탈로니아(스페인)	바덴 – 뷔르템베르크 (독일)	퀘벡(캐나다)
	세계적	온타리오(캐나다), 캘리포니아(미국), 브라반트(네덜란드)	노드 라인 베스트팔렌(독일)	미디 피레네(프랑스), 싱가포르

자료: Cooke(1998: 22).

클러스터에 대한 논의를 선도해 온 학자로는 포터(Michael E. Porter)를 들수 있다(Porter, 1998; Porter, 2000). 그는 개별 기업이나 산업보다 클러스터가더욱 주도적인 경제현상으로 대두하고 있다는 점에 주목하면서 클러스터를"특정 분야에서 경쟁 혹은 협력 관계에 있는 기업, 전문공급업체, 용역업체,관련 산업의 기관들이 공간적으로 밀집되어 있는 결합체"라고 규정하였다(Porter, 2000: 14). 포터는 클러스터의 원천으로서 투입요소의 조건, 수요조건,기업전략 및 경쟁, 관련 및 지원산업을 들고 있다. 투입요소에는 천연자원,인적자원, 금융자원, 관리하부구조, 정보하부구조, 과학기술하부구조 등이 포함되며 이러한 요소의 양과 원과, 질, 전문화 정도가 중요하다. 수요조건에는세련되고 요구사항이 있는 지역의 고객, 세계시장을 선도하는 고객의 수요,틈새시장에 대한 독특한 지역적 수요 등이 강조되고 있다. 기업전략 및 경쟁에서는 적정 수준의 투자와 지속적인 개선을 촉진하는 지역사회의 여건과 지역에 기반을 둔 기업 간의 치열한 경쟁에 주목하고 있고, 관련 및 지원산업에서는 역량 있고 지역기반이 있는 공급업자의 존재와 경쟁력을 갖춘 관련 산업의 존재를 강조하고 있다.

포터는 클러스터에 대한 몇 가지 사례연구를 수행했지만, 클러스터의 유형에 대해 본격적으로 논의하지는 않았다. 이와 관련하여 복득규 외(2003)는 포터의 클러스터 논의를 언급하면서 주도적인 주체를 중심으로 클러스터의 유형을 대학·연구소 주도형, 대기업 주도형, 창작자 주도형, 지역특산형, 실리콘밸리형으로 구분하고 있다(〈표 2〉참조).

<표 2> 클러스터의 유형과 사례

유형	해외사례	국내사례	주요 특징
대학·연구소 주도형	미국 샌디에이고	대덕밸리	- 대학과 연구소의 연구성과와 능력이 관건 - 정보, 바이오, 나노 등
대기업 주도형	일본 도요타 스웨덴 시스타 핀란드 울루	울산	- 대기업의 입지 - 자동차, 통신시스템 등 대규모 조립 산업
창작자 주도형	미국 할리우드	충무로, 강남	- 창조성이 뛰어난 개인 - 영화, 게임 등 문화산업
지역특산형	이탈리아 모데나	이천 도자기	- 전통 숙련기술과 장인정신 - 도자기, 패션의류, 구두 등 예술품과 명품소비재
실리콘밸리형	실리콘밸리 (중국 중관춘)	-	- 구성주체들이 모두 세계적 경쟁력을 확보 - 새로운 기술과 산업 창조

자료: 복득규 외(2003: 26)를 일부 보완함.

대학·연구소 주도형은 대학이나 연구소의 연구개발 능력과 성과를 기반으로 형성된 클러스터로서 정보, 바이오, 나노 등 신기술 및 신산업을 중심으로 형성되는 경향이 있다. 대기업 주도형은 대기업이 입지함으로써 관련 중소기업과 벤처기업이 클러스터를 형성한 유형으로서 최종 제품을 생산하는데 수많은 부품과 조합이 필요한 대규모 조립산업을 중심으로 형성되고 있다. 창작자 주도형은 특정한 개인을 중심으로 형성된 클러스터로서 영화나 게임, 만화 등 주로 창조성이 강조되는 문화산업을 중심으로 형성되고 있다. 지역특산형은 일정 지역에서 수백 년 동안 내려온 명성을 바탕으로 도자기와 패션의류, 구두 등과 같은 예술품과 명품소비재를 만들어내고 있으며, 전통적인 숙련기술을 가진 장인이나 관련 기업이 주도하고 있다. 실리콘밸리형은 클러스터 진화의 최종 단계이자 가장 고도로 발달한 클러스터로서 구성주체들이 모두 세계적인 경쟁력을 가지고 스스로 혁신을 주도할 수 있는 능력을 가지고 있다.

이처럼 지역혁신체제와 클러스터에 관한 기존 논의는 다양한 과학기술거점을 유형화하긴 했지만, 특정한 과학기술거점을 고정된 유형으로 파악하는 경향이 있으며, 이에 따라 과학기술거점의 유형이 역사적으로 진화한다는 점에는 본격적인 주의를 기울이지 않았다. 이에 반해 이 연구에서는 대덕연구단지의 진화과정을 집중적으로 분석함으로써 특정한 과학기술거점의 경우에도 그 유형이 시기별로 달라질 수 있다는 점에 주목하고자 한다. 그것은 과학기술거점의 유형에 대한 분석이 다양한 과학기술거점의 비교에 의해서만 아니라 특정한 과학기술거점에 대한 역사적 고찰에 의해서도 이루어질 수 있다는 점을 의미한다.

Ⅲ. 대덕연구단지의 진화[2)]

1. 새로운 연구단지의 모색

우리나라에서 대덕연구단지와 관련된 발상은 과학기술처 발족 직후인 1968년에 수립된 '과학기술개발 장기종합계획(1967-1986)'에서 처음으로 제시되었다. 그 계획은 효과적인 연구개발을 위해서는 연구시설의 확충이 전제되어야 한다고 지적한 후에 '연구학원단지의 조성'에 관한 구상을 다음과 같이 서술하고 있다.

> 연구기관이나 대학을 분산하지 않고 일정한 장소에 결집시켜 연구학원단지를 조성할 때 연구시설의 공동활용, 연구자료의 공동이용, 다수분야에 관련된 종합적 연구의 추진 등 연구능률을 극대화할 수 있는 것이다. 특히, 통계센터, 분석센터, 보조센터 등 대규모 연구보조시설을 공동활용할 수 있고 대학의 교육과 연구를

---

2) 이 절에서 논의하는 대덕연구단지의 진화과정에 대한 기본적 사실은 주로 과학기술부가 매년 발간해 온 『과학기술연감』과 2003년에 발간된 『대덕연구단지 30년사』를 바탕으로 구성하였다.

병행 추진케 함으로써 인재양성 면에서도 그 효과가 큰 것이다. 현재 대부분의 국공립 연구기관은 도시중심지에 산재하고 있으며, 시설은 노후화하여 시설의 개체·이전의 필요성이 높아가고 있다. 따라서 정부연구기관, 대학, 기타 과학기술연구단체 등의 개별적인 신축·이전·개체를 지양하고, 장기적 관점에서 1980년대를 향한 과학한국의 구상으로서 종합적인 연구검토 위에 연구학원단지 조성을 추진할 것을 연구·검토한다. 이를 위하여 먼저 국공립연구기관 또는 대학의 시설보유 현황, 신축·증축 및 이전계획을 사전에 면밀히 검토하고 단지조성 타당성의 종합적 검토 위에 5년 내지 10년의 장기계획으로 추진되어야 할 것이다. 이와 아울러 각 연구기관의 산발적인 시설확충을 지양하기 위하여 종합적 관점에서의 조정기능의 강화가 요청된다(과학기술처, 1968: 38–39).

이러한 계획에 입각하여 과학기술처는 1970년 10월에 "연구교육단지 건설을 위한 마스터플랜 작성"이라는 조사연구사업을 경제과학심의회(연구책임자 이덕선 공업기정)에 위탁하였다. 그 조사연구사업의 내용은 선진 각국의 연구학원도시 사례분석, 수도권을 중심으로 한 국내 교육·연구기관의 입지환경조사와 이전 대상기관의 상정, 연구교육단지의 후보지 추천, 연구교육단지의 마스터플랜 작성 및 추진방책 제안 등으로 구성되었는데, 해외 사례로는 일본의 쓰쿠바(筑波) 연구학원도시, 소련의 노보시비르스크(Novesibilsk) 과학도시 등이 검토되었다. 조사연구의 결과는 1971년 7월에 과학기술처에 보고되었으며, 그 조사연구보고서는 오늘날 대덕연구단지의 개념과 골격을 형성하여 사실상의 산파 역할을 담당하였다.

마스터플랜을 작성하는 과정에서 중요한 쟁점이 되었던 것은 용어의 문제와 건설형태의 문제를 들 수 있다. 용어의 경우에는 '연구교육단지'와 '연구학원도시' 중에서 전자가 선택되었다. 연구학원도시는 당시 국내의 상황에서는 낯선 용어여서 과학기술자들의 이상론이라는 오해를 불러일으킬 소지가 있었던 반면, 과학기술단지는 공업단지나 주택단지와 같이 이해하기 쉬운 개념에 해당했던 것이다. 그러나 실제적인 내용에서는 일본의 쓰쿠바나 소련의 노보시비르스크와 같은 연구학원도시를 지향하고 있었다. 건설형태는 입주기관의 구성원들이 단지 내에 거주하는 형태와 생활 근거지인 모도시에서 통근하는 형태로 구분되었다. 마스터플랜은 핵심 인력은 단지 내에 거주하도록 하고 간접 인력은 모도시로부터 통근하는 절충형을 택했지만, 장기적인 면에서는 거주형에 초점을 둔 새로운 도시의 건설을 염두에 두고 있었다.

1973년은 '대덕연구단지 건설의 원년(元年)'으로 불린다. 대덕연구단지에 대한 건설계획안이 국가계획으로 확정되면서 추진체제가 갖추어졌던 것이다.3) 1973년 1월 17일에 과학기술처는 박정희 대통령의 연두순시 때 전략산업 기술연구기관의 설립과 제2연구단지의 건설을 중심으로 한 업무계획을 보고하였다. 여기서 '제2연구단지'라는 용어가 사용된 것은 서울 홍릉의 연구단지를 염두에 두었기 때문이었다. 서울 홍릉에는 한국과학기술연구소, 한국과학기술정보센터, 한국개발연구원, 국방과학연구소 등이 자연발생적으로 결집하게 되었고, 1972년 3월에는 서울연구개발단지 관련기관장협의회가 구성된 바 있었다. 1973년 과학기술처 연두순시에서 박정희 대통령은 제2연구단지의 건설에 관심을 보이면서 구체적인 방안을 마련하라고 지시하였고, 그것은 1973년 5월 18일에 대통령이 참석한 가운데 제2연구단지 건설계획(안) 보고회의가 개최되는 것으로 이어졌다. 이처럼 공식적으로는 제2연구단지를 표방하고 있었지만 실제적으로는 연구학원도시를 염두에 두고 있었는데, 그것은 당시의 회의에서 '연구학원도시'라는 용어가 주로 사용되었다는 점에서 확인할 수 있다. 입지 후보로는 충남 대덕, 경기 화성, 충북 청원이 거론되었는데, 그중에서 입지 요건이 가장 우수한 것으로 판단된 대덕이 선택되었다. 여기에는 화성은 방송시설 관계로 곤란하였고 청원은 군사시설이 입주할 예정이었다는 점도 중요한 고려사항으로 작용하였다. 이어 5월 28일에는 연구학원도시 건설을 국가계획사업으로 추진한다는 대통령의 재가가 있었다.

1973년 7월 27일에 개최된 제1회 종합과학기술심의회에서는 대덕연구학원도시 건설 추진계획(안)이 상정되면서 해당 부처별 업무가 조정되었고, 9월 4

---

3) 이와 관련하여 문만용(2008: 273)은 일반적으로 대덕연구단지가 중화학공업화 선언을 뒷받침하기 위해 건설되었다고 얘기되지만, 대덕연구단지의 건설은 중화학공업화 정책과 별개로 추진되었다는 점을 지적하고 있다. 즉, 당시 청와대가 작성했던 '중화학공업화 정책선언에 따른 공업구조 개편론'에는 연구소 설립의 문제가 포함되어 있지 않았으며, 대덕연구단지의 건설은 경제 관련 부처가 아닌 과학기술처의 주도로 추진되었다는 것이다.

일에는 대통령령 제6837호에 의거하여 과학기술처 장관에 대한 자문기구의 형태로 대덕연구학원도시 건설추진위원회가 설치되었다. 그 위원회는 과학기술처 차관을 위원장으로 하고 각 부처 국장급 및 전문가를 포함한 16인으로 구성되었으며, 연구학원도시 건설의 기본계획, 입주기관의 이전 및 신설계획, 연구학원도시 내 각종 기관의 배치 계획, 공동이용시설의 설치 및 운영계획 등을 심의하는 역할을 맡았다. 이어 11월 30일에는 대덕연구학원도시 일원을 교육 및 연구지구로 결정하는 건설부의 고시가 있었으며, 12월 21일에는 대덕연구학원도시 건설 기본계획이 확정되었다. 건설기간은 1974-1981년의 8년 동안으로 하며, 면적은 810만 평, 인구는 5만 명으로 계획되었다.

이러한 계획에 입각하여 1974년부터는 도로와 건물을 비롯한 대덕연구학원도시 건설사업이 시작되었다. 그러나 제1차 석유파동의 여파로 경제불황이 닥쳐오면서 대덕연구학원도시 건설에 계획대로 투자를 하는 것이 어려워졌으며 몇몇 계획을 축소하는 것이 불가피해졌다. 게다가 청와대에서 수도권 이전을 구상하는 가운데 대덕이 후보지로 거론됨에 따라 대덕연구학원도시 건설계획 자체가 원점에서 논의되어야 한다는 의견도 있었다. 그러던 중 1976년 3월 말에 박정희 대통령은 대덕 현장을 방문하면서 과학기술처로부터 대덕연구학원도시 건설의 현황과 계획에 관한 보고를 받았다. 당시에 과학기술처는 건설공사의 진행 상황을 넘어 전체적인 경비 규모까지 보고하였고, 박정희는 대덕연구학원도시에 엄청난 예산이 투입된다는 점에 염려하는 반응을 보였다. 결국 대통령의 지시에 따라 1976년 4월 14일에는 '대덕연구학원도시 건설계획'이 '대덕전문연구단지 건설계획'으로 변경되면서 건설계획이 전반적으로 수정되었다. 수정된 계획은 대덕전문연구단지를 예산 범위 내에서 단계별로 추진하고, 입지계획은 기존 안을 바탕으로 공업단지의 개념하에 조성하며, 단지 내 도심지 건설계획은 일단 유보하고, 과학기술처는 종합기획만 담당하고 해당 부처가 소관 업무를 처리한다는 것을 골자로 하고 있었다.

건설계획이 전면적으로 조정되는 것과 함께 대덕연구단지 건설을 추진하는 업무는 대덕연구학원도시 건설추진위원회에서 중화학공업추진위원회로 이관되었다. 과학기술처가 주도하던 사업이 청와대의 주관으로 변경되었던 것이다. 1976년 6월 3일에 중화학공업추진위원회는 대덕전문연구단지에 관한 계획을 다시 수정하였다. 핵연료개발공단이 들어설 부지로 30만 평이 추가되어 대덕연구단지의 규모는 총 840만 평으로 증가하였고, 이와 동시에 해당 지역을 산업기지 개발구역으로 지정하기로 하였고, 그것은 1977년 12월 8일에 건설부가 대덕산업기지 개발구역을 고시하는 것으로 이어졌다.

2. 대덕연구단지의 조성

대덕연구단지 건설사업은 1974년부터 시작되었지만 관련 계획이 계속해서 수정되는 것을 배경으로 실제적인 단지 조성은 1978년에 이르러서야 본격화되었다. 1978년 3월에 한국표준연구소가 대덕연구단지에 입주하는 것을 필두로 같은 해 4월에는 한국선박연구소와 한국화학연구소가 입주하였고, 8월에는 한국핵연료개발공단과 충남대학교가 입주했던 것이다. 이와 같은 공공기관의 입주와 함께 1979년에는 민간연구소도 대덕연구단지에 자리를 잡기 시작하였다. 쌍용중앙연구소(1979년 3월), 한양화학중앙연구소(1979년 4월), 럭키중앙연구소(1979년 12월) 등이 그것이다. 그밖에 1978-1981년에는 중부주거지 조성사업이 마무리되는 가운데 변전소, 은행, 우체국, 파출소, 소방서 등의 지원시설이 설치되었고 대덕초등학교, 대덕중학교, 대덕고등학교도 잇달아 개교하였다.

이처럼 대덕연구단지에 입주하는 기관이 증가함에 따라 1979년 3월 10일, 과학기술처는 대덕연구단지의 건설을 효율적으로 추진하기 위하여 대덕단지관리사무소를 설치하였다. 초기에 대덕단지관리사무소는 대덕연구단지에 입주한 과학기술자들의 주거와 생활을 안정시키기 위한 업무를 담당하였다. 1979년 10월에는 중화학공업추진위원회가 폐지됨에 따라 과학기술처가 다시 대덕연구단지의 건설에 관한 제반 사항을 주도하게 되었다. 이어 1981년 8월 27일에는 건설부가 산업기지개발촉진법에 의거하여 대덕산업기지개발 기본계획을 수립하여 고시하였다. 그 계획은 1977년에 지정되었던 산업기지의 개념에 따라 토지용도를 구체적으로 제시하였고 개발기간을 1981-1990년으로 상정하였다.

제5공화국 정부가 출범하면서 1981년에 과학기술처는 대덕연구단지 건설 사업을 전면적으로 재검토하는 작업을 추진하였다. 당시에 과학기술처는 대덕연구단지 건설사업의 대하여 다음과 같은 문제점을 지적하였다.

> 그동안 기본목표에 대한 개념이 수정되고 그때그때 상황에 따른 현실적인 어려움 해결에 의한 건설추진으로 단지의 기본이념이 정책변수에 의한 혼돈을 가져왔다. 또 단지의 특수성 추구보다는 재래도시를 모방하는 건설을 추진했으며 건설을 추진하는 기구의 미흡으로 효율적인 건설관리의 어려움이 있었다. 또한 건설의 우선순위 설정과 개발방향이 미흡했으며, 연구단지의 성격에 맞지 않는 일부 기관의 입지 지정이나 대도시형 주거단지를 추진함으로써 연구시설의 기능과 유기적인 연결성이 결여된 측면이 없지 않았다(『과학기술연감』, 1987: 263).[4]

이와 같은 인식을 바탕으로 과학기술처는 "2000년을 목표로 하는 연구공원단지계획을 수립하되, 연구, 학원, 미래형 산업이 공존하는 국제수준급 연구원들 중심의 특수생활권을 형성"하는 방향으로 대덕연구단지의 기본개념을 재정비하기 시작하였다.

1982-1985년에는 7개의 기관이 대덕연구단지에 추가로 입주하였다. 충남전산전문대학(1982년 3월), 한국전기통신연구소(1983년 2월), 한국과학재단(1983년 10월), 한국인삼연초연구소(1984년 2월), 한국과학기술대학(1984년 12월), 대전전파천문대(1985년 12월)가 그것이다. 이에 따라 1985년 12월을 기준으로 대덕연구단지에 입주한 기관은 정부출연연구기관 9개, 민간연구소 3개, 대학 3개 등 총 15개로 증가하였다. 이와 함께 1983년 2월 15일에는 대덕연구단지가 종래의 대덕군에서 대전시로 편입됨에 따라 대전시의 도시개발계획과 대덕연구단지의 건설을 연계하는 것이 중요한 문제로 부상하였다.

1984년 4월 27일에 개최된 제1회 기술진흥심의회에서는 앞서 언급한 과학

---

4) 이와 관련하여 최송호(2008: 53–55)는 당시 과학기술처 관계자와의 인터뷰를 바탕으로 흥미로운 사실을 소개하고 있다. 대덕연구단지의 건설 초기에는 인근 지역에 산업지구를 조성하는 것이 고려되어 있었지만, 그러한 의도는 과학기술처가 인근 지역을 명시적으로 관리할 수 없었고 대전시가 아파트단지나 하수종말처리장 등을 추진했기 때문에 좌절되었다는 것이다.

기술처의 의견을 바탕으로 대덕연구단지의 건설추진 방향이 의결되었다. 그 회의에서는 "세계적 수준의 과학두뇌와 기술인재를 양성·결집하고 지적교류·협동을 바탕으로 연구·교육을 일체화시켜 혁신기술의 창출 원천지를 조성한다"는 기본이념에 입각하여 당면대책, 중기대책, 장기대책이 보고되었다. 당면대책으로는 연구개발환경을 조성하여 입주자의 생활불편을 해소하는 것에 초점이 주어졌고, 중기대책으로는 1984-1987년에 연구소, 대학, 문화복지시설을 유치 혹은 조성하는 것이, 장기대책으로는 1988년 이후에 연구소, 대학, 두뇌집약적 첨단산업을 연계하는 것이 강조되었다.

1984년 8월 24일에는 제14회 경제장관협의회가 개최되어 부지조성방식을 자체개발방식에서 공영개발방식으로 변경하는 것이 의결되었다. 즉, 이전에는 해당 기관이 자체적으로 부지를 조성하여 입주하고 산업기지개발공사가 중부거주지를 개발하는 방식으로 추진되었지만, 향후에는 한국토지개발공사가 토지를 우선 매입하여 개발한 후 이를 분양하는 방식을 통해 대덕연구단지 건설을 조기에 완료한다는 것이었다. 이에 따라 1985년 5월에는 건설부 고시로 한국토지개발공사가 대덕산업기지 개발사업 시행자로 지정되면서 대덕산업기지 개발기본계획이 변경되었다.

한국토지개발공사는 1985년 11월에 1단계 사업을, 1987년 5월에 2단계 사업을 시작하였다. 대덕연구단지 조성사업을 실제로 추진하는 과정에서는 우리나라에서 최초로 토지거래 허가제가 실시되었으며, 연구 및 교육시설을 증가시키기 위하여 기본계획이 몇 차례에 걸쳐 수정되기도 했다. 특히, 1989년 2월에 대덕연구단지 일대가 1993년 엑스포 개최지로 선정되면서 대덕연구단지의 수용능력을 더욱 강화하여 개발하는 방안이 강구되었다. 그것은 1990년 11월에 대덕연구단지의 입주기관을 50개에서 60개로, 인구를 5만 명에서 7만 명으로 확대하고, 개발기간을 1981-1990년에서 1981-1993년으로 연장하는 것으로 이어졌다.

대덕연구단지 조성사업은 1990년 7월 10일에는 제1회 과학기술진흥회의가 개최되면서 더욱 가속도가 붙었다. 당시에 노태우 대통령은 대덕연구단지 조성사업을 앞으로 3년 내에 마무리하겠다는 조기 완공의 의지를 표명하였고,

이에 대한 후속조치로 과학기술처 장관을 위원장으로 하고 관계 부처 차관들을 위원으로 하는 '대덕연구단지 조기조성위원회'가 출범하였다. 그 후 동 위원회를 중심으로 대덕연구단지 건설과 관련된 국가적 차원의 지원이 강화되면서 제1단계 사업은 1991년 3월에, 제2단계 사업은 1992년 11월에 완료되었다. 1992년 11월 27일에는 대덕연구단지에 대한 준공식이 거행되었는데, 당시에는 정부기관 3개, 정부출연연구기관 15개, 정부투자기관 4개, 민간연구소 8개, 고등교육기관 3개 등 33개의 기관이 대덕연구단지에 입주 혹은 이전을 완료하였다.

3. 혁신클러스터로의 도약

1992년 11월에 대덕연구단지 조성사업이 일단락되고 입주기관이 증가함에 따라 대덕연구단지를 효율적으로 관리하는 것이 중요한 과제로 부상하였다. 그동안 대덕연구단지는 산업입지 및 개발에 관한 법률에 근거하여 추진되어 왔지만 그것은 연구단지의 특성을 제대로 반영하기가 어려웠다. 이러한 배경에서 1993년 12월에는 대덕연구단지관리법이 제정되었는데, 그 법률은 연구단지관리계획의 수립, 토지용도의 구분, 입주의 승인 및 취소 등에 관한 내용을 담고 있다. 이어 1994년 8월에는 대덕연구단지를 관리하는 기구로 대덕전문연구단지관리본부가 설립되었다.

한편, 1990년대에 들어와 정부는 정부출연연구기관의 연구성과를 상업화하고 산학연 협조체제를 구축하기 위하여 많은 노력을 기울이기 시작하였다. 1990년 9월부터 과학기술부는 연구원 창업지원제도를 실시하여 재직 중에 개발한 기술의 이용, 3년간의 휴직, 연구기관 내의 비공식적 자본금 모집 등을 허용하였다. 이어 1994년 1월에는 협동연구개발과제에 대하여 정부가 우선적으로 연구개발비를 지원하고, 연구개발의 결과를 기업에 이전하여 실용화하는 것을 목적으로 하는 협동연구개발촉진법이 제정되었다.

이처럼 연구성과의 상업화와 산학연 연계가 강조되면서 1990년대에는 대덕연구단지에서 연구원 창업의 사례가 등장하기 시작하였다. 예를 들어, 한국전자통신연구원은 수탁과제를 수행하면서 파생되는 연구결과를 상업화시켜 왔으며, 연구원이 그 기술을 가지고 벤처기업을 창업할 수 있도록 지원하였다. 또한, 1994년 12월에 한국과학기술원은 과학기술부의 지원을 바탕으로 신기술창업지원단을 설립하였다. 신기술창업지원단은 캠퍼스의 유휴공간을 활용하여 벤처기업에 대한 사업공간을 확보하였고, 각종 실험장비의 공동 사용, 컴퓨터 시스템의 공유, 자금 및 경영정보 알선 등과 같은 서비스를 제공하였다. 이러한 기관들을 매개로 설립된 벤처기업의 창업가들은 1996년 10월에 '대덕 21세기'라는 단체를 결성하기도 했다.

대덕연구단지가 벤처창업의 산실로 변모한 실질적인 계기는 IMF 사태 이후에 추진된 정부출연연구기관에 대한 구조조정이었다. 정부출연연구기관의 구조조정을 통해 연구원들의 창업에 대한 관심이 증가했으며, 정부는 벤처기업에 대한 지원정책을 적극적으로 추진했던 것이다. 이러한 현상은 1990년대 말부터 정부출연연구기관, 대학, 지방자치단체 등이 다양한 창업보육사업을 시행되었다는 점에서 확인할 수 있다. 1998년 12월을 기준으로 한국과학기술원, 대전소프트웨어지원센터, 대전중소기업지원센터, 한국전자통신연구원, 한국원자력연구소, 한국전력연구소, 충남대학교, 한남대학교, 배재대학교 등의 9개 기관에서 창업보육사업이 이루어지고 있었으며, 입주업체의 수는 289개를 기록하였다.[5]

1999년 12월에는 대덕연구단지관리법이 개정되어 연구 및 교육기능을 중심으로 배치되었던 대덕연구단지에 생산활동이 허용되는 근거가 마련되었다. 그동안 대덕연구단지의 문제점으로 거론되어 왔던 '연구와 생산의 분리' 문제를 해결하기 위한 것이었다. 대덕연구단지관리법이 개정되는 것을 전후하여 벤처기업의 발전 단계에 따른 입주공간을 제공하기 위한 시도도 이루어졌다. 성장 단계 벤처기업의 입주공간에 해당하는 벤처기업 집적시설(Post-TBI)과 성숙 단계 벤처기업의 입주공간에 해당하는 벤처기업 협동화단지가 그것이다. 이러한 입주공간은 대전시의 지원으로 조성되거나 대전 지역

---

5) 이와 관련하여 1990년대 대덕연구단지의 분리신설기업을 검토한 한경희(2000)는 정부출연연구기관이 분리신설기업에게 일종의 유사－시장으로 기능함으로써 해당 기업의 생존을 용이하게 했지만, 기술협력 연결망이 출신 연구기관을 연고로 이루어지는 폐쇄적 형태를 띠고 있어서 상호작용적 학습을 제한하는 결과를 유발했다고 분석한 바 있다.

의 벤처기업들이 자발적으로 구성하였다.

2000년 9월 28일에는 대덕연구단지를 산·학·연 복합단지로 발전시킨다는 취지의 대덕밸리 선포식이 있었다. 대덕밸리는 대덕연구단지, 대전과학산업단지, 대전 3·4공단, 유성관광특구, 둔산행정타운 등을 포괄하는 것으로서 연구개발, 생산, 상업화를 포괄하는 혁신클러스터의 위상을 가지고 있었다.

> 오늘의 대덕밸리 선포식을 계기로 대덕단지는 연구학원단지에서 산·학·연 복합단지로 발전할 것입니다. 서비스업 위주의 대전 경제를 첨단산업과 지식정보산업으로 고도화하는 데 기여할 것입니다. 또한 대덕단지는 대전지역 벤처창업의 요람지가 될 것입니다. 이러한 의미에서 대덕밸리는 대전지역은 물론 국가발전의 획기적인 이정표가 될 것으로 믿습니다. … 대덕밸리는 국내뿐 아니라 세계 유수의 첨단산업의 요람이 되어야 하겠습니다. 이를 위해서는 국가출연연구기관의 경쟁력이 더 강화되어야 하고, 이들을 중심 연계기관으로 삼아 산학연 간의 긴밀한 협력체계가 구축되어야 할 것입니다. 또한 산학연 간의 공동연구와 함께 인력교류를 촉진하기 위한 제도도 개선되어야 하겠습니다. 아울러 정보통신네트워크 등과 같은 산·학·연 협력의 하부시스템을 강화해야 합니다(과학기술부·대덕전문연구단지관리본부, 2003: 342; 복득규 외, 2003: 61).

대덕밸리 선포식을 전후하여 지방자치단체와 민간부문의 노력도 본격화되었다. 대전시는 2000년 9월에 '벤처기업 육성 및 지원 등에 관한 조례'를 제정하여 벤처기업의 유치와 지원을 강화하였다. 벤처기업에게 사무실을 제공할 경우 임대료의 50%를 시 예산으로 지원하고, 벤처기업의 취득세와 등록세를 일정기간 감면한다는 것이었다. 민간부문에서는 2001년 4월에 벤처기업가들의 모임인 '대덕 21세기'가 '대덕밸리벤처연합회'로 확대되었고, 2000년 11월에는 대덕밸리에 소재한 기관과 업체의 정보교류를 촉진하기 위하여 '대덕넷'이 출범하였다. 그 밖에 출신기관이나 동종업체 사이의 교류를 강화하기 위한 모임도 결성되었다. 한국전자통신연구원 출신의 벤처기업 모임인 EVA(ETRI Venture business Association)와 대전 지역의 바이오기업이 연합한 단체인 대덕바이오커뮤너티(Daedeok Biocommunity)는 그 대표적인 예이다.

2003년부터는 대덕연구단지에 대한 정부의 강력한 지원이 모색되었다.

2003년에 출범한 참여정부는 동북아 연구개발허브의 구축을 강조하였고, 그
것은 대덕연구단지 설립 30주년과 결부되어 연구개발특구에 관한 논의로 이
어졌다. 2004년 3월에는 국정과제 보고회의를 통해 대덕연구개발특구
(Daedeok Innopolis)에 대한 지원책이 강구되었으며, 2005년 1월에는 '대덕연
구개발특구 등의 육성에 관한 특별법'이 제정되었다. 그 법은 특구육성종합
계획의 수립, 연구개발특구위원회(위원장: 과학기술부총리)의 설치, 연구소기
업의 설립 허용, 첨단기술기업 및 외국인투자기업에 대한 특례, 특구연구개
발사업의 시행, 대덕연구개발특구지원본부의 설치 등을 주요 내용으로 삼고
있다. 이러한 정부의 강력한 지원을 바탕으로 대덕연구단지는 본격적인 혁신
클러스터로 도약하고 있다.

대덕연구단지에는 2005년 12월을 기준으로 정부출연연구기관 20개와 벤처
기업 152개를 포함하여 총 239개의 기관이 입주하고 있다(〈표 3〉 참조).

<표 3> 대덕연구단지 입주기관의 수와 종업원 수(1979-2005년)

단위: 개소, 명

구 분	1979년	1985년	1990년	1995년	1997년	2002년	2005년
정부기관	–	–	3 (244)	5 (327)	7 (420)	9 (426)	12 (726)
민간단체/기관	–	–	–	–	–	7 (54)	6 (55)
정부출연연구기관	5 (3,879)	8 (6,129)	19 (6,920)	17 (7,640)	16 (7,473)	17 (6,277)	20 (7,217)
민간연구기관	3 (719)	3 (719)	8 (1,432)	21 (3,263)	25 (4,475)	26 (3,224)	33 (4,399)
정부투자기관	–	–	–	6 (1,401)	8 (2,272)	11 (2,535)	11 (2,555)
고등교육기관	1 (1,146)	2 (1,257)	3 (2,084)	3 (2,782)	3 (2,423)	4 (2,385)	6 (2,707)
벤처기업	NA	NA	NA	NA	NA	111 (1,919)	152 (3,097)
계	9 (5,744)	13 (8,105)	33 (10,680)	52 (15,423)	59 (17,063)	185 (1,6820)	239 (20,756)

자료: 신동호(2006: 339).

V. 결론적 고찰

이 연구에서는 과학기술거점의 유형에 관한 이론적 논의를 살펴본 후 대덕연구단지를 사례로 과학기술거점의 진화과정에 대해 검토하였다. 과학기술거점의 진화와 관련하여 대덕연구단지가 보여준 특징을 도출하면 다음과 같다.

첫째, 대덕연구단지는 기반이 거의 없는 상태에서 처음부터 대규모로 계획되었기 때문에 개념을 정립하고 단지를 조성하는 데 상당한 시간과 노력이 소요되었다. 이에 따라 대덕연구단지는 오랜 기간 동안 개념상의 과학기술거점에 불과했으며, 실제적인 과학기술거점으로 작동한 기간은 그리 길지 않았다.

둘째, 대덕연구단지의 성격에 대해서는 연구교육단지, 제2연구단지, 연구학원도시, 전문연구단지, 연구공원도시, 산업기지, 산·학·연 복합단지, 혁신클러스터 등의 다양한 개념이 제기되어 왔다. 전반적으로는 연구와 교육을 결합한 과학기술거점에서 연구개발 중심의 과학기술거점으로, 그리고 연구개발, 생산, 상업화를 포괄하는 과학기술거점으로 진화해 왔다고 볼 수 있다.

셋째, 지역혁신체제의 유형과 관련하여 대덕연구단지는 통제적 혁신체제에서 네트워크 혁신체제로, 국지적 혁신체제에서 상호작용적 혁신체제로 변모하는 경향을 보이고 있다. 거버넌스의 차원에서 대덕연구단지는 처음에 국가 차원의 조정을 바탕으로 형성되었지만 점차적으로 정부는 물론 산, 학, 연의 다양한 혁신주체들이 관여하는 방향으로 진화하고 있다. 비즈니스 혁신의 차원에서는 처음에는 고립된 섬과 같은 국지적 혁신체제의 성격을 띠고 있었지만, 관련 주체들 사이의 협력이 점차 강화됨으로써 지금은 상호작용적 혁신체제의 가능성을 보여주고 있다. 물론 이러한 변화는 주로 정부의 정책적 개입에 의해 촉발되었으며, 아직 혁신체제의 전환이 완전히 현실화되었다고 보기는 어렵다.

넷째, 클러스터의 유형과 관련하여 대덕연구단지는 대학·연구소 주도형에서 실리콘밸리형으로 나아갈 가능성을 보이고 있다. 처음에는 대학과 연구소의 연구능력을 제고하는 것에 초점이 주어졌지만 점차적으로 산학연 협동을 바탕으로 연구성과를 확산하는 것이 중요시되었고 지금은 내생적인 혁신 역량을 바탕으로 새로운 기술과 산업을 창출하는 것에 주목하고 있는 것이다. 그러나 아직 대덕연구단지를 대표할 만한 기업이나 산업이 분명하게 부상하고 있지 않는 상황을 감안해 볼 때 대덕연구단지가 실리콘밸리형으로 완전히 전환될 수 있는지는 분명하지 않다.

결론적으로 대덕연구단지는 오랫동안 잠재적 성격을 가지고 있다가 본격적인 발전의 단계에 접어든 과학기술거점에 해당한다고 볼 수 있다. 대덕연구단지는 정부의 적극적인 개입을 바탕으로 정부출연연구기관을 중심으로 형성된 후 지금은 산, 학, 연의 다양한 혁신주체들이 결집되어 있는 상태에 놓여 있다. 대덕연구단지는 역동적인 혁신환경을 바탕으로 혁신주체들 사이에 긴밀한 네트워크를 형성하고 세계적 수준의 경쟁력을 확보해야 하는 과제를 안고 있다. 그것은 우리나라의 국가혁신체제가 가진 기본적인 문제점이나 과제와 비슷한 성격을 띠고 있다.[6]

---

6) 우리나라 국가혁신체제의 발전방향에 대해서는 송위진(2006)을 참조.

참고 문헌

과학기술부 (각 연도), 『과학기술연감』.

과학기술부 · 대덕전문연구단지관리본부 (2003), 『대덕연구단지 30년사(1973-2003)』.

과학기술처 (1968), 『과학기술개발 장기종합계획(1967-1986)』.

과학기술처 (1987), 『과학기술행정20년사』.

과학기술처 (1997), 『과학기술30년사』.

국가균형발전위원회 엮음 (2004), 『세계의 지역혁신체제』, 한울.

국가균형발전위원회 엮음 (2005), 『선진국의 혁신클러스터』, 동도원.

권오혁 (2002), "고립된 섬에서 벤처네트워크로", 권오혁 엮음, 『첨단산업과 도시』, 한울, 287-327쪽.

권오혁 외 (2002), 『첨단산업과 도시』, 한울.

권원기 외 (2006), "대덕연구단지 건설", 『과학기술정책이 경제발전에 기여한 성과조사 및 과제발굴』, 과학기술부, 229-261쪽.

김정흠 외 (2000), 『산 · 학 · 연 공조체제 강화방안』, 한국과학재단.

문만용 (2008), "KIST에서 대덕연구단지까지: 박정희 시대 정부출연연구소의 탄생과 재생산", 『역사비평』 통권 85호, 262-289쪽.

문미성 (2001), "쿠크의 지역혁신체계", 국토연구원 엮음, 『공간이론의 사상가들』, 한울, 327-340쪽.

복득규 외 (2003), 『클러스터: 한국 산업과 지역의 생존전략』, 삼성경제연구소.

설성수 · 민완기 · 신동호 (1999), 『대덕연구단지의 중장기 발전전략』, 과학기술정책관리연구소.

설성수 · 박정민 · 서상혁 (2002), 『대덕밸리의 형성과 진화』, 과학기술정책연구원.

송성수 외 (2001), 『대전지역 특성을 살린 과학기술혁신 종합계획』, 과학기술부/대전광역시.

송위진 (2006), "국가혁신체제의 전환: 모방에서 창조로", 『기술혁신과 과학기술정책』, 르네상스, 151-172쪽.

신동호 (2006), "한국의 지역혁신정책과 대덕밸리", 신동호 외, 『세계적 혁신지역을 간다: 선진국의 지역혁신정책과 거버넌스』, 한울, 319-356쪽.

신동호 외 (2006), 『세계적 혁신지역을 간다: 선진국의 지역혁신정책과 거버넌스』, 한울.

양희승 · 송성수 (1998), 『과학기술단지의 이론과 실제: 한국형 테크노파크 조성을 중심으로』, 산업기술정책연구소.

이덕희 · 박재곤 (2000), 『과학기술집적지 발전 방안』, 을유문화사.

이정협 · 김형주 · 손동원 (2005), "지역혁신체제 논의에 대한 비판적 고찰", 『한국형 지역혁신체제의 모델과 전략 1: 지역혁신의 공간적 틀』, 과학기술정책연구원, 37-62쪽.

전상근 (1982), 『한국의 과학기술정책: 한 정책입안자의 증언』, 정우사.

지태홍 외(1999), "대덕연구단지 구조 및 운영체제 개혁방안", 국가과학기술자문회의, 『21세기를 대비한 국가과학기술연구체제의 문제점과 개선대책』, 99-122쪽.

최송호 (2008), 『진화론적 관점에 의한 대덕 R&D 특구의 분석』, 한국학술정보.

최형섭 (1981), "지적 공동체의 형성과 연구학원도시", 『개발도상국의 과학기술개발전략: 한국의 발전과정을 중심으로』 제2권, 보진재, 65-97쪽.

최형섭 (1995), 『불이 꺼지지 않은 연구소: 한국 과학기술 여명기 30년』, 조선일보사.

한경희 (2000), "지역기반 기술협력 연결망 연구: 대덕연구단지 분리신설기업을 중심으로", 연세대 박사 논문.

홍유수 외 (1990), 『전국토 기술지대망화 추진구상에 관한 연구』, 과학기술정책연구평가센터.

Asheim, B. and M. S. Gertler (2005), "The Geography of Innovation: Regional Innovation Systems", J. Fagerberg, D. C. Mowery, and R. R. Nelson (eds.), *The Oxford Handbook of Innovation*, New York: Oxford University Press, pp. 291-317.

Braczyk, H. J., P. Cooke and M. Heidenreich (eds.) (1998), *Regional Innovation Systems: The Role of Governances in a Globalized World*, London: UCL Press.

Castells, M. and P. Hall (2005), 강현수 · 김륜희 옮김, 『세계의 테크노폴: 21세기 산업단지 만들기』, 한울.

Croissant, J. L. and L. Smith-Doerr (2007), "Organizational Context of Science: Boundaries and Relationships between University and Industry", E. J. Hackett, O. Amsterdamska, M. Lynch and J. Wajcman (eds.), *The Handbook of Science and Technology Studies*, 3rd ed., Cambridge, MA: MIT Press, pp. 691-718.

Cooke, P. (1998), "Introduction: Origins of the Concept", H. J. Braczyk, P. Cooke and M. Heidenreich (eds.), *Regional Innovation Systems*, London: UCL Press, pp. 2-25.

Cooke, P. (2001), "Regional Innovation Systems, Clusters, and the Knowledge Economy", *Industrial and Corporate Change*, Vol. 10, No. 4, pp.

945-974.

OECD (1999), *Boosting Innovation: The Cluster Approach*, Paris.

Porter, M. (1998), "Clusters and the New Economics of Competition", *Harvard Business Review*, Vol. 76, No. 6, pp. 77-90.

Porter, M. (2000), "Location, Competition, and Economic Development: Local Clusters in a Global Economy", *Economic Development Quarterly*, Vol. 14, No. 1, pp. 15-34.

http://www.ddinnopolis.or.kr/ (대덕연구개발특구본부)

http://www.hellodd.com/ (대덕넷)

2. 연구윤리와 과학기술자의
사회적 책임

바람직한 과학연구와 연구윤리:
경계짓기와 관점바꾸기*

이상욱
한양대학교

I. 머리말

현대 한국사회에서 과학문화가 포괄할 수 있는 주제는 무척 다양할 것이다. 과학문화를 좁게 이해하면 현대 과학의 내용을 널리 알리고 과학적 태도를 대중적으로 보급하는 '계몽적' 성격의 활동 및 이에 따른 결과물이라고 생각할 수 있다. 하지만 현대 과학연구 활동이 갖는 심층적 의미를 여러 각도에서 음미하는, 넓은 의미의 과학문화의 관점에서 볼 때는 과학연구의 내용과 활동이 사회와 만나는 여러 접점들을 탐구하는 것도 중요한 과학문화 작업이라 할 수 있다. 그런 의미에서 과학연구 활동의 가지는 다양한 사회적 측면을 기술적(記述的)으로 탐구하고 가능하다면 규범적(規範的) 제언을 모색해 보는 것도 우리나라의 과학문화의 폭과 깊이를 확보하는 데 중요하다고 할 수 있다.

최근 국내 학계에서는 과학연구윤리에 대한 논의와 제도화가 한창 진행 중이다. 국민적 주목을 받은 대형 연구부정행위 사건이라는 그다지 바람직스

---

* 본 논문은 2006년 과학문화연구센터의 지원에 의해서 연구되었으며 이 글의 일부는 2006년 6월 27일 서울대학교에서 열렸던 한국과학철학회 여름 정기학술대회 '과학과 윤리' 분과에서 발표되었다. 토론을 맡아주신 홍성욱 교수님과 여러 각도에서 좋은 제안을 해주신 참석자 여러분께 감사를 드린다. 과학철학회에서 발표된 내용은 수정 보완되어 『과학기술의 철학적 이해』 제4판 (한양대학교출판부, 2008)과 『이공계 학생을 위한 과학기술의 철학적 이해』 제5판 (한양대학교출판부, 2010)에 "본질적이고 생산적인 연구윤리"라는 제목으로 수록되었음.

럽지 못한 이유에서 연구윤리의 필요성이 인식되기 시작했다는 점이 다소 부끄러울 수도 있다. 하지만 북유럽의 몇 나라를 제외하고는 대부분의 과학연구 선진국에서도 우리의 황우석 연구팀 논문조작 사건 정도의 대형 과학 부정행위 사건이 터진 이후에야 연구윤리에 대한 관심이 과학자들 사이에서 널리 퍼지고 부정행위에 대처하기 위한 각종 제도적 장치가 마련된 점을 고려하면 우리나라도 이런 일반적인 패턴에서 예외가 아니라는 정도로 생각해 볼 수 있다. 결국 중요한 것은 어떻게 연구윤리에 관심을 가지게 되었나보다는 어떻게 연구윤리를 국내에 올바르게 정착시킬 것인지에 대한 고민이어야 한다.

과학연구윤리에 대한 우리의 관심은 우리의 과학연구가 단순히 성과를 내는 데에만 관심이 있는 것이 아니라 이제는 그 성과에 이르게 되는 과정 자체에 대한 평가에도 관심을 가지게 되었음을 의미한다. 다른 말로 바꾸면 과학연구의 결과만이 아니라 그것이 가지는 과학문화적 측면에도 관심을 기울이게 되었음을 의미한다고 볼 수도 있다. 과학연구 활동을 단순히 특정 문제를 해결하거나 특정 물질을 합성하거나 특정 균주를 배양하는 일로만 여기는 것이 아니라 그러한 활동에 대해 윤리적이거나 사회적인 수준에서 타당한 방식으로 이루어졌는지의 여부를 판단하는 것이 중요하다. 또한 이러한 인식이 생겼다는 것은 과학활동이 지니는 다층적, 문화적 측면이 점점 부각되고 있다는 증거로 해석될 수 있다. 여기에서 우리는 과학연구윤리에 대한 우리의 관심이 지니는 과학문화적 의의를 찾아볼 수 있다. 이러한 전제하에 이후에서는 과학연구윤리의 문제에 대해 보다 개념적인 분석을 시도해 보기로 한다.

과학기술부가 2006년 연구윤리 가이드라인을 제정하고 이를 과학기술부로부터 연구비를 받는 모든 기관에 적용하도록 강제하는 등의 신속한 연구윤리 제도화의 노력을 하고 있는 것을 살펴볼 때, 국가적 수준에서 이루어질 연구윤리 작업은 외국의 경험을 공부하여 연구부정행위를 방지하고 그래도 발생할 때에는 적절하게 처리하는 합당한 제도적 장치를 마련하는 일이 주된 내용이 될 것 같다. 물론 이 과정에서 연구윤리의 기본적인 전제들에 대한 규범윤리학적 고찰이나 잘 알려진 부정행위 사건에 대한 응용윤리학적 사례연구 그리고 우리나라 과학연구 행태에 대한 일반적인 자료조사가 필요할 것이다.

필자는 이 맥락에서 과학철학이 과학연구윤리 논의에 기여할 바가 무엇인지를 과학문화적 배경을 염두에 두고 논의해 보고자 한다. 현재 이루어지고 있는 과학연구 논의에 우리나라 과학철학자들이 적극적으로 참여하고 있다는 점을 고려할 때 과학철학의 기여는 분명해 보일 수도 있다. 하지만 그 기여의 이유가 과학철학자들이 단순히 과학과 철학 양 분야에 걸쳐 일반 철학자나 과학자에 비해 '더 많이' 알거나 익숙하다는 정도의 것이라면 과학철학과 과학연구윤리 사이의 내용적 관련성은 오직 과학과 인문학 사이의 문화적 간극이 유난히 먼 우리 상황에서 과학철학자가 지닌 우연적 장점에 기대고 있는 셈이 될 것이다. 정말 그러한가?

필자는 우리 사회의 문화적 특징 이외에도 과학철학과 과학연구윤리를 연결 짓는 두 중요한 고리가 있다고 생각한다. '경계짓기'와 '관점바꾸기'로 요약될 수 있는 이 두 연결고리는 과학철학적 작업이 과학연구윤리 논의에 중요하게 기여할 수 있는 주제이다. 우선 최근 과학철학의 연구경향이 구체적인 과학연구의 역사와 현재 관행에 보다 충실한 것으로 바뀌었음에 주목하자. 이는 몇몇 학자들이 우려하듯이 과학철학이 기술적인(descriptive) 논의에만 집중해야 하고 규범적(normative) 논의는 불가능하다고 생각하는 것이 아니라, 규범적인 논의도 과학연구의 역사성과 우연성(contingency)을 수용할 수 있을 정도로 충분히 유연하게 이루어져야 됨을 지적하는 것이다.

과학연구의 역사를 살펴볼 때 현재 우리가 믿고 있는 이론이 시간을 거슬러 올라간 논쟁의 상황에서 항상 모든 경험적 증거에서 분명한 우위를 점했기에 선택된 것만은 아니었다. 대부분의 이론 선택은 경험적 증거를 비롯한 인식적 고려와 과학자 사회의 사회문화적 고려 그리고 드물게는 과학자 사회를 넘어선 거시적 사회의 사회문화적 고려 또한 작용해서 이루어졌다. 이렇게 이루어진 선택이 비합리적이라고 생각할 이유는 없다. 왜냐하면 쿤이 잘 보여주었듯이 인식적 가치판단과 같은 순수하게 과학적 판단조차 알고리즘적 결과를 보장해 줄 수 없기 때문이다. 게다가 다른 인식적 고려에서 동등한 두 선택지에서 한 이론이 선택되는 과정은 관련 과학자 집단이 합의했기에 합당한 '과학적' 선택이라고 할 수밖에 없는 상황도 존재할 수 있다. 결국 과학지식은 진리대응설과 같은 외부적이고 초월적인 기준에 의해서라기보다는 개별 과학자의 구체적 실천과 과학자 집단의 사회적 선택을 통해 (인과적인 의미에서) 형성된다고 보아야 한다. 이렇게 실제적으로 형성된 과학지식에 대해 진리근접성과 같은 초월적 기준을 다시 적용하여, 과학자 집단의 선택에 대한 메타 선택을 과학철학자가 수행할 수 있는지의 여부는 논쟁의 여지가 있는 물음이다. 하지만 이 물음에 대해 어떤 입장을 취하는지와 무관하게 여전히 중요한 점은 과학연구가 개별 과학자의 구체적인 연구 활동에 의해 일의적이 아닌 방식으로 이루어지며 이들 과정 전체를 대체적으로 합리적으로 이해할 수 있는 방안이 존재한다는 점일 것이다.

이러한 최근 과학철학의 관점으로 과학연구윤리의 문제를 살펴보면 연구윤리에서 조심하고 찾아내고 처벌하여야 할 과학부정행위와 바람직스러운 연구수행을 포함하는 일상적인 연구실천 사이의 경계가 역사적으로 변해 왔으며, 특정 시기를 고정시켜도 너무나 자명하게 미리 존재한다기보다는 관련 과학자 집단의 지속적인 재규정을 통해서만 확정될 수 있음을 알게 된다. 물론 극단적인 형태의 원자료 조작이나 위조된 증거에 입각한 결론도출은 과학연구의 역사를 통틀어 바람직하지 않은 것으로 여겨졌다. 하지만 소위 '회색지대'에 있는 다양한 연구 활동들은 시대에 따라 어디서부터 어떤 이유로 바람직하지 않은 연구행위로 간주될 수 있을 것인지에 대해 상당한 의견차이가 존재해 왔던 것도 사실이다.

이는 정상적 과학연구와 부정행위로 대표되는 비정상적 과학연구의 경계 짓기가 극단적인 경우를 제외하면 대부분의 경우에서 생각만큼 간단한 작업이 아니라는 점을 의미한다. 과학이론의 선택하기가 비알고리즘적인 것과 마찬가지로 바람직하지 못한 연구행위의 경계짓기도 추상적 윤리규범으로부터 알고리즘적으로 규정될 수 있는 것이 아닌 것이다.

만약 과학부정행위를 경계 짓는 일이 이렇게 어렵다면 결국 경계 짓는 행위 자체가 정당화될 수 없는 것은 아닐까? 혹은 연구비의 부당한 사용이나 데이터의 완벽한 위조처럼 논란의 여지가 없는 상황을 제외하고는 연구부정행위를 논하는 것 자체가 불가능한 일은 아닐까? 이와 같은 문제제기는 경계

짓기의 유일성이나 자명함으로부터만 윤리적 당위가 발생한다고 보는 것이다. 실제로 이런 생각은 '사소한(?)' 데이터의 부풀리기나 명예저자 끼워넣기처럼 과학자 사회에 암묵적으로 널리 퍼진 연구관행에 대해 너그러운 시각을 가져야 한다는 국내 일부 과학자들의 견해와도 일맥상통한다.

흥미로운 점은 이와 비슷한 상황이 과학철학 논의의 역사에서 발생했다는 사실이다. 합리적 이론 선택과 비합리적 이론 선택이 소박한 반증주의와 같은 간단한 규칙들로 간단하게 구별되기 어렵다는 점을 지적하는 소위 '역사적 과학철학'의 주장이 1960년대 이후 쏟아져 나오자 이러한 주장들이 과학연구와 지식을 상대화시켰다는 비판이 여러 학자들에 의해 제기되었다. 다만 이 경우 비판은 훨씬 더 과격했다. 예를 들어 쿤이 옳다면 달이 치즈로 만들어져 있다는 주장과 암석 덩어리라는 주장 사이에는 어떠한 인식론적 차이도 존재하지 않게 된다는 식의 비판이 제기되기도 했다.

그러나 물론 (아마도 파이어아벤트를 제외하면) 과학철학이 과학의 실제 연구과정에 보다 충실하게 논의되어야 한다고 주장했던 철학자들이 이와 같은 극단적인 형태의 인식론적 상대주의를 주장했던 것은 아니었다. 학자마다 조금씩 차이는 있지만 이들이 주장한 것은, 예를 들어 코페르니쿠스 혁명이 일어날 당시 천문학자들이 코페르니쿠스 이론과 프톨레마이오스의 이론을 비교하고 평가하던 '과학적' 기준들이 현재 우리의 기준과 완전히 동일하지는 않았으며 '단순성'이라는 동일한 인식적 가치기준을 적용할 때조차 합리적인 방식으로 다른 의견을 제시할 수 있었다는 것이다.

그럼에도 불구하고 그 당시나 현재 모두 각각의 시기의 관련 과학자 집단으로 한정할 때 일반적으로 받아들여지는 이론평가의 기준이 존재하며 이러한 기준을 적용하는 방식에 있어서도 대체적인 합의가 존재한다. 중요한 점은 이들 기준이 역사적으로 변해 왔다는 사실에서 이들 기준 자체가 아무런 의미가 없다는 상대주의적 결론이 도출되지는 않는다는 것이다. 개별 이론 선택 기준들은 누군가에 의해 순식간에 발명된 것이 아니며 관련 과학자 집단에 의해 수많은 연구 활동을 통해 가다듬어지고 그것의 구체적인 내용이 규정되어 온 것이다. 어떤 의미로는 이렇게 집단적인 노력의 산물이기에 이론 선택 기준으로서의 규범성이 획득되어질 수 있다고 생각할 수도 있다.

과학연구윤리의 문제로 돌아오면, 경계짓기의 어려움이 곧바로 경계 자체의 무의미함을 함축하는 것은 아니라고 할 수 있다. 실제로 이후에 살펴볼 과학부정행위의 여러 예들을 보면 어떤 것을 바람직하지 않은 과학연구 행위로 볼 것인지에 대해서는 역사적으로 그다지 변하지 않는 일반적인 기준이 있었다는 것을 알 수 있다. 예를 들어, 다른 사람의 논문을 표절하거나 데이터를 조작하는 행위는 어떤 시기에도 항상 과학적으로 바람직하지 않은 연구행위로 여겨졌다. 이 점을 고려할 때 필자가 주장하려는 것은 결코 과학부정행위의 경계가 역사적으로 큰 폭으로 변화하였기에 경계짓는 행위 자체가 별다른 의미가 없다는 상대주의적 결론은 아니다.

오히려 바람직한 과학연구와 그렇지 못한 과학연구 사이에 대체적으로 동의될 수 있는 기준이 늘 존재해 왔고 그 기준이 대체적인 수준에서 일정하게 유지되어 왔다는 사실은 과학연구의 정체성을 어느 정도 객관적으로 확보할 수 있는 길을 마련해 준다고 할 수 있다. 그럼에도 불구하고 과학부정행위의 구체적인 경계는 매 시기마다 조금씩 다르게 규정되어 왔고 이러한 경계짓기는 그 당시 과학자들의 적극적인 참여를 통해서만 가능했다. 비유적으로 말하자면 원자료(data) 조작이 과학부정행위가 아니었던 적은 한 번도 없었지만 어떤 과학연구행위가 원자료 조작에 해당되는지 그리고 어느 정도의 심각한 원자료 조작이 공개적인 처벌을 요구할 정도의 심각한 과학부정행위인지에 대한 해석은 늘 역동적으로 새롭게 마련되어 왔다는 것이다.[1]

그러므로 오히려 경계가 추상적 도덕원리에 의해 간단하게 주어지는 것이 아니라 개별 과학자들의 구체적인 연구경험을 통해 점차 미세하게 조정되고 합의되는 과정을 통해 만들어지는 것이라면 그렇게 만들어졌기 때문에 경계가 바람직하지 못한 연구행위를 규정하는 규범성을 갖는다고 할 수 있다. 이는 연구윤리를 자유로운 연구행위를 '규제'하는 어떤 것으로부터 생산적인 연구행위의 과정에서 자연스럽게 파생되는, 필수불가결한 측면으로 인식함을 의미한다. 이는 또한 상당한 규모로 사회적 자원을 사용하는 현대의 과학

---

1) 이 점에 대해 보다 분명하게 생각할 수 있는 기회를 주신 홍성욱 교수에게 감사한다.

연구가 불필요한 사회적 비용을 들이지 않고 보다 생산적으로 이루어지기 위해서도 연구자 스스로가 연구윤리의 세부적 내용을 적극적으로 규정하고 학문후속세대에게 충실히 교육시키는 일이 필수적임을 이해하는 것으로 확장될 수 있다. 이처럼 과학연구에 대한 과학철학적 관점은 과학연구윤리에 있어서 '관점바꾸기'를 요구한다.

II. 연구의 자율성과 과학자 집단의 공감대

2004년 한국과학기술인단체총연합회의 명의로 제정·공포된 〈과학기술인헌장〉에 따르면 과학기술자들은 '탐구의 자율성을 소중히 여기며 과학기술에 대한 사회적 책임과 윤리의식을 갖는다'고 되어 있다. 이는 과학기술자들의 사회적 책임과 윤리의식에 대한 자각과 내면화를 촉구한 것으로 과학기술활동의 전반적인 측면에 적용될 수 있는 것이지만 우리는 일단 특별히 '탐구의 자율성을 소중히 여기며'라는 문구에 집중하기로 하자.

필자는 이 문구가 과학기술자의 연구행위가 사회적으로 책임 있는 방식으로 이루어지고 연구윤리를 비롯한 여러 윤리적 고려를 준수하는 방식으로 이루어지기 위해서는 외부적 규제보다는 과학자 집단 내부의 자율적 실천이 무엇보다 중요하는 점을 부각시키고 있다고 생각한다. 물론 그렇다고 해서 민형사상 처벌의 대상이 되는 연구비 횡령과 같은 사건조차 온전히 과학자 집단 내부의 규제로만 처리되어야 한다는 뜻은 아니다. 국민의 기본권에 속하는 연구의 자유를 존중하고 연구과정에서 발생하는 다양한 사회적, 윤리적 쟁점상황에 대해 외부적 규제에만 의존하는 것은 비효율적이라는 사실을 인식해야 한다는 의미이다.

또한 과학자 내부의 자율적 규제가 개별 과학자가 '알아서 잘 하면 된다'는 식의 개인주의적 태도를 의미하는 것도 아니다. 과학지식은 개별 과학자의 연구결과가 과학자 집단 내에서 논쟁을 거쳐 합의될 때만 의미를 갖는다. 그런 의미에서 과학 활동은 근본적으로 (과학자 집단 내의) 사회적 활동이다.

그러므로 사회적 책임과 윤리의식에 입각한 연구 활동 자체는 개별 과학자가 수행하는 것이지만 그런 행위를 진작시키고 바람직하지 못한 행위가 발견되었을 때 지적하고 적절한 규제를 가하는 것은 과학자 집단 전체의 공감대에 입각하여 이루어져야 한다. 다시 말하자면 과학기술자의 연구 및 사회활동이 따라야 할 '사회적 책임'과 '윤리의식'은 개별 과학자의 '개인적 양심'의 문제가 아니라 과학연구가 어떤 방식으로 이루어져야 하고 어떤 방식으로 평가되어야 하며 과학자 집단을 넘어선 보다 큰 사회문화적 맥락과 어떤 관계를 맺어야 하는지에 대한 과학자 집단의 공감대의 문제이다. 그리고 그러한 과학자 집단의 공감대는 보다 큰 사회문화적 맥락의 여러 고려사항과 밀접하게 영향을 주고받으면서 더 바람직한 방향으로 변화해 나가야 함도 물론이다.

어떤 의미에서는 과학기술 연구자들이 사회적 책임과 윤리의식을 가지고 연구 활동을 수행하는 것이 연구의 자율성을 확보할 수 있는 전제가 된다고 할 수 있다. 현대사회의 경우처럼 사회가 가용할 수 있는 자원의 상당 부분을 사용하여 이루어지는 과학기술 연구가 사회적 공감대를 확보할 수 있는 책임 의식이나 윤리의식 없이 이루어진다면 과학기술자들이 연구의 자율성을 요구하는 것이 터무니없어 보일 것이기 때문이다. 그러므로 우리는 과학기술 연구자들의 '연구의 자율성'을 존중하되 이러한 연구의 자율성이 개별 연구자의 '양심적 연구행위'로 환원되지 않고 과학기술연구의 사회적 책임이나 여러 윤리적 쟁점에 대한 과학자 집단의 공감대에 기초하여 연구의 자율성을 적극적으로 지켜나가는 방안을 강구하도록 요구할 필요가 있다.

이 글은 이처럼 과학기술 연구자들의 연구행위 전반을 규제하고 바람직한 방향을 제시하는 데 기초가 되어야 할 과학자 집단의 공감대 중에서 특별히 연구부정행위를 어떻게 규정할 것인지의 문제('경계짓기')와 이 문제가 과학 부정행위만이 아니라 바람직한 연구실천을 진작하는 데 어떤 관련이 있는지 ('관점바꾸기')에 대해 논의한다. 우선 다음 절은 과학연구 부정행위에 대한 명확한 개념적 규정이 생각만큼 간단하지 않다는 사실에 주목한다. 연구부정 행위는 연구자가 작업을 수행하는 연구 환경과 연구 분야에 상대적으로 이해되어야 하는 경우가 많기에 역사적으로 다른 방식으로 규정될 수밖에 없다.

이는 현재 우리의 연구 환경이 역사적으로 과학자들이 직면했던 어떤 연구
환경과도 달랐던 독특한 것이라는 점에 주목할 수 있게 해주고 연구부정행위
에 대해 보다 적극적인 방식으로 사고하고 개입할 수 있는 여지를 제공한다.
마찬가지로 이는 연구부정행위가 몇몇 성격이상자에 의해 저질러지는 사회
일탈적 행위가 아니라 보다 구조적인 문제일 수 있음을 이해하게 해준다. 또
한 현대 과학연구는 연구결과를 재현하는 데 인식론적으로 상당한 제한이 존
재한다는 점도 인식할 필요가 있다. 이와 같은 여러 이유로 과학연구 부정행
위의 경계가 간단하게 결정될 수 없다는 사실은 과학부정행위를 처벌과 규제만
으로 이해할 것이 아니라 오히려 바람직한 과학연구 실천을 진작하는 교육과
연구자에 의한 훌륭한 연구수행의 내재화와 연결시킬 것을 요구한다.

III. 경계짓기의 어려움(1): 자료 선택과 증거−예시 문제

이론과 관찰·실험에 대한 과학자들의 일반적 견해에 따르면 이론은 관련
된 관찰이나 실험결과에 의해 반증되어 폐기되거나 입증되어 수용된다. 명백
한 경험적 반대증거에도 불구하고 자신의 이론을 고수하는 것은 바람직한 연
구자의 태도라고 볼 수 없다. 더 나아가 만약 이론에 일치하는 실험결과만을
선택적으로 제시한다거나 이론과 데이터의 정합성을 높이기 위해 실험결과
를 고친다면 이는 현재 과학자 사회의 공감대를 고려할 때 논란의 여지가 없
는 과학부정행위에 해당된다. 그러나 이러한 공감대가 과학연구의 역사상 항
상 존재했던 것도 아니었고 늘 현재와 같은 내용이었던 것도 아니었다.

세계의 모든 물체에 적용되는 보편적 힘의 수학적 형태를 제안했던 아이작
뉴턴은 만유인력 법칙에 보다 잘 들어맞도록 춘분, 추분점과 음파의 속도에
대한 자신의 계산값을 고쳤다. 달의 궤도에 대해 이전에 계산해 두었던 결과도
이 과정에서 '교정'되었다. 현재 기준으로 볼 때 명백한 자료조작에 해당되는
뉴턴의 이러한 행위는 그 당시에도 알려졌다면 당연히 문제시될 사안이었다.

구태여 계산결과를 고치지 않더라도 뉴턴의 이론과 데이터가 서로 일치하

지 않는 것은 아니었다. 그러나 뉴턴에게는 이런 비밀스러운 작업을 수행해야 할 이유가 있었다. 뉴턴은 당시 자연에 대한 설명은 입자간의 충돌과 같은 기계적인 방식으로 이루어져야 한다는 데카르트주의자와 논쟁 중이었다. 데카르트주의자들은 뉴턴이 만유인력에 대해 과학이론이 만족시켜야 할 이런 인식론적 기준에 합당한 인과적 메커니즘을 마땅히 제시해야 한다고 끊임없이 도전했다. "도대체 어떻게 태양이 텅 빈 공간을 지나 지구를 끌어당길 수 있는가?"라는 질문에 대해 스스로도 데카르트주의자로 출발한 뉴턴은 대답이 궁할 수밖에 없었고 결국에는 자신은 현상들 사이의 연관 관계(correlations)를 수학적으로 정확하게 기술하는 데만 관심이 있지 현상 너머의 궁극적인 원인을 찾는 (미시적) '가설'은 만들지 않는다고 응수했다.

이는 과학이론이 갖추어야 할 최고의 덕목으로 현상과의 일치를 주장한 것이나 다름없었다. 결국 뉴턴으로서는 경험적 증거가 완벽하게 자신의 이론을 지지해 주어야 했다. 뉴턴에게 현상이 이론에 '불일치하지 않음'은 부족했고 계산결과를 수정해 가면서까지 '인상적인 일치'를 얻어내야만 했던 것이다. 뉴턴의 연구노트를 꼼꼼하게 분석한 과학사학자 웨스트팔의 지적처럼 다른 사람이 쉽게 이해하기도 어려운 책을 쓴 위대한 수학자 뉴턴 스스로가 자료를 조작했을 때 그것을 알아챌 수 있는 사람은 많을 수가 없었다.

뉴턴의 예는 과학자가 자신이 확신을 가지고 있거나 깊은 애착을 갖고 있는 이론과 경험적 증거가 일치하는 정도를 다른 사람들에게 인상적으로 보이기 위해 왜곡해서 높이는 것이 연구부정행위인지에 대한 판단을 요구한다. 없는 데이터를 지어내는 일보다는 훨씬 정도가 낮지만 이런 행위 역시 바람직스럽지 못한 것임은 분명하다. 다른 연구자가 이론과 데이터 사이의 불일치를 다른 원인으로 설명할 수 있는 여지를 사전에 제거해 버리는 셈이기 때문이다.

그렇다면 연구자가 (구체화시킬 수는 없는 근거에 입각하여) 특정 데이터를 계산과정에서 누락시키는 행위는 어떠한가? 전자의 전하량을 측정한 유명한 실험에서 밀리컨은 자신이 실험장치가 제대로 작동하지 않는 상황에서 얻어졌다고 판단한 데이터를 최종 계산과정에서 제외했다. 그러나 밀리컨은 자신이 제외한 실험상황에서 무엇이 문제인지를 분명하게 기록하지도 않았고,

실험 당시에조차 무엇이 문제인지를 구체적으로 지적할 수 있었는지는 확실
하지 않다. 이 경우 밀리컨은 훌륭한 과학자만이 발휘할 수 있는 놀라운 수준
의 분별력을 발휘한 것인가, 아니면 데이터의 집중도를 높이기 위해 무의식
적인 깎아내기(trimming)를 수행한 것인가?

　무의식적인 깎아내기를 수행한 것으로 의심받는 과학자로는 유전학의 아버
지로 불리는 멘델도 있다. 현대 통계학의 거장이자 집단 유전학의 창시자 중
한 사람인 R. A. 피셔는 1936년에 멘델의 완두콩 실험 데이터를 통계학적으로
분석해서 데이터와 멘델의 이론 사이의 일치가 지나칠 정도로 완벽하다는 결
론에 도달했다. 여기서 지나칠 정도로 완벽하다는 것은 통계적으로 그런 완벽
한 데이터를 얻을 수 있는 확률이 매우 낮다는 의미이다. 그럼에도 불구하고
피셔는 요즘 용어로 멘델의 연구자로서의 '진실성(integrity)'을 의심하지는 않
았다. 피셔는 멘델이 어쩌면 다양한 이유에서 의심스러운 콩 줄기를 자신의
실험 밭에서 뽑아내어 어느 한 구석에 모아 두었을 것이라고 짐작했다. 혹은
실험 초기에 이미 유전법칙에 대한 이론을 완성한 멘델이 완두콩을 분류하는
과정에서 경계에 있는 콩들을 유전법칙에 일치하는 방식으로 분류했을 수도
있다. 멘델을 오명에서 구하기 위해 피셔는 자신이 제기한 문제점을 해결해
줄 희생양까지 가정하기도 했다. 알려지지 않은 멘델의 조수가 스승의 법칙에
일치하도록 은밀하게 완두콩 줄기들을 선택했다는 것이다. 중요한 점은 멘델
도 밀리컨이 그랬던 것처럼 모든 데이터를 전부 기록하기보다는 자신이 생각
하기에 적합하다고 생각하는 데이터만을 기록했던 것처럼 보인다는 점이다.

　실험과정에서 수집한 모든 데이터를 기록하고 출판해야 한다는 일반적인
권고는 연구자가 무엇이 잘못되었는지 분명하게 알고 있는 실험상황에서 수
집된 데이터에도 적용되는 것은 아니다. 그럼에도 불구하고 데이터의 신뢰도
에 대해 연구자의 오랜 경험에 따라 직관적으로 판단하는 것과 무의식중에
자신이 염두에 둔 이론에 일치하는 방식으로 데이터를 깎아내기 하는 것의
경계는 그리 분명하지 않다. 다음 절에서도 알 수 있듯이 실험자의 암묵지
(implicit knowledge)가 완전하게 명시화될 수 없다는 점을 고려할 때, 연구부
정행위와 연구자의 현명한 판단 사이의 정확한 경계는 연구부정행위가 어떻

게 규정되든지 여전히 흐릿한 채로 남아 있을 가능성이 높다.

현대 생물학의 중심이론인 진화론을 체계화시킨 찰스 다윈은 과학부정행위와 표준적 연구수행의 미묘한 경계를 보여주는 또 다른 과학자이다. 『종의 기원』을 발표한 지 13년이 지난 1872년에 다윈은 『인간과 동물의 감정표현』을 출판한다. 이 책은 인간 행태를 형질로 간주하여 이의 진화적 기원을 다룬 책으로서 현재 사회적 논란의 중심에 있는 진화심리학의 선조쯤으로 여겨질 수 있다. 하지만 당시에 이 책은 첨단 기술인 사진을 과학적 논의에 폭넓게 사용한 것으로도 유명했다. 이 사진들은 다윈이 인류의 다양한 문화에 보편적으로 나타난다고 본 기쁨, 슬픔, 놀람, 혐오, 분노, 수치 등의 감정을 표현하는 얼굴사진이었다.

〈그림 1〉 다윈의 『인간과 동물의 감정표현』(1872)에 수록된 삽화의 유래. 맨 위의 사진을 인위적으로 얻은 뒤 오른쪽 아래 사진에서 손과 전극을 지운 후 이를 기초로 왼쪽 아래 삽화를 그렸고 최종적으로 이 삽화가 책에 수록됨

1998년 이 책의 3판 출간이 준비되면서 몇몇 학자들에 의해 이 사진 중 일부가 '도에 지나치게' 수정되었다는 사실이 발견되었다(Darwin 1998). 다윈은 당시 사진 촬영과정이 순간적인 감정변화를 포착하기에는 너무 느리다는 점을 늘 안타까워했고 사진의 대부분이 즉흥적인 순간을 포착한 것이 아니라 의도적으로 자세를 취하게 한 후 촬영된 것이며 게다가 일부는 이해를 돕기 위해 '보정'되었다는 점도 인정했었다. 그러나 새롭게 발견된 사실은 그런 인정을 넘어선 것이었다. 19세기 당시 얼굴에 전극을 부착한 후 전류를 통하게 하여 얼굴 근육을 자극하는 방법이 개발되어 있었는데 다윈은 이 방식으로 '만들어진' 얼굴 표정 사진을 자신의 책에서 사용했던 것이다. 물론 그 과정에서 얼굴에 붙은 전극은 수정을 통해 제거했다. 또한 책의 매우 유명한 울고 있는 아기 사진은 실제로는 사진이 아니라 사진처럼 꾸며진 그림으로 판명되었다.

다윈이 수행한 일련의 사진조작은 현재 과학연구 관행에 비추어 볼 때는 논란의 여지가 없는 위조 및 변조에 해당되는 것이다. 그러나 뉴턴과 마찬가지로 다윈에게도 고려할 만한 정황이 존재했다. 현재는 너무도 중요한 과학적 자료로 여겨지는 사진이 다윈 당시에는 아직 경험적 증거로서 확고한 지위를 확보하지 못했다. 사진을 찍고 나면 사진의 윤곽을 보다 분명히 하고 전체적으로 멋있게 보이도록 사진을 보정하는 일은 자연스러운 일로 여겨졌고 널리 시행되었다.

다윈의 사진에 대한 태도도 이런 맥락에서 이해해 볼 수 있다. 즉, 다윈이 책을 출간하던 시기에 사진은 과학연구에서 제시된 이론을 설명하는 예시적 도구로서의 지위에서 이론을 입증하는 경험적 증거로서의 지위로 막 넘어가려던 참이었다. 이 이행 과정에서 사진이 경험적 증거가 되기 위해 허용 가능한 수정(예를 들어 전체 밝기를 일률적으로 높이는 행위)과 허용 가능하지 않은 수정(사진 일부를 확대하거나 합성하는 행위)의 범위와 정도에 대한 자세한 규정이 마련되어 가는 중이었다. 이러한 기준이 마련되기 전에 연구를 하고 출판을 한 다윈을 현재 과학의 잣대로 재단해서는 곤란하다는 지적이 있을 수 있다(Judson 2004, 2장).

현재의 기준을 과거에 적용하는 것은 과거 과학을 제대로 이해하기 위해 반드시 피해야 할 태도이다. 그럼에도 불구하고 다윈이 자신의 사진을 자신의 이론을 지지해 주는 경험적 증거가 아니라 인간의 감정표현의 보편성이 어떤 것인지를 예시하는 도구로 의도했다는 주장을 뒷받침할 분명한 증거는 없다. 오히려 다윈이 자신이 제시한 사진 자료가 여러 문화를 가로지르는 인간 얼굴 표정의 보편성을 객관적으로 확인해 주며 이는 다시 인간 감정의 표현이 보편적인 진화의 산물임을 시사한다고 생각했을 가능성이 높다. 그러므로 다윈에게 완전한 면죄부를 주기는 어려울 것이다. 아마도 균형 잡힌 해석은 다윈이 '허용 가능하리라' 생각했던 사진의 위조와 변조가 현재 잘 확립된 경험적 증거로서의 사진 자료에 대한 우리의 견해에 따르면 '허용가능하지 않다'는 것이다.

이 지점에서 우리는 과학부정행위와 허용가능한 연구수행과의 경계가 역사적으로 유동적이었음을 알게 된다. 그리고 아마도 이러한 유동성은 동일 시대에도 연구 분야가 달라지면 또 다시 나타날 것이다. 정확한 연구노트 작성에 부여하는 중요성의 정도에 있어 특허권이나 우선권 경쟁이 극심한 연구 분야와 그렇지 않은 분야 사이에는 현재에도 상당한 차이가 있다고 한다. 그러므로 과학부정행위의 경계는 시대와 연구 분야에 따라 변할 수 있다는 점은 분명하다. 그럼에도 불구하고 과학부정행위라는 개념 자체가 무의미한 것이라는 극단적으로 상대주의적 태도를 견지할 근거는 없다. 시대와 연구 분야를 충분히 상세하게 제한하면 허용가능하지 않은 연구부정행위와 허용 가능한 연구관행의 범위가 비교적 분명하게 구별되기 때문이다. 어쩌면 다윈은 그 당시 과학연구의 관행을 고려할 때 허용가능한 (그럼에도 불구하고 바람직하지는 않은) 자료처리를 한 것일 수 있다. 그러나 누군가가 그렇기에 다윈과 같은 행위가 현재에도 허용될 수 있는 과학연구의 방식이라고 주장한다면 억지를 부리는 것이라고밖에 볼 수 없다.

IV. 경계짓기의 어려움(2):
재현, 실험자 회귀, 경쟁적 연구환경

과학부정행위가 심각하게 다루어져야 하는 이유는 다소 역설적이지만 과학연구에서 다른 과학자의 연구결과를 평가하는 데 상당한 인식론적 한계가 존재하기 때문이기도 하다. 과학연구, 특히 첨단의 과학연구는 전 우주를 설명하는 수학방정식의 이미지로 상징되는 상식적 과학관이 시사하는 것보다 훨씬 더 장인(匠人)적 성격이 강하다. 한 실험실에서 오랫동안 발전시켜온 실험기법이나 연구결과를 다른 실험실에서 그대로 재현(replication)해 내거나 검증하는 일은 그리 쉬운 일이 아니다. 특히 이미 실험이 성공적으로 이루어졌는지의 여부를 판단하는 기준이 잘 확립된 레이저 만들기와 같은 완성된 연구가 아니라 이러한 기준 자체를 연구과정에서 합의하여 만들어 나가야 하는 중력파 검출과 같은 첨단 연구의 인식론적 상황은 매우 다르다. 후자에서는 다른 사람의 연구결과를 재현할 수 있는지 여부와 실험가의 능력에 대한 판단이 연관되는 경우가 많다.

이런 상황에서는 콜린스가 말한 실험자의 회귀(Experimenters' Regress)[2]가 일어날 수 있다. 즉, 실험결과로부터 이끌어낼 수 있는 결론이 무엇인지만이 아니라 실험결과 자체가 신뢰할 만한 것인지의 여부 또한 논쟁의 대상이 되며, 이 두 논점이 서로 뒤엉켜서 인식론적으로 풀기 힘든 실타래처럼 되는 것이다. 상온 핵융합의 사례에서와 같이 이런 경우는 동일한 실험결과에 대한 서로 경쟁하는 해석 간의 논쟁으로 봐야할지 아니면 연구부정행위의 사례로

---

[2] 과학사회학자 해리 콜린스가 제안한 개념으로 실험이 제대로 이루어졌는지에 대한 판단이 실험과정에서 기구가 제대로 작동했는지에 대한 판단 그리고 그 기구를 다루는 실험자가 충분한 능력을 가지고 있는지에 대한 판단과 맞물려서 이들 판단의 근거가 상호순환적이 되는 현상을 지칭한다. 예를 들어, 70년대 초에 중력파를 검출했다고 주장한 웨버의 비판자들은 자신들이 웨버의 실험결과를 재현할 수 없었다는 점을 지적했고 웨버는 이에 대해 다른 실험가들이 충분한 숙련을 갖추지 못했다고 응수했다. 중력파처럼 실험이 제대로 이루어졌는지에 대한 독립적 판단기준이 미리 존재하지 않는 경우에는 중력파가 진정으로 검출되었는지의 여부는 이처럼 어떤 실험가를 믿을 것인지의 문제로 환원되기도 한다. 콜린스는 이런 순환적 구조에서 탈출할 수 있는 방법은 과학자들의 사회적 상호작용을 통한 합의도출이라고 강조했고 이 과정에서 인식론적 기준이 차지하는 역할은 제한적이라고 주장했다.

보아야 할지를 명확하게 판단하기 쉽지 않다(Collins and Pinch 1998, 3장).

게다가 현대의 과학연구 환경은 연구결과의 우선권을 놓고 과학자 사이의 경쟁이 매우 치열하다. 이런 극한적 경쟁하에서는 다른 사람의 연구를 그대로 재현하거나 다른 사람 연구에서 무엇이 잘못되었는지를 밝혀내는 것만으로는 좋은 연구업적으로 인정받기 힘들다. 그래서 연구자들은 다른 연구자가 새로운 연구결과를 발표하면 그 사실을 확인하려고 드는 경우가 많지 않다. 그보다는 '왜 내가 먼저 그런 방식으로 실험을 해서 결과를 낼 생각을 못 했을까' 하고 안타까워하면서 그 연구결과에 기초하여 관련된 새로운 연구를 수행하려고 시도한다. 그래야만 치열한 연구 경쟁에서 살아남을 수 있는 것이다.

이와 같은 경쟁적 연구 환경이 나쁜 것만은 아니다. 오히려 다른 연구자의 연구결과를 기반 삼아 지속적으로 새로운 연구결과를 쌓아갈 수 있다는 점에서 과학적 생산성을 높이는 데 기여할 수도 있다. 하지만 경쟁적 연구 환경이 생산적이기 위해서는 연구자들이 다른 연구자의 연구결과에 대해 보편적으로 신뢰할 수 있어야만 한다는 점을 기억해 둘 필요가 있다. 하지만 생산적 연구 환경에 필수적인 이런 보편적 신뢰가 동료심사 제도를 통해 확고하게 지켜지리라 기대하는 것은 비현실적이다. 동료심사 과정의 엄정함이 아니라 자신의 연구결과로 평가받고 보상받는 현 연구 환경하에서 동료심사 제도를 잘 정비함으로써 과학부정행위가 근절되리라 믿는 것은 순진하다고까지 말할 수도 있다.

이런 상황에서 포괄적으로 이해된 과학연구윤리는 단순히 부정행위를 적발하는 소극적인 의미에서가 아니라 경쟁적인 연구 환경에서 생산적인 과학연구를 가능하게 하는 연구자들 사이의 보편적 신뢰를 유지해 주는 중요한 버팀목이 될 수 있다. 과학자로서 훌륭한 업적을 내는 것만큼이나 다른 연구자들에게 정확한 정보를 제공하고 책임 있는 방식으로 연구를 수행하는 것이 중요하다는 사실을 인식하는 것이 생산적인 과학연구에 결정적으로 중요하다는 점에는 의심의 여지가 없다.

V. 유럽과 미국의 연구윤리 패러다임: '바람직한 연구실천'과 '책임 있는 연구수행'

바람직한 연구수행에서 경계짓기의 어려움은 연구윤리와 관련된 직관이 제도화되는 과정에서 다양한 형태로 나타난다. 이러한 다양한 형태는 연구윤리의 제도화 과정에서 국소적 맥락이 차지하는 중요성을 부각시킨다. 이 점을 보다 분명히 인식하기 위해 유럽과 미국의 연구윤리 정책을 살펴보자.

유럽과 미국의 연구윤리정책은 상당한 차이점이 있다. 하지만 차이점에 대해 살펴보기 전에 우선 상당한 부분에 걸쳐 존재하는 공통점에 대해 간단히 살펴보자. 유럽은 '바람직한 연구실천(Good Research Practice)'이라는 용어를 사용하고 미국은 '책임 있는 연구수행(Responsible Conduct of Research)'이라는 용어를 사용하여 자신들의 연구윤리 정책이 지향하는 바를 제시하고 있다. 두 용어 모두 과학연구에 있어서 지향해야 할 연구수행 방식과 그렇지 못한 방식이 존재하며 지향해야 할 연구방식을 다양한 홍보와 교육을 통해 장려하고 그렇지 못한 방식에 대해서는 여러 수준의 처벌과 대응조치로 제재를 가한다는 점을 시사한다.

유럽과 미국 모두 수많은 과학연구 부정행위가 드러나면서 사회적으로 연구윤리의 필요성에 대한 공감대가 확산되면서 제도적 차원의 구체적인 조치가 요구된다는 인식하에 이러한 지향점과 대응방식이 나타나게 되었다. 그러므로 유럽과 미국의 연구윤리 정책의 공통점에 관한 한 현재 우리나라에서 전개되고 있는 연구윤리 정책 제정 움직임과 큰 차이가 없다고 할 수 있다.

하지만 구체적으로 연구윤리의 내용과 부정행위에 대한 규정 및 처벌을 어떻게 이해할 것인지에 대해서는 유럽과 미국은 상당한 차이를 보인다. 이는 앞으로 보다 구체적인 방식으로 우리나라에 적합한 연구윤리 정책을 펴나갈 우리나라에게 시사하는 바가 크다. 즉, 연구윤리 정책에는 '왕도'라는 것은 아주 부분적으로만 존재하며 (예를 들어 미국과 유럽의 모든 나라의 연구윤리 정책이 공유하는 몇 가지 특징) 나머지 길의 대부분은 각각의 나라가 처한 구체적인 사회문화적 배경 및 연구자 사회의 특성에 민감한 방식으로 만들어 나아가야 한다는 사실이다.

우선 미국의 '책임 있는 연구수행' 개념을 살펴보자. 여기서 핵심적인 부분은 '책임 있는'이라는 수식어이다. 간단히 말하자면 미국의 연구윤리 정책은 개별 연구자가 동료 연구자에게 '책임 있는' 방식으로 연구결과를 제시하고 평가받으며 동료 연구자의 후속 연구에 영향을 주는 부분에 초점이 맞추어져 있다. 그러므로 이 과정에서 문제가 되는 행위는 수행하지도 않은 연구결과를 제시하거나(위조(fabrication)), 연구결과를 적당히 수정하여 거짓된 결론을 이끌어 내거나(변조(falsification)), 다른 사람의 연구결과나 독창적 생각을 인용 없이 마치 자기 것인 양 사용하는 행위(표절(plagiarism))에 집중되게 된다. 왜냐하면 이 위조, 변조, 표절의 세 행위는 학자들 사이의 표준적인 정보소통 과정의 안정성을 해치는 행위이기 때문이다. 연구자들은 서로 '책임 있는' 방식으로 자신의 연구결과를 발표하고 공유하여 지식의 성장에 이바지해야 한다는 암묵적인 가정을 공유하고 있다. 이러한 가정에 입각하여 볼 때 연구자들이 '책임 있는' 방식으로 연구를 수행하는 것은 당연히 그들의 연구에 필수적인 연구결과와 관련된 정보공유에서 진실성을 보장하는 것이다. 그런 이유로 미국의 연구윤리 정책은 연구수행의 '진실성'을 확보하는 데 초점이 맞추어져 있고 현재 부정행위로 규정되어 있는 것은 이러한 연구의 진실성을 훼손하는 행위에 국한하고 있다(이준석, 김옥주 2006).

그러나 연구윤리의 문제는 연구의 진실성과 관련된 문제에 국한되지 않는다. 우리나라의 황우석 연구팀 사례를 비롯하여 세계적으로 문제가 된 여러 바람직하지 않은 연구행위 사례에서 특별히 문제시되었던 부분은 명예저자의 문제를 포함한 저자표시 문제와 이해관계 충돌의 문제, 실험실 생활 문제 등이었다. 미국의 연구윤리 정책 담당자들도 이 점을 잘 인식하고 있고 연구윤리 교육을 수행할 때는 이 모든 영역에 대한 교육을 위조, 변조, 표절에 대한 교육만큼이나 강조하고 있다. 그렇다면 미국은 왜 연구 부정행위의 영역을 이렇게 좁게 정의한 것일까?

직접적이고 현실적인 이유는 원래는 위조, 변조, 표절과 함께 존재하던 '일반적인 연구관행에서 심각하게 벗어나는 행위' 문구가 과학자들의 반대로

1992년 이후 과학연구 부정행위 정의에서 사라진 과정에서 찾을 수 있다. 미국의 연구윤리 정책은 연구부정행위를 해석의 여지를 남기지 않고 매우 세밀하게 정의한 후 그 정의를 정확하게 적용하여 처벌과 대응방식을 프로토콜화한 것이다. 이는 법적 분쟁에 익숙한 미국 사회의 현실을 그대로 반영한다. 연구부정행위처럼 고소인이나 피고소인 모두 상당한 이해관계가 달려 있고 논란의 여지가 많은 사안에 대해 모호한 윤리적 규정의 상태로 남겨 두었다가는 법적 대응에 있어 실패할 가능성이 높기 때문이다. 실제로 미 연구윤리국은 볼티모어 사건을 비롯한 몇 건의 유명한 부정행위 사건에서 패소한 경험이 있다(Judson 2004, Keveles 1998). 이런 이유로 과학자들이 모호한 문구를 문제 삼았을 때 더 이상 버티기가 힘들었을 것으로 짐작된다.

정리하자면 미국의 연구윤리 정책의 핵심은 다음과 같다. 미국의 정책입안자들도 연구 수행과정에서 발생할 수 있는 윤리적 문제 상황이 단순히 위조, 변조, 표절의 세 가지로 국한되지 않는다는 점을 잘 알고 있었을 것이다. 그러나 이 세 가지 행위는 미국적 상황에서 연구부정행위로 규정될 만한 좋은 특징을 두 가지 가지고 있었다. 첫째는 이 세 행위는 적절한 저자표시 문제와 같은 다른 연구부정행위에 비해 훨씬 논란의 여지가 적은 방식으로 세밀하게 규정할 수 있고, 부정행위 의심사건이 터졌을 때 관련 자료를 수집하거나 법적 공방 상황에서 비교적 예상할 수 있는 대응방식을 취할 수 있다. 그러므로 이 세 행위만을 연구부정행위로 규정하는 것은 행정적 이점이 있다고까지 할 수 있다.

그리고 이 세 부정행위는 그저 이런 행정적 이점 때문에 임의로 선택된 것이 아니라 다양한 바람직스럽지 못한 연구행위 중에서 특별히 연구의 '진실성(truthfulness)'에 관련된 부분에 해당된다는 공통점을 가진다. 즉, 연구자가 동료연구자들의 관련 연구행위에 잘못된 정보를 제공하여 부당하게 영향을 주거나 동료 연구자의 연구결과를 사용하면서 부당하게 그 공로를 인정하지 않은 부분에 대해 책임을 묻는다는 의미를 가지는 것이다. 이런 이유로 미국의 연구윤리 정책은 여러 의미에서 '책임 있는' 방식으로 연구를 수행할 것을 연구자들에게 강조하게 되고 연구윤리의 다른 주제들은 다양한 교육 프로그램에는 중요하게 다루어지되 연구의 진실성을 강조하는 '책임 있는 연구수행'이라는 개념에는 적극적으로 반영되지 못한 것이라고 해석할 수 있다.

이에 비해 유럽의 연구윤리 정책은 상당히 다른 접근을 취한다. 우선 연구부정행위를 적극적으로 세밀하게 규정하기보다는 연구 활동이 지향해야 할 이상적인 연구과정을 '바람직한 연구실천'으로 먼저 규정한 후 이에 미치지 못한 다양한 수준의 바람직하지 못한 연구실천을 간접적으로 규정하고 있다. 이는 연구윤리 정책의 초점이 연구 부정행위에 있는 것이 아니라 그와 반대 개념인 바람직한 연구실천에 있다는 점을 강조하는 것이다(김명진, 2006).

조금 더 부연설명하자면 다음과 같다. 연구수행에서 한 연구자가 수행할 수 있는 행위는 '바람직한 연구실천'에서 권고하는 모든 사항을 준수하는 매우 훌륭한 행위부터 실험 자료의 위조나 연구비 횡령처럼 분명하게 잘못되었으며 적절한 처벌까지 요구되는 행위까지 다양한 스펙트럼을 형성할 것이다. 여기서 미국의 연구윤리 정책은 이 스펙트럼의 바람직하지 못한 축에 근접한 영역을 연구부정행위로 엄격하고 분명하게 규정한 후 이에 대한 구체적인 처벌 규정을 시행하는 한편 나머지 영역에 대해서는 교육을 통해 대처하는 것이다.

이에 비해 유럽의 연구윤리 정책은 이 스펙트럼의 바람직한 축에 근접한 영역을 자세히 설명한 후 이에 미치지 못한 영역 모두에 대해 자신들이 규정한 바람직한 연구 영역을 본받아 전체 과학자의 연구윤리 수준을 향상시키자고 권고하는 것이라 할 수 있다. 물론 유럽도 (특히 독일과 영국) 몇몇 바람직하지 못한 연구행위에 대해서는 일반적 규정과 처벌방식을 마련해놓고 있다. 그러나 이 경우에도 법률적인 색채가 짙은 부정행위(misconduct)라는 용어보다는 도덕적 색채가 짙은 '부정직성(dishonesty)'이라는 용어를 더 선호하고 있다. 이 점에 있어서도 유럽의 연구윤리 정책의 초점이 부정직성 행위를 처벌하는 것보다는 바람직한 연구실천을 진작시키는 데 두어지고 있음을 알 수 있다.

VI. 관점바꾸기:
연구의 자율성 확보와 바람직한 과학연구

일반적으로 구체적인 처벌의 대상이 되는 과학연구 부정행위는 FFP (Fabrication, Falsification, Plagiarism)로 분류된다(유네스크한국위원회 편 2001). 5절에서 살펴보았듯이 이와 같은 방식으로 연구 부정행위를 좁게 이해하는 것은 주로 미국의 경향이다. 그리고 그렇게 연구 부정행위를 규정하게 된 데에는 미국 사회의 역사적 배경에 고유한 나름대로의 이유가 있다. 미국적으로 이해된 FFP의 내용을 살펴보면 데이터의 위변조를 통해 데이터와 그 데이터로부터 도출되는 결론 사이의 증거 관계를 오도할 수 있는 가능성과 다른 사람의 아이디어나 연구결과를 무단으로 도용할 수 있는 가능성에 대한 염려를 담고 있다. 이렇게 보면 이 세 범주의 부정행위는 한 과학자가 동료 과학자의 연구를 (잘못된 정보를 제공함으로써) 방해하거나 (연구결과를 부당하게 사용함으로써) 훼손하는 '무책임한(irresponsible)' 행위로 이해되고 있음을 알 수 있다. 미국에서는 이 세 가지 '무책임한' 행위로 과학연구 부정행위를 제한할 것인지 아니면 저자의 권리를 공정하게 배분하는 문제나 실험실 운영의 적절한 방식과 같은 연구과정에서 발생할 수 있는 다른 윤리적 상황에서 과학자 사회의 관행에서 현저하게 벗어나는 행위 또한 과학부정행위로 간주할 것인지를 놓고 논쟁이 있어 왔다(Keveles, 1998). 이 점을 고려할 때 미국의 입장은 전체적으로 한 과학자가 다른 과학자에게 비난받을 만한 일을 하지 않고 책임 있는 방식으로 연구를 수행하는 것을 연구윤리의 초점으로 생각한다고 볼 수 있다.

그에 비해 유럽의 입장은 상당히 다른 출발점을 가진다. 유럽은 미국보다 연구부정행위에 대한 규정이나 연구윤리가 다루어야 할 주제에 대해 훨씬 포괄적인 입장을 견지하고 있다. 이는 연구윤리 논의의 목표를 '바람직하다(good)'고 여겨질 수 있는 과학연구 관행을 진작시키는 데 두고 있기 때문이다. 예를 들어, 저자의 권리를 연구에 기여한 정도에 알맞게 배분하고 명예저자를 포함시키지 않는 일은 그 일에 소홀했다고 데이터를 날조한 것과 동일한 수준의 연구부정행위로 간주될 수 있는 일은 아닐 것이다. 논문에 기여한 바 없이 이름을 올리는 명예저자 부여가 다른 과학자의 연구를 방해하거나 훼손하는 경우는 많지 않을 것이기 때문이다.3) 독일에서는 최근까지도 명예 저자가 상당히 일반적이었다고 하는데 이 경우 명예저자를 부여하는 행위는 과학자들의 연구관행에는 부합했다고 할 수 있다.

그럼에도 불구하고 명예저자 부여가 널리 받아들여질 만한, 모범적인 연구 관행이라고 생각하는 사람은 없을 것이다. 이와 같이 바람직한 연구 실천 (Good Research Practice)을 진작시키고 그렇지 못한 연구 관행을 고치려고 노력하는 일은 연구부정행위를 적발하고 처벌함으로써 얻어질 수 있는 책임 있는 연구 수행(Responsible Conduct of Research)을 넘어서 과학연구 전반을 더 나은 방향으로 향상시키는 데 도움을 줄 수 있을 것이다(Cf. 조은희, 2006).

이런 차이점을 고려할 때 필자는 최근 한국에서의 연구윤리 문제가 엄격한 처벌기준이 필요한 좁은 의미의 연구부정행위와, 보다 훌륭한 연구 실천을 고양하기 위한 넓은 의미의 바람직하지 못한 연구행위를 모두 포괄적으로 다루면서 논의되어야 한다고 생각한다. 이렇게 연구부정행위를 보다 넓은 맥락에서 이해하는 것은 개별과학자가 본질적으로 가치적재적인 활동으로 과학연구 과정을 보다 적극적으로 파악하면서 바람직하고 생산적인 과학연구를 나름대로 실천해 나갈 수 있는 발판을 제공해 줄 수 있을 것이다(이상욱 2006).

또한 연구행위를 넓은 맥락에서 이해함으로써 과학기술 연구자로 하여금 연구부정행위가 개별과학자의 '양심적 연구수행'으로 제거될 수 있는 비이성적 행위라기보다는 집단적인 방식으로 과학지식을 만들어가는 과학연구의 속성상 과학자 집단이 공유하는 공감대에 호소하여 훌륭한 연구실천과 일탈적 연구행위가 규정될 수밖에 없다는 점을 인식하게 해줄 것이다(Resnik 1998, Shamoo and Resnik 2003).

정리하자면 연구부정행위의 모호한 철학적 경계에 대한 인식은 연구부정

---

3) 물론 명예저자로 저명한 과학자를 '모셔 와서' 허술한 논문의 신뢰도를 높이려는 경우 동료 과학자들에게 논문의 수준에 대한 잘못된 정보를 준다고 할 수 있다.

행위 개념을 무용하게 만드는 것이 아니라 오히려 '연구의 자율성'과 '부정행위에 대한 규제'를 서로 상충되는 것이 아니라 동전의 양면처럼 긴밀하게 연결되어 있는 것으로 바라볼 수 있게 해준다. '연구의 자율성'은 개별 연구자가 보다 넓은 사회문화적 맥락과 적극적으로 상호작용하는 과학자 집단의 건전한 공감대에 상대적으로 주어질 수밖에 없는 것인데 이러한 공감대는 원칙적으로 바람직하고 권장될 만한 연구수행과 그렇지 못한 연구수행에 대한 역사적이고 맥락의존적인 기준을 포함할 수밖에 없기 때문이다. 이처럼 '연구의 자율성'과 부정행위를 포함한 과학기술자들의 연구행위에 대한 과학자 사회 내부, 외부의 규제를 본질적으로 연결시킴으로써 우리는 과학기술자들의 과학기술 윤리 강령에 대한 보다 적극적인 태도를 이끌어낼 수 있을 것이다. '연구의 자율'은 연구자들의 바람직한 연구실천을 통해 확보되는 것이지 공짜로 주어지거나 외부적 규제에 의해 만들어지는 것이 아닌 것이다.

필자는 이상의 논의를 통해 우리나라에서 최근 진행되고 있는 연구윤리의 제도화 과정에서 과학부정행위를 처벌하는 일보다는 '바람직한' 연구수행을 진작시키는 일을 더 강조해야 한다고 주장했다. 그리고 이러한 주장에 대한 근거로 과학연구 활동이 갖는 근본적인 역사적, 맥락의존적 성격과 그것에서 파생되는 과학자 집단의 자율성 발휘의 중요성을 제시했다. 필자가 보기에 과학연구 활동이 갖는 우발적 성격과 역사적 맥락을 모두 고려하는 것은 문화적 활동으로 과학연구를 파악하는 데 필수적이다. 과학 연구를 자연이 보여주는 사실을 기계적으로 읽어내는 작업으로 파악할 때 인류의 실천적 창조행위로서의 문화적 활동으로 여겨질 수 있는 여지는 거의 없기 때문이다.

필자가 과학연구윤리에 대한 논의를 통해 보여주려고 노력한 것은 일차적으로는 과학 활동이 예술이나 건축과 같은 다른 문화적 활동과 마찬가지로 사회적 고려나 윤리적 판단을 요구하며 과학자들은 성공적인 연구를 위해서는 동료 과학자들과의 끊임없는 협의를 통해 이러한 고려와 판단을 수행해야 한다는 점이다. 그리고 보다 근본적인 의미에서 필자의 의도는 과학연구 활동이 지니는 이와 같은 문화적 요소가 과학연구를 주관적으로 허약하게 만드는 것이 아니라 실제로는 공동체적 결단에 기초한 강건한 활동으로 만든다는 것이다. 만약 과학연구 활동과 관련된 윤리 규범이 과학 외부에서 거저 주어지는 것이라면 과학자들은 자신들의 연구 활동이 가지는 문화적 측면에 대해 항상 수동적일 수밖에 없다. 하지만 이 글에서의 필자 주장이 옳다면 과학연구윤리의 구체적인 부분은 과학자 스스로가 만들어나갈 수밖에 없으므로 과학 활동에 외재적일 수 없다. 결국 과학연구윤리에 대한 고찰을 통해 우리는 과학연구의 문화적 측면이 과학 활동에 내재적이며 생산적일 수 있음을 확인하게 되는 것이다.

참고 문헌

김명진 2006,「연구 진실성의 쟁점과 역사적 형성: 유럽 각국의 정책과 사례를
    중심으로」,『제2차 시민과학포럼 자료집』, 1-24쪽.
유네스코한국위원회 편 2001,『과학연구윤리』, 서울: 당대.
이상욱 2006,「가치적재적 과학과 과학연구의 유연성」,『과학과 기술』, 36(2)
    91-92쪽.
이준석, 김옥주 2006,「연구 부정행위에 대한 규제 및 법정책 연구: 미 연구진
    실성관리국(ORI)의 사례를 중심으로」,『제2차 시민과학포럼 자료집』,
    25-76쪽.
조은희 2006,「볼티모어사건을 통해 본 실험기록의 중요성」,『분자세포생물학뉴
    스』18(1): 64-66쪽.
Collins, Harry and Pinch, Trevor 1998, *Golem: what you should know about
    science*, 2nd edition, Cambridge: Cambridge University Press [국역:
    『골렘』, 이충형 옮김, 새물결]
Darwin, Charles 1998, *The Expression of the Emotions in Man and Animals*,
    London: HarperCollins.
Judson, Horace Freeland 2004, *The Great Betrayal, Fraud in Science*, Orlando:
    Harcourt.
Keveles, Daniel J. 1998, *The Baltimore Case, A Trial of Politics, Science,
    and Characters*, New York: W.W. Norton & Company.
Resnik, David B. 1998, *The Ethics of Science: An Introduction*, London:
    Routledge.
Shamoo, Adil E. and Resnik, David B. 2003, *Responsible Conduct of Research*,
    Oxford: Oxford University Press.

과학기술자의 사회적 책임:

'평화의 댐' 논쟁을 중심으로*

홍성욱
서울대학교

Ⅰ. 들어가는 말

보통 과학기술자들의 사회적 책임에 대한 논의는 과학기술자들이 그들의 연구의 내용에 대해서 가장 잘 알고 있고, 그 사회적 영향에 대해서도 가장 전문가다운 평가를 내릴 수 있다는 평가로부터 출발한다. 그렇지만 최근 과학기술학(Science and Technology Studies, STS)의 연구는 한 개인 연구자가 복잡한 과학기술 프로젝트 전부를 이해하기 힘들고, 그 사회적 영향도 예측하기 힘들다는 것을 보여주고 있다. 이러한 STS 연구는 과학기술자의 사회적 책임과 관련해서도 새로운 이해가 필요함을 제시하는데, 새로운 해석에 따르면 지금까지 전문가 윤리에서 중요하게 다룬 '내부고발'이나 '양심선언' 같은 '영웅적인' 행위만을 강조하는 것에 문제가 있으며, 이보다는 과학기술자들로 하여금 일상의 연구를 예의주시하면서 안전의 기준이 무뎌지는 것 등에 경각심을 가지게 하는 것이 더 의미가 있다는 것이다.

그런데 연구자들의 '영웅적인' 내부고발이 큰 역할을 하고 있는 우리 사회에서 일상적인 경각심만을 강조하는 것이 과학기술자들의 사회적 책임의 전부가 될 수 있을까?

* 이 연구는 2008년도 과학문화연구센터의 지원을 받아 수행되었음.

본 연구에서는 복잡한 과학기술 프로젝트의 사회적 영향을 예측하기 힘들다는 STS의 최근 성과를 수용하면서도, 동시에 윤리적 양심선언 같은 과학기술자의 도덕적 결단 같은 사회적 책임이 의미가 있을 수 있는 근거를 모색하려 한다. 이를 위해 본 연구는 과학기술자의 전문성(expertise)과 사회적 책임 사이의 관계를 다각적으로 분석해 볼 것이다. 여기에서는 한편으로 자신이나 타인의 프로젝트에 대해 사회적 책임을 지는 것이 그 프로젝트의 모든 기술적(technical) 세부사항을 온전히 이해하지 못해도 가능한 것임을 보이고, 또 다른 한편으로 과학기술 프로젝트를 사회적·정치적 맥락 속에서 보다 '전체적으로' 이해하는 것이 이에 대한 사회적 책임을 포용할 수 있는 중요한 근거가 될 수 있다는 점 또한 지적할 것이다. 일견 상충되어 보이는 이러한 논의들을 종합할 때, 과학기술자의 전문성과 사회적 책임 사이의 관계에 대한 보다 심도 깊은 이해가 얻어질 것이다.

이러한 목적을 위해서 본 연구는 1986-1987년 사이에 우리나라에서 숱한 논란을 불러 일으켰던 '평화의 댐(Peace Dam)' 사례를 분석할 것이다. 당시에도 평화의 댐에 관련되었던 과학기술자들이 직면한 문제는 여러 가지 분석에 내포되어 있었던 불확실성이었다. 북한의 금강산댐은 과연 국내 최대의 높이로 지어지는가? 그 저수 용량은 얼마인가? 이 댐이 남한에 대한 수공을 도발하기 위한 것이라는 증거는 얼마나 확실한가? 당시의 과학기술자들이 직면했던 이러한 문제들과 지금의 과학기술자들이 직면한 문제들―예를 들어, 핵연료처리장은 얼마나 안전한가? 새만금 방조제가 환경에 미치는 영향은 장기적으로 얼마나 심각할 것인가?―을 비교해 보면, 그 차이가 크지 않음을 알 수 있다.

과학기술자들의 사회적 책임의 문제가 어려워지는 지점은 과학기술자들이 확실하지 않은 상황에서 판단을 내려야 한다는 사실을 고려하면서부터이다. 그렇지만 불확실성이 책임 회피에 대한 윤리적 면책권을 부여하지는 않을 터인데, 바로 이 문제를 파헤쳐 보려는 것이 본 연구가 지향하는 바이다.

II. 20세기 과학사를 통해 본 과학기술자의 사회적 책임

몇 년 전에 우리나라 과학계를 뒤흔들었던 '황우석 사태' 직전에 당시 노무현 대통령은 황우석 박사에게 '윤리가 연구의 발목을 잡지 않도록 하겠다'고 했다. 돌이켜 보면 이 말은 마치 '황우석 사태'를 예견한 것 같았는데, 윤리가 연구의 발목을 잡지 않았기 때문에 무엇이든 자기 마음대로 할 수 있다고 생각한 연구자는 실험용 난자의 불법 채취는 물론 데이터 조작까지 서슴지 않았다. 이후 연구와 윤리의 관계에 대해서 많은 논의가 있었고, '연구'와 '윤리'가 결합된 '연구윤리(research ethics)'에 대한 사회적 관심이 높아졌다(김진원 외 2007; 과학기술부 2007).[1]

연구에 종사하는 과학기술자의 일상은 자신의 연구실(실험실)—전문가사회—시민사회의 세 층을 관통해서 중층적으로 존재한다. 연구실(실험실)에서는 연구와 관련된 연구윤리와 실험실 운영에 대한 윤리가 특히 문제가 된다. 정확한 통계의 사용, 엄정한 문헌의 인용, 위조와 변조가 없는 정직한 데이터의 사용, 인간과 동물 피실험자에 대한 생명 윤리, 윤리적인 논문 작성 등이 실험실 내의 연구윤리에 속한다. 뿐만 아니라 그는 연구 공간의 위계 구조의 정점에 있는 사람으로서 실험실을 민주적이고 투명하게 운영해야 할 책임이 있으며, 학생들이나 연구원들이 정직한 과학연구의 모범을 쿄이고 또 연구하기에 편안한 환경을 만들어 주어야 할 책임을 지고 있다(Mojor.-Azzi and Mojon 2004).

연구실(실험실)과 전문가사회를 이어주는 역할을 하는 것 중 하나가 논문의 출판이다. 여기에서는 논문 발표와 출판 윤리, 논문 심사의 윤리, 학회지 편집의 윤리 등이 문제가 된다. 연구자는 정확한 연구 방법과 분명한 표현을 사용하고, 같은 데이터를 가지고 비슷한 논문을 여럿 만드는 행위를 지양해야 하며, 논문은 한 번에 한 곳에 투고하고, 요약본을 다른 학술지에 투고할 때에는 반드시 그 이전 출판물의 서지사항을 밝혀야 한다. 선행연구를 인용할 때에도 가능하면 첫 연구자의 논문을 인용해야 하며, 경쟁자의 선행 연구

---

1) 연구윤리에 대한 최근 동향은 '연구윤리정보센터' 홈페이지에서 확인할 수 있다.
http://www.grp.or.kr/

를 인용하지 않는 것 같은 비윤리적인 태도 역시 지양해야 한다. 다른 사람의 특허나 저작권을 침해하지 않는 것도 공동체를 건강하게 유지하기 위해서 중요하다. 뿐만 아니라 학회의 업무나 결정 과정에서도 윤리적인 태도가 필수적인데, 예를 들어, 자신과 비슷한 연구를 하는 경쟁자들에 대해서 근거 없는 비방을 하거나, 여러 가지 선정과 심사에서 불이익을 주어서는 안 되는 것은 물론이다(Zigmond and Fischer 2002).

그런데 연구윤리에 대한 관심이 높아졌던 데에 비해서, 과학기술 연구가 낳는 윤리적인 문제들에 대한 논의는 충분하지 못했다. 이 원인에는 여러 가지가 있겠지만, 그중 한 가지는 20세기 서구 사회가 100년에 걸쳐서 과학기술의 발전을 겪으면서 이것이 낳은 문제 또한 온전하게 경험했음에 비해, 우리는 서구에서 이미 발전된 과학기술을 경제 발전의 도구로 선택적으로 들여와서 그 발전도 압축해서 경험했던 것에 있다고 볼 수 있다. 잘 알려져 있다시피, 20세기 과학기술의 발전은 인류에게 많은 혜택을 가져다준 데 비해서, 과거에는 존재하지 않았던 새로운 문제와 함께 이에 대한 윤리적 고민을 안겨주었다. 화학의 발전은 새로운 섬유와 재료, DDT 살충제와 같은 혁신을 가능케 했지만 독가스와 같은 무기나 환경오염을 낳았고, 물리학의 발전은 원자탄이라는 가공할 무기를 낳았다. 생물학의 발전은 생명공학을 통한 인슐린의 제조 같은 개가를 이뤘지만, 동시에 GMO나 줄기세포 연구를 둘러싼 끊임없는 논란을 야기했다. 최근 미래 꿈의 과학기술이라고 간주되는 나노기술과 관련해서도 인체에 침투해서 축적되는 나노입자의 위험성에 대한 문제가 계속 제기되고 있는 실정이다.

구미에서는 1930년대부터 과학기술자의 사회적 책임이 논의되기 시작했다. 이 시기에는 주어진 사회적 제도의 틀 내에서 공공의 문제, 특히 과학기술의 사용과 관련된 문제들에 대해 발언을 높여야 한다는 개혁주의 과학기술자들과 사회주의에 동조하면서 자본주의 사회의 변화를 촉구하던 급진적 과학기술자들의 두 그룹이 있었다. 그렇지만 이 두 집단 모두는 과학기술을 가치중립적인 활동으로 파악하며 그 올바른 사용에 관해서 논의했다는 공통점이 있었다. 즉, 이들 모두는 과학기술이 그 자체로서는 선하지만, 어떻게 사용하는가에 따라서 선하게도 혹은 사악하게도 사용될 수 있다는 입장을 가지고 있었던 것이다(Kuznick 1987; Dickson 1971).

이러한 기조는 1945년 원자탄 투하 이후 변하게 되었는데, 과학기술자들은 과학기술 연구와 그 연구결과의 사용이 칼로 두부 자르듯이 분명하게 구분되는 것이 아니라 서로가 서로를 구성하는 식으로 밀접하게 얽혀 있음을 알게 되었기 때문이었다. 과학, 공학, 정치가 밀접하게 결합된 원자탄의 제조와 투하가 단지 정치적 결정이었기 때문에 과학자들은 이에 대해 아무런 책임이 없다고 하기가 어려웠던 것이다. 한편 원자탄은 과학자들이 조직적 행동에 나서게 된 계기가 되었는데(Dickson 1971), 1955년 52명의 노벨상 수상 과학자들은 마이나우 선언(Mainau Declaration)을 발표했다. 여기서 이들은 "핵무기의 두려움 때문에 전쟁이 영구히 억제될 수 있다고 생각하는 것은 환상"이라고 지적한 후에 다음과 같이 선언했다.

> 우리는 과학이 인류를 절멸시킬 수 있는 수단을 제공한다는 것을 두려운 마음으로 목격하고 있다. 지금 가능한 무기를 전쟁에서 모두 사용한다면, 지구는 인류가 깡그리 멸망할 정도의 방사능에 오염이 될 것이다. 싸우는 당사자들뿐만 아니라 중립국까지도 모두 죽을 것이다. (중략) 모든 국가는 힘을 최후의 수단으로 삼는 것을 포기해야만 한다. 그렇지 않으면 우리는 모두 멸망할 것이다(Newman, 1961, p.198).

이어 아인슈타인과 버트란트 러셀의 발의로 제정된 '퍼거시 선언(Pugwash Statement, 1957)'에서는 "과학자의 사회적 책임"이라는 구절을 삽입해서 원자핵무기 문제에 대한 과학자의 책임을 상기시켰다.

1960년대에는 과학기술과 관련된 몇 가지 문제들이 새로운 사회문제로 부상했다. 레이첼 카슨의 『침묵의 봄』(1962)의 출간 이후에 여러 가지 오염과 환경파괴의 문제, 특히 화학 비료의 사용으로 인한 토양 파괴가 심각한 사회문제가 되었다. 또 원자력발전이 시작되면서 대기 중의 방사능 농도와 관련된 문제도 제기되었으며, 미국과 소련의 경쟁 속에 집중적으로 추진된 우주개발이 인류의 복지에 그다지 큰 도움이 되지 않음에도 불구하고 굳이 추진되어야 하는가에 대해 논쟁이 있었다. 베트남전에서 사용되는 전쟁기술에 대한 미국과 유럽 과학자들의 반성적 움직임도 있었으며, 일부 심리학자들이 흑인들의 낮은 IQ가 선천적이며 유전된다고 주장한 데 대해서도 많은 과학자들이 반대와 비판의 목소리를 내기도 했다(Beckwith 1986; 홍성욱 1999, 제3장).

1970년대 초엽에는 유전자재조합법이 사회적 이슈가 되었다(홍성욱 2004, 제6장). 유전자재조합법은 DNA에서 원하는 유전자를 잘라 다른 DNA에 붙이고 이 DNA를 수백 배 복제할 수 있는 방법으로, 이 새로운 기법은 유전 공학이라는 신대륙을 개척했지만 동시에 신종 박테리아나 잡종 바이러스를 만들 위험을 제기했다. 미국 국립아카데미는 이 문제를 검토하기 위한 위원회를 만들었고, 여기에서는 1974년에 잠정적인 위험을 충분히 알 수 없는 유전자재조합 연구를 과학자 스스로 금지하길 요구하는 모라토리엄(moratorium)을 선포했다. 다음 해인 1975년에 캘리포니아에서 열린 아실로마 국제회의에서 생명과학자들은 다양한 수위의 유전자재조합 연구가 허용될 수 있는 기준에 대한 합의를 도출하고, 이에 근거해서 NIH 지침을 만들었다. 유전자재조합을 발견한 과학자들 스스로가 이 방법의 잠정적인 문제와 피해에 대해서 생각하고, 위험한 연구를 금지하자고 결정한 일은 역사적으로 선례를 찾아보기 힘든 일이었다.[2]

유전자재조합이 문제가 되었던 이유는 과학자가 서로 다른 유기체의 DNA를 조합해서 자연에 존재하지 않았던 새로운 DNA를 가진 생명체를 만들어냈다는 데에 있었다. 과학이 만든 새로운 생명체의 위험을 어떻게 알 수 있을 것인가? 민주적인 사회 속에서 과학자들의 연구에는 아무런 한계가 없는가? 과학자는 연구를 수행하는 회사의 사적 이익과 잘못된 연구가 사회에 미칠 수 있는 공공적 손해 사이에서 어느 쪽을 선택해야 하는가? 이에 대해서 연구의 모라토리엄을 주장한 과학자들도 있었지만, 연구의 자유를 주장한 과학자들도 있었다. 특히 후자의 입장은 연구에 대한 규제를 '픽션(fiction)'에 근

---

[2] 1970년대 후반에 유전자재조합법의 실용성이 분명해지고 바이오테크 회사와 제약회사의 이해관계가 특허와 연구비의 지원이라는 형태로 개입되면서, 분자생물학자들의 다수는 NIH의 지침을 완화하거나 철폐하라는 단일한 목소리를 표출하기 시작했다. 실제로 NIH의 지침은 1978년 현저하게 약화되고, 1980년에 거의 무력화되었다. Wright 1992.

거한 것으로 취급했고, 규제의 철폐를 추진했다. 이에 만족하지 못한 시민들은 유전자재조합에 대한 지역적인 규제를 모색하기 시작했다. 1976년에 MIT와 하버드대학이 위치한 매사추세츠의 케임브리지(Cambridge) 시는 위험한 레벨(P3, P4)의 유전자재조합 실험을 금지시키는 모라토리엄을 통과시켰다. 케임브리지시의 모라토리엄은 불과 몇 개월 동안 유효했을 뿐이지만, 과학연구의 방향에 시민들의 의견이 개입될 수 있고 이를 시민들이 의견을 모아서 정할 수 있음을 보여 주었던 상징적인 사건이었다(김동광 2002).

1970년대에는 대기업에 고용된 기술자들의 사회적 책임 또한 중요한 사회적 이슈가 될 수 있음을 보여준 사건들이 등장했다(Beder 1993; 송성수 2001). 그중 하나가 1970년대에 미국의 포드(Ford)사에서 야심차게 추진했던 소형 자동차 핀토(Pinto) 사건이다. 핀토의 설계는 대형 자동차의 설계를 모방했기 때문에 여러 가지 문제들을 내재하고 있었고, 나중에 밝혀졌지만 특히 연료탱크의 문제가 심각했다. 1978년 8월에 교통사고를 당한 핀토 차량의 연료탱크에 화재가 발생해서 탑승자들이 사망하는 사건이 발생했고, 피해자 측은 핀토의 연료탱크에 근본적인 결함이 있다고 포드사를 상대로 소송을 제기했다. 재판 과정에서 포드사의 한 간부는, 포드사가 핀토의 결함을 알고 있었지만 회사가 "시장에 출하되어 결함이 있는 핀토를 모두 회수하여 안전대책을 취하기보다는 화재 사고의 빈도를 감안할 경우 화상 등의 피해자에게 배상금을 지불하는 편이 경제적 견지에서 오히려 이득이 있다"고 판단한 뒤에 고의적으로 리콜을 하지 않았다고 폭로했다. 실제로 포드의 기술자들은 핀토에 작은 후미충격으로도 화재가 발생할 수 있는 결함이 있었고 약간의 추가 비용을 들여서 안전장치를 설치하면 사고를 예방할 수 있다는 사실을 이미 알고 있었지만, 자신들이 받을 수도 있는 불이익 때문에 회사의 경영 방침에 역행하는 제안을 하지 않았던 것으로 드러났다. 핀토 사건은 회사에 속해 있는 엔지니어들이 공공의 이익과 회사의 정책 사이에서 윤리적인 결정을 내려야 하는 상황에 직면할 수 있으며, 이러한 결정이 공공의 이익에 큰 영향을 미칠 수 있음을 보여준 사건이었다.

비슷한 시기에 샌프란스시코만 지역 고속철도시스템에 대한 문제도 사회적 이슈가 되었다(Beder 1993). 고장이 잦던 샌프란시스코 고속철도시스템의 자동제어시스템에서 기술적 결함을 발견한 3명의 엔지니어는 이 결함을 상급자에게 보고하고 이에 대한 대책을 요구했다. 그러나 상급자가 이를 묵살하자 엔지니어들은 이 결함을 언론에 폭로했다. 이후 3명의 엔지니어들은 회사의 기밀을 유포했다는 이유로 회사에서 해고되었고 새로운 일자리를 찾는 과정에서도 어려움을 겪었다. 이 사건은 핀토 사건과는 달리 내부의 문제를 용기 있게 폭로한 엔지니어들이 개인적으로는 매우 어려운 상황에 직면할 수 있음을 극명하게 보여 주었으며, 공공의 이익을 위해서는 내부 제보자를 보호해야 한다는 사회적 필요성을 상기시키는 사건이 되었다. 이 세 명의 엔지니어들은 소송을 통해서 부당한 해고를 감행한 회사로부터 적은 금액의 보상금을 받았을 뿐이지만, 1978년에 미국 전기전자공학협회는 이들을 엔지니어의 윤리강령 정신을 지킨 용기 있는 엔지니어라고 보고 이들에게 상을 수여했다.

원자탄, 환경오염, 유전자재조합, 대형 기술프로젝트에 내재한 위험과 같은 문제는 20세기 초엽에만 하더라도 찾아보기 힘든 것이었다. 이러한 문제를 겪으면서 과학기술자들의 사회적 책임에 대한 인식이 새롭게 부각되게 되었는데, 특히 연구자를 비롯한 시민들은 과학기술의 연구 성과를 되도록 빨리 응용하는 것이 좋다는 생각에서 그 응용이 처음에는 생각하지 못했던 문제를 일으킬 수도 있다는 쪽으로 생각이 서서히 바뀌게 되었다. 즉 과학기술자는 자신의 연구가 사회에 미치는 장·단기적인 영향에 대해서 심사숙고할 필요가 있다는 인식이 등장했던 것이다.

과학기술자의 사회적 책임의 문제는 첨단 과학기술의 영역에만 국한되지 않는다는 점을 이해하는 것도 중요하다. 아주 오래된 과학기술도 새로운 맥락 속에 등장하면서 과거에는 없던 윤리적인 문제를 만들 수 있다. 꼭 신기술이 아니어도 기업에서 연구를 수행하는 연구자들은 기업의 이익과 공익 사이에서 갈등하는 경우가 많으며, 국책 연구기관에 속한 연구자들 역시 대규모 정부 프로젝트가 환경에 미치는 영향을 놓고 정부와 주민 사이에서 갈등하는 일이 잦기 때문이다. 이렇게 과학기술 연구 결과와 관련된 윤리적 문제는 미지의 위험에 대한 평가에서 환경에의 영향, 연구의 공익성 문제에 이르기까지 다양한 스펙트럼을 이룬다.

III. 과학기술자의 사회적 책임의 근원

과학기술자들은 왜 자신의 연구 결과에 대해서 책임이 있는 것일까? 과학기술자가 아닌 사람들도 과학기술자들은 자신들이 수행한 연구에 대해서 더 큰 책임을 져야 한다는 데에 동의할 것이다. 이는 과학기술의 결과가 세상 사람들에게 미치는 영향이 지대하며 장기적이기 때문에, 이를 더 잘 이해하는 전문가인 과학기술자가 이에 대해서 더 큰 책임을 지는 것이 당연하다는 생각에 기초한다. 실제로 과학기술자의 사회적 책임을 강조한 과학기술자들은 과학기술에 대해서는 과학기술자들이 가장 많이 알고 있는 사람이라는 점을 지적하면서, 과학기술자가 자신의 피조물인 과학기술 연구에 대해서 책임을 져야 함을 강조했다.

20세기 가장 위대한 수학자 중 한 명으로 꼽히는 아티야(Michael Atiyah)는 1997년 '슈뢰딩어 강연(Schrödinger Lecture)'에서 과학자가 자신의 연구에 대해서 사회적 책임을 져야 하는 이유를 다음과 같이 여섯 가지로 들고 있다. 첫째로 부모가 자신들이 만든 아이에 대해서 도덕적 책임을 지듯이, 과학자들도 자신들이 만들어낸 과학적 발견에 대해서 도덕적 책임이 있다는 것이다. 두 번째로 과학자들은 일반 시민이나 정치가에 비해 전문적 문제들을 더 잘 이해하는데, 이러한 전문지식을 지닌 전문가로서의 책임감이 수반된다는 것이다. 세 번째로 과학자들은 기술적 조언을 하고 갑작스러운 사고를 해결하는 데 도움을 줄 능력을 가지고 있으며, 네 번째로는 이들이 현재의 발견들로부터 발생할 수 있는 미래의 위험에 대해 경고할 능력을 가지고 있다는 것이다. 다섯 번째로 과학자들은 국경을 초월한 형제애를 가지고 있기 때문에 인류 전체의 이익을 바라보는 더 큰 시각을 가질 수 있는 좋은 위치에 있으며, 과학자들이 공공의 논의에 적극 참여하는 것은 반과학주의로부터 과학의 가치를 보호함으로써 과학의 건강성을 유지하는 데 도움이 된다는 것이 마지막 여섯 번째 이유이다(Rotblat 2000).

아티야와 같은 태도는 엔지니어의 사회적 책임을 논의하는 경우에도 그대로 적용된다. 컴퓨터 엔지니어로서 엔지니어의 윤리적 문제에 오랫동안 관심을 가졌던 맥파랜드(M. C. McFarland)는 엔지니어의 사회적 책임의 근원을 다음 세 가지에서 찾고 있다(McFarland, 1991; 송성수 2001). 첫째로 엔지니어는 전문적인 교육을 받았기 때문에 기술과 관련된 사회적 논쟁에서 쟁점을 명확하게 파악할 수 있고, 둘째로는 기술이 가지고 있는 현실적이고 잠재적인 위험 요소를 평가하는 데 가장 먼저 참여할 수 있다. 그리고 마지막으로 현재의 기술이 가지고 있는 문제를 극복할 수 있는 대안을 제안하고 탐구할 수 있는 능력에서 엔지니어는 그 어떤 집단보다도 뛰어나기 때문이다. 여기서 보듯이 맥파랜드는 엔지니어도 과학자와 마찬가지로 전문지식에 근거해서 기술의 문제를 이해하고, 평가하고, 대안을 제시하는 데 다른 집단에 비해서 유리하고, 이러한 수월성은 전문가로서의 사회적 책임을 수반한다고 평가한다. 특히 대규모 현대 기술 프로젝트는 많은 경우에 국민의 세금에 의존하여 추진되기 때문에 공공성이 강하고, 그 결과는 한 회사나 지역을 떠나서 수많은 사람에게 영향을 미치는 것이 많기 때문에, 그 책임이 배가되는 것은 두말할 나위가 없다.

과학기술의 사회적 영향에 대한 여러 주제는 지난 30년간 '과학기술학(Science and Technology Studies, STS)'에서 깊이 있게 분석되었다. 이러한 관심의 일환으로 주로 지난 10여 년간 STS 학자들은 연구의 윤리적 문제와 이를 직면한 과학기술자들의 도덕적인 결정에 대해서도 상세한 분석을 내어 놓았는데, 흥미로운 사실은 이러한 주제에 대한 STS 학자들의 분석이 위에서 언급했던 아티야나 맥파랜드와 같은 입장과 차이를 보인다는 것이다. 아티야나 맥파랜드가 과학기술자의 전문적 지식이 이들의 책임의 근원이고 책임을 정당화하는 것이라고 생각했음에 비해서, 과학의 신비화와 과학주의를 해체하는 데 큰 역할을 했던 STS 학자들은 과학기술자들이 복잡한 과학기술 프로젝트에 대해서 제한된 전문성만을 가질 수밖에 없다는 점을 강조했다. 이러한 입장은 과학기술자의 책임에 한계를 짓는 결과로 이어졌다.

잘 알려진 미국 우주왕복 셔틀 챌린저호의 폭발사고의 예를 들어보자. 그동안 이 폭발 사고의 원인은 챌린저호의 부스터(booster: 추진장치)를 엉성하게 설계한 티오콜사(Thiokol)가, 자사의 엔지니어 보절레이(Roger Boisjoly)의 지속적인 지적에도 불구하고 정치적인 목적에서 NASA와 담합해서 발사를 강행한 데에 있었다고 알려졌다. 여기서 보절레이는 문제를 폭로한 도덕적인 '내부폭로자(whistle blower)'이고, 티오콜사와 NASA는 폭로된 진실을 은폐하고 자신들의 이익만을 추구하는 비도덕적인 이익 집단으로 그려졌다. 자신의 연구에 대한 사회적 책임을 지는 과학기술자의 대표적인 이미지는, 연구 프로젝트가 안고 있는 문제를 전문적으로 이해하고 이러한 이해를 바탕으로 도덕적인 판단을 한 뒤에 사회적인 고발을 결단하는 보절레이와 같은 사람이었던 것이다.

그렇지만 이 문제를 다시 분석한 린치(Michael Lynch)와 클라인(Ronald Kline) 같은 STS 학자들은 당시 챌린저의 부스터에 사용된 오링(O-ring)이 여러 차례의 시험을 거쳐서 실제 운항에서 안정성을 입증받았고, 챌린저호가 발사되었던 날의 상황도 이전의 실험과 크게 다르지 않았던 상황이었음을 보이면서, 엔지니어의 윤리적·도덕적인 판단이 내부 폭로와 같은 '영웅적인' 방식이 아니라, 일상적인 엔지니어링 실행(engineering practice)에서 위험에 대해 둔감해지는 상황에 경각심을 가져야 하는 데에 있다고 주장했다. 이러한 주장은 세상의 이목을 끌고 이슈화가 되는 내부 폭로와 같은 상황이 대부분의 엔지니어들이 일상적으로 겪는 상황과 무척 거리가 있다는 판단과도 일맥상통하는 것이었다(Lynch and Kline 2000).

그런데 STS 학자들이 엔지니어의 도덕적인 '결단'보다 일상적인 실행 속에서 합리적인 경각심을 강조한 데에는 내부 폭로와 같은 상황이 드물다는 이유만 있었던 것은 아니었다. 자신이 하는 과학기술 연구에 대해서 책임 있는 태도를 가지기 위해서는 자신의 연구를 충분히 통제해야 하고 그 영향에 대해서 온전히 이해를 해야 하는데, 복잡한 프로젝트 형태를 갖는 대부분의 연구에서는 자신의 연구를 충분히 통제하기도 힘들고, 그 영향을 이해하는 것도 쉽지 않기 때문이다. 즉 자신의 연구가 어떤 방향으로 흘러갈지, 그 결과가 어떤 영향을 미칠지 정확히 알지 못하는 상황에서, 내부폭로자와 같은 '영웅'이 등장하기를 바라거나 이러한 행동을 격려하는 것 같은 윤리적인 입장에 문제가 있다는 것이다. 자신의 연구에 대해서 잘 모를 때에는 무엇을 폭로하는 것과 같은 태도보다는, 매일매일 진행되는 연구의 과정을 예의주시하면서 혹시 자신이나 동료들이 '위험불감증'과 같은 상태에 빠지지 않도록 경각심을 가지는 것이 더 중요해질 수 있기 때문이다.

그렇지만 과학기술자들이 자신들이 잘 아는 일상적인 실행에 대해서 주목해야 한다는 주장은 자칫 과학기술자들의 사회적 책임이라는 주제를 너무 좁게 국한할 수 있다(Herkert 2006). 과학기술자들이 자신의 연구 주제가 아니어도 판단을 내릴 수 있는 문제가 있으며, 그 결과를 충분히 예측하기 힘들다고 해도 가능한 위험에 대해서 사회적인 발언을 해야 할 때가 있기 때문이다. 최근 우리나라 사회에서 정부가 추진하는 대운하사업에 대해서 소신 발언을 한 한국건설기술연구원의 김이태 박사의 경우에서도 볼 수 있듯이, 한 연구원의 결단에 찬 양심선언이 대통령의 공약 사업인 거대 프로젝트 대운하사업을 중단시킨 데에 큰 역할을 했다. 그런데 그가 양심선언을 한 이유가 이런 거대 프로젝트를 완벽하게 이해했기 때문은 아닐 것이라는 점은 어렵지 않게 추측해 볼 수 있다. 당시 많은 환경공학자들이 복잡한 시뮬레이션에 근거해서 운하가 제한된 조건에서 환경에 긍정적인 영향을 줄 수도 있다고 하면서 정부 편을 들었던 점은 이러한 판단에 근거가 된다.

현실적으로 전문적 지식을 가지는 것과 이에 대해 책임을 지는 것 사이에는 단순 비례와 같은 수학적 관계가 성립하지 않는다. 이 주제는 다음 절에서 평화의 댐 사례를 분석한 뒤에 다시 재론할 것이다.

IV. 평화의 댐 논쟁 사례

과학기술자의 사회적 책임에 대한 문제는 사회적 '진공'에서 갑자기 발생하는 것이 아니다. 어떤 경우에 그것은 매우 급작스럽게 중요한 문제로 제기되며, 또 다른 경우에는 문제가 충분히 인지되지 못한 채 넘어가 버리는 경우도 많다. 과학기술자들이 과학기술이 불러일으킨 논쟁에 깊숙하게 관여하게 되는 경우에도 자의에 의해서가 아니라 타의에 의한 경우가 많다. 따라서 다수의 과학기술자들은 사회적이거나 정치적 문제에 대해서는 발언을 하지 말아야 한다고 생각하는 경향이 있다. 물론 전문가들은 자신이 잘 아는 문제에 대해서만 전문적인 의견을 내야 한다는 생각은 타당한 점이 있지만, 문제는 요즘의 사회적, 정치적 이슈에는 과학기술의 문제가 깊이 녹아 들어가서 이 둘을 분리하기 힘든 경우가 많다는 것이다.

1986년에서 1987년 사이에 북한이 건설한다고 발표된 '금강산댐'과 결부되어 논란의 대상이 되었던 '평화의 댐'은 토목공학과 환경공학 등의 전문지식이 개입된 기술적 문제였으면서 동시에 사회정치적 문제였다.[3] 당시 가장 문제가 되었던 것은 금강산댐의 저수용량이었다. 당시 북한 정부는 발전량 최대의 댐을 금강산 지역에 건설하겠다는 간단한 발표만 했을 뿐, 이에 대한 세부적인 내용에 대해서는 아무런 정보도 내놓지 않았다. 한국 정부는 우선 그 지역의 지역적인 특성을 고려해서 금강산댐이 비무장지대로부터 약 10km 떨어진 곳에 위치한 작은 도시 임남시에 위치할 것이라 추정했다. 또 발전소는 금강산댐 저수지에 있는 물을 터널을 통해 원산시까지 이동시켜서 원산 지역에서 낙하를 통해 터빈(turbine)을 돌리는 방식으로 건설될 것으로 추정했다. 당시 북한의 최대 규모 발전소가 80만kW를 발전했기 때문에 금강산댐 발전소는 적어도 80만kW의 전력은 만들어 내는 것이어야 했다.

이렇게 추정된 저수지와 발전소의 위치로부터 간단한 계산을 통해 저수량을 추정했다. 우선 기존 발전소들의 통계를 보면 80만kW의 전력을 생산하기 위해서는 연간 177억 톤의 물이 사용되어야 했는데, 이러한 변수들은 발전 전력을 계산하는 공식으로 연결될 수 있었다.

전력 = (연간 사용되는 물의 양) × (댐의 높이) × (9.8) × (F: 터빈 효율성)

---

3) 이 절에서 논의된 역사적 내용은 홍성욱 2006에서 가지고 온 것이다.

보통 터빈의 효율은 0.7-0.9 사이로 추정되며, 이 경우에는 0.87이라는 값을 사용했다. 이런 수치를 대입하면 댐의 높이는 350m로 나왔다. 그런데 원산시는 해발 50m 높이에 있기 때문에, 금강산댐 저수지에 있을 물의 높이는 가득 찼을 때 해발 400m가 될 것이었고, 댐의 높이는 이 물의 높이보다 조금 더 높아야 하므로 금강산댐 자체의 추정 높이는 최소 해발 405m일 것으로 계산되었다. 임남시는 해발 190m이므로 순수한 댐의 높이만 따졌을 때 그 높이는 215m가 되었다. 높이 215m의 댐에 물을 가득 저장한다고 했을 때 그 최대 저수량은 200억 톤이었다. 당시 남한 내 최대 댐인 소양강댐이 30억 톤의 물을 저장할 수 있었기 때문에, 금강산댐은 남한 최대 댐의 용량보다 7배나 더 많이 물을 저장하는 거대한 댐으로 판명되었던 것이다.

<그림 1> 북한의 금강산댐의 물이 일시에 방류되었을 때 서울의 침수 예상도(『동아일보』 1986년 11월 6일)

215m 높이에 200억 톤의 물을 저장하는 댐은 경제적으로 비효율적이라는 것이 한국 정부의 주장이었다. 댐에서 발전되는 전력은 높이에 비례하고 건설 비용은 높이의 제곱에 비례하므로 일반적으로 댐이 경제적으로 전력을 생산할 수 있는 적정 높이가 있는데, 금강산댐이 경제적으로 전력을 생산하기에는 규모가 쓸데없이 너무 크다는 것이었다. 대략 댐에 저장된 물의 25%만이 전력을 생산하는 데 쓰인다면, 저장된 물의 75%인 150억 톤의 물이 전력 발전에 사용되는 일이 없기 때문이었다. 따라서 이렇게 큰 댐을 건설하는 진정한 이유는 댐의 물을 방류해서 남한을 쓸어버리는 수공(水攻)에 있었다는 것이 정부의 입장이었다. 한국 정부는 200억 톤의 물 중 5%인 10억 톤만 한강

에 방류해도 한국 역사상 최악의 침수 피해보다 10배나 큰 홍수를 야기할 수 있고, 저장한 물을 모두 한강에 방류할 경우에는 서울을 포함한 남한의 논밭과 여러 주요 도시를 완전히 물로 쓸어버릴 것이라고 강조했다. 국방부는 금강산댐이 여러 개의 핵폭탄보다 더 큰 재앙을 가져올 것이라 주장했다.

금강산댐의 높이와 저수량은 건설부 관료에 의해서 불과 '몇 시간 만에' 계산된 것이었지만, 즉각 '사실'로 받아들여졌다. 그렇지만 저수량의 계산은 몇 가지 확인 안 된 가정에 근거한 것이었다. 무엇보다 문제가 되었던 것은 임남시와 같은 산악 지역에 건설될 댐이 북한 최대의 발전 능력인 80만kW를 발전할 수 있다는 가정이었다. 높이가 215m인 댐은 상상을 초월하는 거대한 댐이었는데, 이러한 댐이 수원이 충분치 않은 북한강의 상류 산악 지역에 건설된다는 것 자체가 의심스러운 가정이었던 것이다. 그렇지만 토목공학에 대해서 기초적인 지식밖에는 가지고 있지 않았던 건설부 관료에 의해 몇 시간 만에 계산된 댐의 높이를 반박한 전문가는 나오지 않았다. 당시가 정부에 반대하는 주장을 하는 것이 어려웠던 독재사회였다는 점도 그 이유였고, 북한의 금강산댐과 관련된 모든 정보가 정부에 의해서 철저하게 통제되어 있었다는 점도 또 다른 이유였다.[4]

200억 톤의 저수량과 더불어 문제가 되었던 공학적인 사실은 댐을 건설하고 물을 저수할 때 걸리는 시간과 관련된 것이었다. 당시 전두환 대통령은 북한이 단기간 내에 금강산댐과 같은 거대한 댐을 건설하고 물을 가득 채운다는 것은 어려운 일이지만, 댐을 건설하다가 초기 단계에 파괴함으로써 88서울올림픽의 개최를 방해할 수 있다고 강조했다. 그렇지만 정부의 이러한 주장은 공학적인 기초조차 무시한 것이었는데, 그 이유는 댐 건설에 대해서 당시에 알려진 정보만을 종합해 보아도 곧 드러났다.

일반적으로 댐은 두 종류로 나눈다. 첫 번째는 흙과 자갈을 쌓아서 만드는

___
4) 1986년 중반부터 KIST는 프랑스의 SPOT(Systeme Pour l'Observation de la Terre) 감지기를 이용한 한반도 입체 위성사진을 입수할 수 있었다. 이 입체 사진들을 분석한 KIST의 한 교수는 북한이 200m 높이의 댐을 짓고 있다는 임남 지역이 그 정도의 높은 댐 건설에 적절하지 않고, 당시에 금강산댐 건설이 전혀 이루어지지 않고 있다는 충격적인 사실을 발견했다. 그는 이 결과를 담은 보고서를 작성해 과학기술부에 제출했으나 이 보고서는 국가기밀로 분류되어 발표되지 않았다.

흙댐(earth dam)이나 사괴댐(cockfill dam)이고, 두 번째는 콘크리트로 댐벽을 만드는 콘크리트 중력댐(concrete gravity dam) 방식이다. 200m가 넘는 댐을 콘크리트 식으로 건설할 때 댐의 바닥(base)은 대략 170m에 이르러야 하는데, 당시 북한은 이 정도의 거대한 콘크리트 중력댐을 건설할 정도의 콘크리트나 자원을 충분히 보유하지 못했다고 평가되었다. 그렇다면 금강산댐은 흙댐의 방법을 통해서 건설될 수밖에 없었다. 흙댐은 흙으로 된 중심(core)을 건설하고 단단한 모래 및 바위로 댐의 나머지 부분을 채우는 식으로 건설되는데, 건설 방법이 비교적 간단한 데 비해서 그 기간이 오래 걸린다는 문제가 있었다. 그런데 1986년 11월 말에 금강산댐과 관련해서 열린 대규모 학술대회에서 서울대학교의 한 토목공학과 교수는 높이 200m 흙댐의 바닥(base)은 830m가 되어야 하고, 간단한 계산을 통해서 이 정도 크기의 댐을 건설하기 위해서는 흙, 바위, 모래의 운반에만 13년이 소요되고 저수지에 물을 채우는 데 또 다시 10년이 추가로 필요하다는 결과를 보여주었다. 따라서 이러한 계산이 옳다면 북한이 금강산댐을 파괴함으로써 88서울올림픽을 방해하려 한다는 정부의 주장은 터무니없다고 할 수 있었다.

또 다른 문제는 금강산댐의 수공 위협을 어떻게 막아내는가라는 것이었다. 정부는 대응 댐을 건설해서 북에서 방류되는 물줄기를 막고 이를 역류시킬 수 있다고 주장했는데, 남한의 전문가들 또한 정부의 공표에 재빨리 동의했다. 토목 건설에 경험이 많은 정주영 현대 그룹 회장은 금강산댐에 대응하기 위한 남한의 대응 댐(counter dam)이 금강산댐의 물 방류를 역류시킬 수 있다고 제안했으며, 대한토목학회 회장을 비롯한 13개 학회의 12명의 회원들은 즉각 비무장지대로부터 10km 떨어진 곳에 있는 화천이라는 소도시가 대응 댐을 짓기에 가장 적합한 장소라고 발표했다. 대한토목학회 회장은 남한이 화천에 거대한 대응 댐을 건설하면 금강산댐을 파괴할 경우 대응 댐이 서울로 물이 흐르는 것을 막을 뿐 아니라 물을 역류시킬 것이기 때문에 북한으로서는 금강산댐으로 수공을 꾀하는 것이 자살행위일 것이라고 하면서, 이러한 대응 댐이 수자원을 군사목적으로 오용하는 것에 대한 자기 방어로 정당성을 가진다고 강조했다. 이 '졸속' 조사 결과는 신문 및 방송매체에서 대서특필되었고, 곧 이어 다른 엔지니어와 과학자들이 신문 지상에 의견을 게재하여 대응 댐의 건설을 지지했다. 이 대응 댐에는 '평화의 댐'이라는 이름이 붙었고, 그 규모는 금강산댐과 같이 200m 높이에 1km의 길이를 갖는 거대한 것으로 낙착되었다.

<그림 2> 금강산댐의 '수공'에 대비하는 대응 댐 건설 결정을 보도한 당시 신문(『조선일보』 1986년 11월 27일)

지금 우리는 왜 당시 군사독재정권이 금강산댐의 위협을 과장하고 평화의 댐이라는 불필요한 공사에 국민적인 관심을 돌렸는지 알고 있다. 1986년은 국민의 직접 선거를 통해 대통령을 선출하도록 헌법을 개정하는 것을 요구한 학생운동과 여타 반정부운동이 정점에 달했던 시기였다. 당시 정부와 학생

간의 싸움이 매우 격렬했는데, 1986년에는 1,500명이나 되는 학생들이 체포되고 수백 명이 집회 및 시위에 관한 법과 국가보안법을 위반한 혐의로 기소되었다. 북한은 1986년 4월 및 6월에 최대 규모의 발전소를 건설한다는 계획을 공표했지만, 당시 한국의 언론은 당시에는 이를 중요한 기사로 보도하지 않았다. 학생 시위가 최대에 달하고 심지어는 중산층 시민마저도 학생 편에 가담하기 시작하던 10월이 되어서, 금강산댐을 정치적으로 이용하려는 아이디어가 정부기관의 모처에서 제기되었고, 한국 정부는 10월 23일에 금강산댐 관련 소식을 슬쩍 내비친 뒤에, 10월 30일에 건설부 장관의 기자회견을 열어서 이를 비난했던 것이다. 북한이 대규모 수공을 준비하고 있으며 국민이 단합해서 이를 막는 대응 댐을 건설해야 한다는 정부의 선전은 당시 학생운동과 사회운동을 일시 잠재우는 데 성공적이었다. '평화의 댐'은 국민의 관심을 남한 내의 정치사회적 문제로부터 북한으로 돌리기 위하여 일부 엔지니어 및 과학자의 도움을 받아 군부 독재 세력이 만들어냈던 '정치적 기술(political technology)'이었다.

평화의 댐에 대한 공식적인 문제제기는 1988년부터 제기되었다. 1990년대 초반이 되면 이 모든 시나리오가 당시 궁지에 몰린 군사정권이 만들어낸 것임이 분명해 보였다. 숨겨졌던 사실이 하나씩 드러나고 평화의 댐에 대한 국회 청문회가 시작되면서, 사람들은 당시 조작된 북한의 수공 위협에 설득되어 댐 건설을 위한 성금을 냈다는 사실에 분노했다. 그런데 비난의 대부분은 당시에 정권을 잡고 있던 정치인과 관료에 집중되었고, 금강산댐의 위협을 정당화했던 엔지니어나 과학자들을 비판한 사람은 많지 않았다. 정치적 기술이 정당화되는 데에는 전문 지식의 기여가 결정적이었지만, 이에 대한 비판은 주로 기술을 정치적으로 이용한 정권의 이데올로기적 의도에 국한되었던 것이다.

평화의 댐에 대한 이후 비판이 과학기술에 대해서 관대했던 이유 중 하나는 과학기술을 가치중립적인 것으로 보았기 때문이라는 점도 있었지만, 1986년 당시에 금강산댐이나 평화의 댐과 관련된 정보의 많은 부분이 정권에 의해 통제되었고, 따라서 과학기술자들의 입장에서 보면 전문적 판단을 내리는 데에 불확실성이 존재했다는 사실도 중요하게 작용했다. 정부 관료의 간단한 계산을 제외하면 금강산댐의 규모에 대한 정보가 거의 없었고, 과학기술자들은 정부가 제공하는 정보 이외의 다른 정보에는 접근할 수 없었다. 정부가 제공하는 정보가 옳다면 금강산댐의 저수용량은 천문학적인 수치였고, 이것이 방류되었을 때 수도 서울에 치명적인 타격을 가하리라는 것은 쉽게 추정할 수 있었다. 당시 남한 정부의 발표를 지지했던 엔지니어들은 이러한 사실을 예로 들면서 자신들이 정부의 주장에 동조했던 이유를 정당화했다.

그렇지만 당시 정보가 통제되었다고 해도, 금강산댐의 위협이 과장되었다는 점은 쉽게 알 수 있는 것이었다. 앞에서도 보았듯이 당시 전두환 정권은 북한이 금강산댐을 짓고 여기에 물을 채워서 88서울올림픽에 훼방을 놓을 것이라고 주장했는데, 댐의 건설에 대한 기술적인 고려만 해도 정부에서 발표한 금강산댐의 위협이 당장에 가능한 것은 아니라는 사실은 알 수 있는 것이었다. 과학기술자들, 특히 토목공학자들은 이러한 평가를 가장 잘 할 수 있는 집단이며, 따라서 정부의 발표에 대해서 의문을 제기하는 데 있어서도 가장 유리한 위치에 있는 집단이었다. 이러한 점을 생각해 보면 당시 과학기술자들이 정부가 발표한 금강산댐과 평화의 댐 문제를 더 날카롭게 지적하지 못했던 것은 전문성에 근거한 자신의 사회적 책임을 충분히 지키지 못한 것이라고 볼 수 있다.

V. 종합 및 마무리

1986년 당시에 독재정권에 대해 투쟁하던 지식인들과 대학생들은 금강산댐의 위협이 정부의 얄팍한 정치 공세라고 생각했으며, 평화의 댐을 건설하자는 정부의 캠페인을 맹렬하게 비난했다. 토목공학에 대한 전문지식이 없었지만, 이들은 정부가 위기에 몰릴 때마다 북한의 위협을 동원했다는 상식적인 근거에서 이와 같이 판단했다. 반면에 많은 과학기술자들은 정부가 발표한 데이터를 근거로 금강산댐이 천문학적인 저수용량을 가지고 있으며, 이를 파괴할 경우에 남한의 수도 서울에 중대한 위협이 될 수 있다고 경고하는 데

동참했다. 수치화된 데이터가 진실을 밝히기는커녕, 왜곡된 주장을 은폐하고 정당화하는 데 사용되었던 것이다.

이 점은 과학기술자의 사회적 책임에 대해서 현실적으로 의미 있는 논의를 위해서 꼭 고려해야 할 부분이다. 과학기술자들은 과학기술의 문제에 대해서 가장 잘 알고 있는 전문가들이지만, 동시에 바로 이러한 점 때문에 과학기술의 사회적 문제를 대면하는 것을 어렵게 생각하기도 하기 때문이다. 과학기술과 관련된 사회적 문제가 발생했을 때, 많은 과학기술자들은 그 문제가 자신의 전공 분야가 아니거나, 자신이 판단을 내릴 만큼 충분한 정보를 가지고 있지 않기 때문에 이에 대해 전문적인 판단을 내릴 수 없다고 말한다. 여기에서 4대강 문제는 수질관리와 하천을 전공하는 환경공학자, GMO는 분자생물학자, 나노입자의 위험성은 나노과학자나 나노공학자들만이 전문적인 판단을 내릴 수 있다는 결론이 이끌어진다. 그런데 이렇게 전문적인 판단이 가능한 과학자나 엔지니어들은 관련 연구와 밀접한 이해관계를 가지고 있거나, 자신이 잘 판단할 수 있는 일군의 데이터만을 가지고 제한적인 결론을 얻어낸 뒤에 이를 확장하는 경향이 있다. 이러한 결론은, 평화의 댐 논쟁에서 보듯이, 핵심에서 한참 빗나간 것일 수도 있다.

앞서 우리는 과학기술자들이 자신의 연구에 대해서 사회적 책임 의식을 가져야 하는 이유를 살펴보았다. 과학자나 엔지니어들은 자신들이 과학기술의 문제를 가장 잘 알고 있다는 점을 근거로 과학기술자의 사회적 책임을 강조하곤 했다. 전문적인 교육을 받았기 때문에 과학기술과 관련된 사회적 논쟁에서 쟁점을 명확하게 할 수 있고, 기술이 가지고 있는 잠재적인 위험 요소를 평가하는 데 적격이며, 현재의 과학기술이 가지고 있는 문제를 극복할 수 있는 대안을 제안하는 능력에서 그 어떤 집단보다도 뛰어난 집단이라는 자부심은 이러한 관점의 일례였다.

그렇지만 평화의 댐에 대한 분석은 이러한 평가가 너무 이상적이라는 것을 보여준다. 금강산댐의 저수량과 높이를 계산하는 것이 토목공학에 대한 전문지식이 없는 사람에게는 불가능했듯이, 전문가들은 현대 과학기술의 특정한 측면에 대해서는 다른 사람들이 가지지 못한 전문성을 가진다. 그렇지만 이들은 정치화된 기술의 '정치성'을 파악하는 데에 있어서는 다른 사람들과 큰 차이가 없으며, 심지어 어떤 경우에는 전문성이 정치화된 기술의 '정치성'을 보는 것을 가로막기도 한다. 토목공학자들은 200m 높이의 금강산댐을 건설하는 데 20년 가까운 시간이 필요하다는 것을 보였지만, 200억 톤의 저수량을 가진 금강산댐이 남한에 무척 위협적인 존재가 될 것이라는 생각을 버리지 못했다. 상충되어 보이는 두 개의 결론을 놓고 종합적인 판단을 하지 못했던 데에는 당시 정치적으로 억압적인 분위기가 작용했던 이유도 있었겠지만, 이들이 전문성의 방패 뒤에 몸을 숨기고 도덕적 결단이 필요한 영역으로 발을 들여놓기를 꺼렸기 때문이기도 했다.

따라서 젊은 세대에게 과학기술자들의 사회적 책임에 대해서 교육을 할 때는 전문성에 대해서 다층적인 접근이 이루어져야 한다. 과학기술자들이 연구의 결과가 미치는 사회적인 영향을 통제하거나 이해하지 못하기 때문에 이에 대해서 책임도 없다고 생각하는 것은 문제가 있는데, 이들이 모든 것을 알거나 예측하지 못하는 것은 타당하지만 그럼에도 불구하고 이들은 분명히 자신들의 전문성을 바탕으로 보통 사람들이 내릴 수 없는 평가를 내리기 때문이다. 그렇지만 역으로 과학기술자들이 전문성을 가지고 있기 때문에 과학기술의 문제에 대해서 가장 잘 분석을 할 수 있고, 따라서 이러한 문제에 대해서 당당하게 사회적 책임을 질 수 있는 가장 적절한 집단이라는 점을 지나치게 강조하는 것도 문제가 있다. 이러한 태도를 지닌 과학기술자들은 과학기술 문제가 동시에 안고 있는 사회적이고 정치적인 측면을 경시하는 경향을 보일 수 있으며, 극단적으로는 (명백한 위험요소를 지닌) 과학기술이 별반 문제가 없다는 결론을 낼 수도 있다. 전문성은 전문가들의 사회적 책임에 꼭 필요한 요소이지만, 여기에 과학기술의 문제를 사회적·정치적 맥락 속에서 꿰뚫어 볼 수 있는 능력이 덧붙여지는 것이 필수적이다. 이러한 능력은 신비스러운 혜안이 아니라, 과학기술과 사회의 관계에 대한 이해를 바탕으로 만들어질 수 있는 것이다.

따라서 과학기술의 사회적 문제를 중요하게 생각하는 사람들이 해결해야 할 문제는 과학자의 사회적 책임과 관련된 교육이 된다. 과학기술을 전공하는 학생들에게 과학기술자의 사회적 책임에 대한 교육을 하는 것은, 이에 대해서 미리 생각을 해볼 기회를 제공한다는 의미에서 중요하다. 이를 위해서는 대학만이 아니라 전문가 사회가 이런 문제에 대한 사회적 인식을 일깨우는 것이 병행되어야 한다. 특히 과학기술자들은 자신들이 넓은 사회문제에도 관심이 있다는 것을 보임으로써 대중과도 더 밀접한 관계를 맺을 수 있다 (Bechwith and Huang 2005). 국내에서도 과학기술과 사회에 대한 여러 교양과목들이 개설되어 있는데, 이 과목들을 과학기술을 전공할 예비 과학기술자와 나중에 시민사회의 일원이 될 대학생들에게 과학기술이 불러일으킬 수도 있는 사회적 문제를 인식하게 하고 이에 대해서 미리 고민하게 하는 방식으로 구성을 해보는 것이 중요하다. 그리고 여기에 전문성의 긍정적이고 부정적인 역할에 대한 다층적인 논의와 이해가 필수적으로 들어가야 함은 물론인 것이다.

참고 문헌

과학기술부. 2007. 『실천 연구 윤리』(과학기술부).

김동광. 2002. "생명공학과 시민참여: 재조합 DNA 논쟁에 대한 사례 연구" 『과학기술학연구』 제2권, 제 1호, 107-134쪽.

김진원 외. 2007. 『연구 윤리』시립대학교.

송성수. 2001. 『과학기술자의 사회적 책임과 윤리』과학기술정책연구원.

홍성욱. 1999. 『생산력과 문화로서의 과학기술』제3장. 믄학과지성사.

홍성욱. 2004. 『과학은 얼마나』서울대학교 출판부.

홍성욱. 2006. "技術の政治學と韓國の '平和の ダ'" *Japan Journal for Science, Technology & Society* 15: 1-13. (金凡性 譯)

Beckwith, Jon. 1986. "The Radical Science Movement in the United States," *Monthly Review* 38(3): 118‐128.

Beckwith, Jon and Franklin Huang. 2005. "Should We Make a Fuss? A Case for Social Responsibility in Science," *Nature Biotechnology* 23(12): 1479-1480.

Beder, Sharon. 1993. "Engineers, Ethics and Etiquette," *New Scientist* 25: 36-41.

Dickson, David. 1971. "Social Responsibilities of the Scientist," *Review of Physics in Technology* 2: 116-122.

Herkert, Joseph R. 2006. "Confessions of a Shoveler: STS Subcultures and Engineering Ethics," *Bulletin of Science, Technology and Society* 26: 410-418.

Kuznick, Peter J. 1987. *Beyond the Laboratory: Scientists as Political Activists in 1930s America*. Chicago. University of Chicago Press.

Lynch, W. T, and R. Kline. 2000. "Engineering practice and engineering ethics." *Science, Technology, & Human Values* 25: 195-225.

McFarland, M. C. 1991. "The Public Health, Safety and Welfare: An Analysis of the Social Responsibilities of Engineers," in D. G. Johnson (ed.), *Ethical Issues in Engineering*, pp. 159-174. Englewood Cliffs, NJ. Prentice-Hall.

Mojon-Azzi, S.M., and D.S. Mojon. 2004. "Scientific Misconduct: From Salami Slicing to Data Fabrication," *Ophthalmologica* 218: 1-3.

Newman, James R. 1961. "Two Discussions of Thermonuclear War," *Scientific American* 204(3): 197-204.

Rotblat, Joseph. 2000. "Social Responsibility of Scientists," *MCFA News* 2 No. 1: 1-2.

Wright, Susan. 1992. "The Social Warp of Science: Writing the History of Genetic Engineering Policy," *Science, Technology, and Human Values* 18: 79-101.

Zigmond M.J. and B.A. Fischer. 2002. "Beyond Fabrication and Plagiarism: The Little Murders of Everyday Science," *Science Engineering Ethics* 8: 229-234.

Ziman, John. 1994. *Prometheus Bound: Science in a Dynamic Steady State*. Cambridge. Cambridge University Press.

3. 과학기술과 시민사회의 만남

생태환경 담론의 전개와 대안 기술의 모색*

박진희
동국대학교

I. 들어가는 글

최근 국내에서도 신·재생에너지 공급 확대를 강조하고 에너지 효율 향상을 통해 온실가스 저감을 달성한다는 국가에너지기본계획(지식경제부, 2008)이 마련되고, 저탄소 사회 실현을 명시하는 기후변화 대응 종합대책이 수립되는 등, 기후 변화 대응에 적극적인 모습이 보이고 있다. 사후 대응적인 정책에서 벗어나 온실가스 발생원을 처음부터 줄이는 방안으로 저탄소 사회 구축을 목표로 하고 있다는 점에서 이전의 정책보다 진일보한 것은 틀림없다. 그러나 이들 정책이 당장의 이산화탄소 절감에 초점이 두어지면서, 에너지 믹스에 있어서 원자력 의존을 더 높여 놓은 것은 우려스러워 보인다. 저탄소 사회의 실현은 궁극적으로 에너지 수요의 절대적인 감축과 에너지 믹스에서 재생가능에너지 비율을 증가시켜 나가는 것이다. 그런데, 정부가 2008년도에 내놓은 국가에너지기본계획은 에너지 수요 감축에 대한 의지 표명은 없이, 늘어나는 에너지 수요를 이산화탄소 배출이 적은 원자력이 담당하도록 한다는 것을 근간으로 하고 있다.

그런데, 이러한 정부의 정책은 지속가능한 에너지원으로 재생가능에너지

---

* 이 글은 2008년도 과학문화연구센터의 지원에 의하여 연구되었으며 약간의 수정을 거쳐 『환경철학』 7집에 "시스템 전환, 기후변화 담론 그리고 재생가능에너지－한국의 재생가능에너지 정책의 발달"이란 제목으로 게재되었음.

를 중심으로 기후변화 대응책을 꾀하고 있는 유럽국들과 대조를 보이고 있다. 독일, 덴마크, 네덜란드 등 유럽 국가들에서는 1) 총에너지 소비량의 절대적 감축, 2) 에너지 믹스에서 태양, 풍력, 소수력 등 재생가능에너지의 일차에너지 소비 비중에서 2050년에 최대 50%까지 확대한다는 정책을 실행하고 있는 것이다(BMU, 2007; Ea Energy Analyses, 2007). 이들이 재생가능에너지에 주목하는 것은 이산화탄소 배출이 적은 에너지원이라는 것과 재생가능에너지가 지속가능한 에너지 시스템 구축을 가능하게 해주기 때문이다. 재생가능에너지의 지속가능성에 대해서는 유엔의 지속가능발전위원회(CSD)와 지속가능발전에 관한 세계정상회의(WSSD)에서 지속적으로 논의되어 왔다. CSD에서는 에너지 시스템이 지속가능 발전을 지원할 수 있는 체제로 만들기 위해서는 누구나 비용 효율적인 에너지원 믹스에 접근할 수 있도록 해야 하고, 이들에너지 믹스 구성에 재생가능에너지가 상당한 비율을 차지해야 하며, 에너지효율을 높여야 한다는 기본 원칙들을 제시하였다(CSD, 2001). WSSD에서는 2002년 요하네스버그 회의에서 전 세계 재생가능에너지 쿼터 도입을 제안하며 재생가능에너지 확대를 도모하였다.

본 연구에서는 이런 유럽 등에서의 재생가능에너지 기술 발달이 생태환경 담론의 출현, 유럽 내 환경운동의 발전과 밀접한 연관을 맺고 있다고 보고, 국내 재생가능에너지 기술의 발달 역시 이런 사회 맥락과 연관성을 갖고 있을 것으로 가정한다. 이런 가정에 입각해서 국내 재생가능에너지 확대 및 기술개발 정책을 역사적으로 되돌아보면서 이들 정책이 어떻게 출현하였고 어떻게 실행되어 왔는지, 그리고 이들 정책 출현의 사회적 배경으로는 어떤 것이 있었는지 등을 살펴보고자 한다. 특히 재생가능에너지 관련 정책은 생태환경 담론과 밀접한 연관을 맺고 발전해 왔는데, 구체적으로 어떤 발전 과정을 겪었는지를 분석해 보고자 한다. 또한 환경운동, 시민 에너지 전환 운동 및 기후 변화 담론 등이 재생가능에너지 기술 발달에 어떻게 영향을 주었는지를 알아보고자 한다.

재생가능에너지와 같은 대안 기술이 생태환경 담론과 밀접한 연관을 맺고 있음을 돌아봄으로써, 앞으로 대안 기술의 개발에 적절한 시사점을 줄 수 있을 것으로 본다.

II. 에너지전환 이론과 사회기술시스템

최근 기술에 대한 사회학적 연구, 혁신 연구들이 다양하게 이루어지면서 에너지 부문에서의 지속가능성 달성과 같은 목표가 실현되기 위해서는 '시스템 전환'에 바탕을 둔 정책의 필요성이 제기되고 있다. 네덜란드 등 몇몇 국가들에서는 3세대 혁신 정책에 입각한 사회기술시스템의 구축, 시스템 전환이라는 시각에서 에너지 시스템의 전환을 도모하기 시작했다.

Kemp(2005)에 따르면, 네덜란드 정부는 지속가능성을 달성하기 위해서는 예를 들어 에너지, 수송, 농업처럼 기능적 시스템의 근본적인 변화, 즉, 전환이 필요함을 인식하게 되었고, 정부의 정책은 이런 시스템의 전환을 관리하는 전략으로 재구성되었다고 한다. 실제로 네덜란드 경제부는 지속가능한 에너지 공급 체제 구축이 '장기적인 지향, 시스템적 접근 그리고 야심적인 목적을 함께 구상하고, 이 목적을 실현하기 위해 구체적인 행위를 취하는 이해당사자들 간의 협력에 기반하는' 전환 관리 방식에 의해 이루어져야 한다는 인식에 도달했다. 이에 따라 경제부는 관련 행위자들 목록을 작성해서, 에너지공급 시스템에 대한 장기 시나리오를 작성할 그룹을 만들어, '2050년의 에너지와 사회'라는 시나리오 보고서를 작성하게 하였다. 이 보고서에서 에너지 전환의 기본 경로가 제시되었고, 이를 바탕으로 경제부는 이들 이행경로 실행을 위해 전환 네트워크 형성을 지원하는 활동 등 각종 지원활동을 펼쳐 나갔고, 또한 이에 필요한 예산확보도 진행했다. 개별 기술혁신정책 대신에 전환경로 작성, 경로실행 계획 입안 및 경로실행 관리가 프로그램 내용을 이루고 있는 것이다.

이 에너지 전환 정책의 이론은 Geels와 Kemp 등의 시스템 전환 이론에 근거하고 있다. 이들에 따르면 사회와 기술은 다층적인 시스템적 속성을 갖고 있기 때문에 어떤 시스템이 변화하기 위해서는 사회기술적 제반환경(socio technical landscape), 사회-기술 레짐, 니치 등이 더불어 변화해야 한다. Geels(2004)는 시스템 전환은 기술적 대체나 급진적인 기술 혁신으로 가능한 것이 아니라 새로운 기술 혁신들이 출현하는 기술 니치, 엔지니어 그룹의 출현과 새로운 규칙, 사용자들의 선호도 등이 역동적으로 관계 맺는 사회-기술 레짐, 거시 정치적 변화나 저변의 문화적 가치 변화와 같은 기술 외부적 요인들이 작용하는 사회기술적 제반 환경에서의 변화들이 일어나야 한다고 본다.

이런 변화들은 다층 수준에서 동시에, 다양한 수준에서 일어날 수 있는데, 이런 다층 수준의 과정들이 서로 연계되어, 서로서로 증폭시키는 과정이 일어나면서 시스템 전환이 발생한다. 전환에는 비전을 통한 정책 통합, 협력적 전략, 사회 학습 등이 중요하며, 장기적인 비전과 중단기적 전략을 결합시켜 산업, 정치, 사회 분야가 전환을 위해 공동의 행위를 취할 수 있도록 하는 것이 중요하다(Koennoelae and Carrillo-Hermosilla, 2008). 시스템 전환 관점에서는 비전을 제시하는 장기적인 정책, 개별 기술 혁신에 초점을 두는 것이 아니라 기술의 생산-소비, 사회 문화적 맥락을 아우르는 사회기술 시스템 형성 지향이 중요한 것이다.

몇몇 유럽국가에서는 지속가능한 생산과 소비 정책에 이런 시스템 전환 접근을 적용하기 시작했다. 오스트리아의 경우, 연방 차원에서 '지속가능한 오스트리아' 개념을 정의하면서 "지속가능한 발전으로의 전환은 개별적이고 점진적인 향상에 국한되는 것이 아니라 모든 생활 영역을 포괄하는 정치, 사회, 경제 전반에서의 근본적인 방향 재정립을 요구한다. … 지속가능한 발전이란 사회적 과정으로 기술 표준이나 기술 변화만으로 달성될 수 있는 것이 아니다"라고 전환 개념을 수용하고 있다(Geels, 2008:12). 이런 인식을 배경으로 오스트리아에서 시행된 전환 정책의 예로는 '지속가능한 발전을 위한 기술들' 프로그램이 있다. 이는 환경에 부정적인 영향을 주지 않으면서 경제 성장을 지속하는 미래 지향의 기술혁신을 지원하는 프로그램으로, 기존 혁신 정책과 달리 구조적 혁신, 사회적 혁신과 기술혁신을 모두 아우르고 있다. 하위 프로그램으로 수행되고 있는 '미래의 에너지 시스템'은 시스템 사고에 입각한 에너지 정책의 차별성을 잘 드러내준다. 미래 에너지 시스템 프로그램으로 진행되는 '지역 에너지' 프로젝트는 지역 이해당사자들이 참여한 가운데 에너지 공급과 소비 패턴의 변화를 추구하는 프로젝트다. 이 프로젝트에서는 다양한 이해당사자들 간에 지역 에너지의 미래에 대해 비전을 공유하며, 서로의 경험들을 교류하며, 학습 기회를 늘리고 서로 간의 네트워크를 강화하는 방식이 강조되었다. 참여 당사자들에 의해 지역 재생에너지 기술개발 실험들이 시행되면서, 기술 니치들이 형성되었고 동시에 변화에 대한 합의들이 도출될 수 있었다고 한다(Geels, 2008:28).

스위스의 '에너지 2000/스위스 에너지 프로그램'도 시스템 전환에 기반하고 있는 정책으로 평가할 수 있다. 화석 연료 사용을 줄이고 전기 수요 증가를 낮추고 에너지 공급에서 재생가능에너지를 확충을 목표로 하는 이 프로그램은 건축물의 현대화, 재생가능에너지 확충, 에너지의 효율적인 사용, 저탄소 배출 수송 연관 프로젝트들을 통해 수행되었다. 그런데, 이들 프로그램은 정치, 산업, 투자자와 소비자 간의 사회적인 네트워크 구축, 지속가능한 에너지 시스템에 대한 비전 공유를 위한 소통 강화, 구체적인 프로젝트 내용을 둘러싼 이해 갈등 조정에 중점을 두고 운영되었다. 에너지 효율 기술개발에 중점이 두어지고 있는 것이 아니라 다양한 행위자들의 참여를 통해 프로그램의 공동 목표가 설정되고, 또한 이해당사자들 간의 조정을 거쳐 프로젝트들이 수행될 수 있도록 하여, 참여 행위자들이 공동 비전을 공유하고 서로 학습하며 이를 바탕으로 에너지 프로그램이 지속적으로 수행될 수 있도록 하는 것이다. 시스템 전환 정책은 이처럼 행위자들의 학습, 네트워크 강화, 비전의 공유를 강조하고 있다.

Ⅲ. 국내 재생에너지 기술개발과 생태 환경 담론의 전개

1. 석유 위기와 대체에너지 기술개발의 시작: 1973-1986

1) 대체에너지 논의의 대두

한국에서 처음으로 재생가능에너지에 대한 논의가 시작된 것은 1973년 전 세계를 강타한 석유 위기 발발 직후였다. 1973년 10월 중동 전쟁이 발발하면서 OPEC 회원국들의 석유 생산 중단으로 시작된 석유 파동은 주유종탄 정책을 바탕으로 경제 확대를 꾀하고 있던 한국 정부에 큰 충격을 주었다(에너지경제신문사, 2006). 아무런 준비 없이 맞은 석유 위기에 정부는 긴급하게 에너지 장기 수급 정책을 대폭 수정해야만 했다. 1974년 6월 1일자로 발표된 정부의 새로운 「長期에너지綜合對策」에서는 석탄의 수요를 높여 석유 수입 비중을 낮추는 한편, 국내 에너지 자원을 최대 개발하는 방안을 마련하기로 했다(『경향신문』, 1974. 6. 1, 1면). 이 과정에서 석유를 대체할 수 있는 국내 에너지원을 찾는 '대체에너지' 정책이 처음 정부의 주목을 받기 시작한다.

그런데, 이때 논의된 대체에너지원에는 원자력과 현재 재생가능에너지로 일컬어지고 있는 풍력, 태양에너지, 조력이 속해 있었다. 정부 차원에서 먼저 주목한 것은 조력 이용 가능성으로, 1975년 한국에너지 개발에 관한 보고서는 원자력 다음으로 가장 경제성이 높은 대체에너지로 조력 발전을 제안하였다(한국경제연구센터, 1975:136-137). 이에 따라 정부에서는 구체적으로 조력 발전 가능성에 관한 연구를 실시하였으나, 이후 조력을 활용하기 위한 실제적인 연구들이 이어지지는 않았다. 조력 발전의 가능성 다음으로 활발한 논의가 이루어진 분야가 태양에너지 분야였다. 태양에너지에 대한 논의는 언론 매체와 국내 연구자들에 의해 주도되기 시작했다. 1973년도부터 국내 신문에서는 NASA의 태양에너지 발전에 관한 내용을 비롯하여 유네스코 주최 최초의 태양에너지 개발 회의에 관한 보도 등이 이어지고 있었다. 70개국 전문가 6백여 명이 모여 "공해와 연료 위기를 극복하는 태양에너지"가 새로운 세기의 에너지가 될 것으로 전망한 유네스코 회의가 소개된 신문 지면은 사람들

에게 태양에너지도 대체에너지라는 인식을 심어주기어 충분했다(『조선일보』,
1973. 7. 3.). 이밖에 미국, 유럽 등에서 주택의 냉난방으로 이용되는 태양열
에 관한 기사들이 일반인들의 태양에너지에 대한 관심을 높여 놓았다.

한편, 정부 출연연구소 등의 국내 연구자들이 외국의 태양에너지 기술 연
구에 영향을 받아 자체적인 연구를 시작하였다. 1974년 국내에서는 처음으로
한국원자력연구소에서 '태양에너지를 이용한 건물의 냉난방 시스템의 연구'
개발 사업이 시작되었고, 과학기술처의 지원으로 육군사관학교에서 '태양열
집열 패널의 개발 및 성능 실험'이 수행되었다(이덕선, 1976:67-68). 1974년에
는 국내 최초의 태양열 집열판이 설치된 민간주택도 등장했다. 한편, 주택공
사는 농촌용 태양열 주택 보급 계획을 세우고 전시회를 개최하기도 했다(『조
선일보』, 1976. 6. 7.). 이렇게 원자력 연구소, 육군사관학교, 주택공사에 일반
주택 보유자들까지 다양한 행위자들이 태양에너지에 관계하게 되면서, 대체
에너지로서 태양에너지 이용 기술이 개발될 수 있는 토대가 만들어져 가고
있었다.

2) 태양열 중심의 정책 출현과 대체에너지 기술의 발달

개별 연구소들의 집열판 개발 연구, 주택 공사의 태양열 주택 연구, 시범적
인 태양의 집 건축 등 태양에너지 활용 노력들은 1978년을 계기로 큰 전환점
을 맞는다. 1978년 대통령의 지시에 따라 종합적인 장기 태양열 이용 기본 계
획이 작성된 것이었다. 4단계로 이루어진 이 계획은 1) 1978-1981년까지 집열
기 국산화 및 태양의 집 보급, 2) 1982-1986년까지 태양열 난방 실용화 및 태
양전지 개발, 3) 1987-1991년까지 태양전지 실용화 및 태양광 발전 시스템 개
발, 4) 1992-2000년까지 태양광 발전 실용화 및 태양열 발전 시험 운전으로 구
성되어 있었다(『조선일보』, 1978. 3. 16, 7면). 국내 재생가능에너지 정책으로
서는 최초의 종합 계획이 마련된 것이었다. 동력자원부가 주축이 되어 추진
된 태양에너지 중심의 대체에너지 정책은 독립적인 연구소 출현도 결과하였
다. 열관리시험소, 한국과학기술원, 원자력연구소 등으로 분산되어 진행되던
태양에너지 이용 기술개발을 통합하여 일관성 있게 추진할 것을 목표로 동력

자원부 산하로 '태양에너지연구소'가 KIST 부설로 설립되었다(국가기록원, 1978. 4. 21.). 정부가 당시 태양열 연구에 상대적으로 적극적이었음은 이러한 독립적인 태양에너지 연구소를 갖춘 나라가 미국과 일본밖에 없었다는 점에서도 엿볼 수 있다.

이들 계획에 따라 동력자원부는 기술시장 확보를 위한 보급정책도 추진하게 되어, 1979년 6월에는 태양열 주택 보급 4개년 계획도 세워졌다. 즉 1983년까지 전국 138개 군에 정부 융자금으로 태양열을 이용한 새마을 목욕탕 1개소씩을 세우고 단독주택 및 연립주택 200동을 건립, 총 7천여 동의 태양열 주택을 신축하는 한편, 주택 건설에 따른 등록세와 취득세를 전액 면제한다는 것이었다(『조선일보』, 1979. 6. 13.). 그리고 이어, 단독주택 40평 이상에 대해서는 반드시 태양열 주택을 지어야 허가를 내준다는 정책과 태양열 주택 건설자에게 국민주택채권 매입 면제 혜택, 태양열 주택에 대한 국민주택자금 융자 확대, 연립주택에 대한 태양열 시설 설치 추가 비용 융자, 집열판 생산업자에 대한 시설 및 운전 자금 융자 방안도 마련하여(『조선일보』, 1979. 7. 17.) 태양열 주택 기술의 산업적 기반 조성을 꾀하였던 것이다.

정부의 태양열 주택 소비자 및 건축, 생산업자들에 대한 광범위한 지원 제도에 힘입어 태양열 주택 보급은 빠르게 이루어졌다. 1979년 10월 전국 80여 곳에 건축 중이던 태양열 주택은 1980년 4월 풍납동에 태양열 시범 주택단지가 들어서면서, 공동주택으로까지 확대되어 대량보급 가능성을 시사하고 있었다(『조선일보』, 1980. 4. 29.). 소비자들에 대한 지원 제도가 효과를 발휘해서 1980년 서울시는 태양열 주택 계획 목표 100동 건설을 상반기에 이미 달성할 수 있었다. 전국적으로 1980년 한 해만 953세대가 건립되어 총 1,233가구가 태양열 주택에 살고 있는 것으로 집계되었다(『조선일보』, 1980. 9. 16.).

한편, 보급사업 확산은 관련 기술개발의 촉진과 아울러 진행되는데, 1980년 연구 개발 현황을 보면, 국내에서 태양열 활용 기술과 관련해서는 자동 조절 장치를 제외하고는 모든 부품의 국산화가 진행되고 있었다. 특히 집열판 기술이나 태양열 온수기 축열 기술 등은 실용화 단계로 근접해가고 있었고, 산업계에서는 한국솔라, 서흥산업, 삼성전자 등의 업체가 태양열 주택 전문

기업으로 성장하고 있었다(서항석 외, 1979).

정부 정책의 초점이 태양열 주택에 모아지기는 하였지만, 이 시기는 대체에너지로서 다양한 재생가능에너지 기술 실험이 이루어지기도 했다. 태양열 이용 기술뿐만 아니라 풍력, 바이오매스 이용에 관한 기술개발 실험도 진행되었다. 기록에 따르면, 1972년 10월 경북 울진군에 5kW 풍력발전기가 최초로 세워졌고, 1974년 6월 전북 부안군에 그리고 1976년 1월에 경기도 옹진군 영종면에 1W 풍차가 세워졌다고 한다(산업자원부, 2005). 한국과학원에서는 1974년부터 풍력발전기에 관한 연구가 시작되어 시제품 풍력발전기를 경기도 화성군 엇섬 마을에 설치하였고 풍력양수기를 충남 서산 삼화목장에 설치하기도 하였다. 1980년까지는 이런 연구용 풍력발전기가 민간에 4기와 과학기술원과 KIST에 7기가 설치되었는데, 풍력발전기는 전화용 전력, 도서 지방처럼 전력망이 갖추어지지 않은 지역에 최소 전기를 보급하고자 하는 목적으로 기술개발 및 보급사업이 진행되었다. 기존 에너지를 대체한다는 목적보다 보완하는 성격을 띠고 있었던 것이다.

정부의 적극적인 정책이 뒷받침되지 않은 재생가능에너지 분야가 바이오매스 활용 기술이었다. 태양열 기술개발에 앞서, 이밖에 농촌진흥청에서는 자체적으로 1969년부터 농촌의 바이오매스를 활용하는 방안으로 소규모 메탄가스 발생조 보급 사업을 시작하였다. 설비 비용 절감을 정부에서 제공하는 등의 보급사업에 힘입어 자체적으로 메탄가스 발생조의 기술적인 문제를 개선하는 개인이 등장하는 등 이들 기술에 대한 농촌 사회에서의 관심도 서서히 높아져 갔다(『조선일보』, 1974. 3. 19.). 이 사업은 1975년에 발생조 보급이 23,488기에 이르렀을 정도로 활발했지만, 이들에 대한 사후 관리 및 장려 정책이 이어지지 못하면서 4년 후에 보급된 기기 중에서 가동 중인 기기가 불과 2,499기밖에 남지 않게 되었다. 이런 실패의 원인으로는 사후 관리 미숙, 장치 기술의 저급 등이 지적되었다. 이들 기술개발 실험은 1980년대에 태양열 기술개발이 쇠퇴하면서, 더욱 정체 상태로 남을 수밖에 없었다.

3) 태양열 이용 정책의 쇠퇴

종합계획을 바탕으로 진행되던 태양열 중심의 대체에너지 정책은 이 정책을 추동시킨 가장 큰 원인인 유가 가격의 안정, 대체에너지로서 원자력 발전의 정착이라는 외부적인 환경 요인에 의해 정책 추진 2-3년 만에 쇠퇴기를 맞았다. 물론, 외부적인 환경 요인 이외에도 개발된 기술을 검증하지 않은 채 무리한 보급사업을 추진한 점, 사업자 지원 시스템에 대한 효과적인 관리의 부재 등과 같은 정책 실패도 정책 쇠퇴의 주요한 원인이었다.

연간 몇백 호 건설을 목표로 실행된 태양열 주택 사업은 공동 태양열 주택의 부실공사들이 속속 드러나면서, 소비자들의 신뢰를 상실해 갔다. 1980년 12월 서울 신내동 연립주택 주민들 32가구가 부실공사로 인해 태양열 난방 혜택을 전혀 받지 못했다고 정부에 시공업자에 대한 제재조치를 요구하고 나섰다(『조선일보』, 1980. 12. 31.). 이어 정부가 보급형으로 장려하고 있는 설비형 태양열 주택이 시공상에 하자가 많아 비용이 추가로 들어 연료 절감 효과가 기대보다 낮고, 기계장치가 복잡해서 일반인들로서는 조작이 어렵다는 문제도 드러났다(『조선일보』, 1982. 3. 4, 2면). 관련 기술개발 수준, 이들 기술 상품, 시공업자들에 대한 품질 관리가 채 갖추어지지 않은 상태에서 양적 성장만을 겨냥한 정책이 빚어낸 결과였다. 기술적으로 검증되지 않은 시공업자들이 정부 융자 혜택을 겨냥해서 태양열 주택 건설에 나섰고, 생산업자들 역시 허술한 정부 관리를 이용해 부실 제품들을 공급하고 정부의 시설 운전 자금을 유용했던 것이었다. 결과적으로 이런 지원 제도는 건전한 기술 시장의 발달을 저어했고, 기술 축적의 토대를 마련하는 데 실패하고 말았다.

1980년대 말부터 이들 문제들이 드러나긴 했지만, 정부는 종합적인 대안보다는 단기적인 정책에만 집중하였다. 1981년 12월, 동력자원부는 앞서 문제점들로 인해 주택사업 보급이 부진하자 국민학교 태양열 교실 증축 장려로 정책 집중의 방향을 돌렸고, 이어 1982년에는 주택 사업과 관련해서 소비자 유인책으로 융자 금리를 18%에서 15%로 낮추고, 융자 대상을 40평에서 60평까지로 확대한다는 정책을 내놓았을 뿐이었다(『조선일보』, 1982. 2. 24.). 그런데 이런 정부의 미진한 대책에는 1978년도의 경우와 달리 정부 내에서 태양열 이용계획 달성 의지가 약해진 데도 그 원인이 있었던 것으로 보인다.

정부 정책의 후퇴에는 해외에서 태양열 지원 정책이 후퇴하고 있었던 것과 대체에너지로서 원자력 발전이 확실한 지위를 구축하게 되었던 점에서도 기인한다고 보인다. 국내 정책에 큰 영향을 주고 있던 미국의 태양열 지원 정책이 1981년 후퇴하게 되면서, 국내 정책에 간접 영향을 미쳤다. 한편, 고리 원자력 발전이 60%에 이르는 이용률을 보이며, 석유를 대체하는 에너지로서 가능성이 보이자 정부의 에너지 기술개발 정책은 원자력 기술개발로 확실하게 옮겨갔다. 즉, 정부는 1986년까지 총 발전 설비 용량의 31%를 원자력으로 대체한다는 계획을 내놓았고, 태양에너지를 비롯한 기타 재생가능에너지지원에 대해서는 지금까지의 '대체' 에너지로서보다는 보조에너지지원으로의 지위만을 부여하였다.

1980년대 들어 지속된 유가의 안정도 정부의 태양열 이용 계획을 후퇴하게 만들었다. 정부 정책 후퇴는 1984년 제정된 태양열 주택에 대한 지방세 감면이 1994년으로 시효 만료가 된 것, 건축법 시행령 93조에 의한 특정시설(골프장, 야외사격장)에 대한 태양열 시공 의무제 폐지, 조세 특례제한법 제118조 태양열 기기에 대한 관세감면 규정이 있으나 그 대상이 집열기 유리로 한정된 것 등에서도 보인다. 결국, 1978년의 4단계 발전 계획에도 불구하고, 1990년까지도 국내 대체에너지가 전체 에너지 공급에서 차지하는 비율은 0.4%를 넘지 못하였다(대체에너지개발보급센터, 2003:7). 석유 위기로 시작된 재생가능에너지 기술개발 정책은 기존의 석유 에너지를 '대체'하는 에너지 기술개발로 나아가지 못하고 기존의 에너지 공급 체계가 미치지 않는 도서 지방 등에서 보조에너지 기술개발에 머무르고 말았다. 석유 위기 담론은 경제 성장에 필요한 석유를 대체할 수 있는 에너지 기술을 찾도록 했고, 원자력 기술이 이런 사회적 요구와 부응하면서 새로운 대체에너지 기술로 자리 잡게 되었고 태양에너지로 대표되었던 재생가능에너지 이용 기술에 대한 사회적 관심은 사라져갔다.

2. 환경 담론의 형성과 대체에너지 기술개발 촉진 정책: 1987-1996

1) 에너지 기술의 자주화와 대체에너지 기술개발 정책

태양열 에너지를 중심으로 1974년 이후 정부 주도로 이루어진 대체에너지 개발 계획은 유가 안정이 지속되면서 쇠퇴기로 접어들었다. 대체에너지 사업, 기술개발자들에 대한 융자 지원, 태양열 주택 소비자들에 대한 지원 역시 축소되었다. 다만, 여전히 논란이 끊이지 않고 있던 석유 및 석탄 고갈 위기 상황에 정부 차원에서 장기적으로 대비할 필요가 있고, 기술개발 차원에서 국제적으로 대체에너지 분야 기술에서 지나치게 격차가 벌어지면 곤란하다는 것을 이유로 제한적인 차원에서 대체에너지 기술개발이 논의되고 있을 뿐이었다.

1986년 여당인 민정당에서는 화석에너지 고갈에 대비하여, 정부 출연금과 석유 안정기금 및 대체에너지 개발 채권 발행 등의 재원을 바탕으로 대체에너지 기술을 개발한다는 정책 제안을 내놓게 된다(『조선일보』, 1986. 5.). 정부에서는 무엇보다도 안정적인 에너지 공급 기반을 구축하여 에너지의 해외 의존도를 감소시키고, 이를 바탕으로 자주적인 공급 기반 조성, 자주적 기술개발 능력 구축이 필요하다고 보았다. 이런 배경에서 '대체에너지 개발 촉진법'이 마련되었고, 이 법은 1987년에 '대체에너지 기술개발 촉진법'이라는 이름으로 국회를 통과하였다. 이 촉진법은 자주적인 공급 기반 조성에서도 입안이 추진되었지만, 선진국에 비해 크게 낙후된 대체에너지 기술 수준에 대한 우려에서도 마련되었다. 실제 1987년 당시 대체에너지 기술에 대한 정부의 투자는 절대액수에서 미국의 100분의 1에도 미치지 못하고 있었고, GDP 대비 비율도 미국과 일본의 2분의 1을 넘어서지 못하였다(김동원, 1988:123). 극히 저조한 대체에너지 기술 분야 투자의 확대 필요성, 정부 주도의 대체에너지 기술개발의 효율적 집행 등을 가능하게 하는 제도적 장치로 촉진법의 필요성이 제기되었던 것이다(부경진, 1995).

촉진법은 장기계획의 수립, 프로젝트 선정 및 연구 결과 평가 관리를 할 수 있는 전문 관리 기구 설치 규정, 개발에 필요한 사업비의 안정적인 조성이 가능하도록 해주었다. 촉진법에 의해 그동안 모호했던 대체에너지 개념이 구체성을 띠게 되었다. 즉, 촉진법 2조의 정의에 따르면, 대체에너지는 '석유, 석탄, 원자력, 천연가스가 아닌 에너지로서 태양에너지(태양열, 태양광발전), 바이오에너지, 풍력, 소수력, 연료전지, 석탄액화 및 가스화, 해양에너지, 폐기물 에너지, 기타 대통령령으로 정하는 에너지(석탄혼합연료, 지열, 수소에너지 등)'로 정의되었다(이인영, 2001).

2) 대체에너지 기술개발 기본 계획의 수립과 그 이행

기술개발 정책의 성격에 따라 이 정책의 수행은 통상산업부와 과학기술부의 협의를 축으로 이루어졌는데, 통상산업부 산하에는 이들 개발 사업을 전담하는 부서로 1988년에 에너지관리공단 부설로 '대체에너지 사업부'가 설치되었다. 이 사업부는 1989년, 대체에너지 개발센터, 1992년 '에너지자원기술개발지원센터'로 확대 개편되었다. 한편, 사업비 출연은 정부투자기관인 한전과 가스공사에서 이루어지고 있었다. 실제 기술개발을 담당하는 체제로는 실용화 기술은 정부 출연기관 등 연구소와 민간기업에서 이루어지고, 기초 기반기술은 대학이 담당하는 방식으로 구성되어 있었다. 대체에너지 기술 연구의 중심을 이루던 동력자원연구소가 에너지기술연구원으로 개편되어 기술연구의 축을 이루기는 했지만, 이 시기 대학과 민간 차원에서도 정부의 사업에 참여하면서, 대체에너지 기술 연구 역량을 강화하기 시작했다. 관련 기술 지식 축적기반이 확대되었다고 평가할 수 있다. 한편, 이들 기술개발 사업을 심의, 관리할 수 있는 대체에너지 정책 심의회와 전문위원회가 통산부 사업 입안을 도울 수 있도록 하였다.

촉진법이 제정된 1년 후인 1988년 6월에는 태양열, 태양광 등 11개 분야의 대체에너지 기술개발 기본계획(1988-2001년)이 수립되어, 본격적인 연구 개발이 이루어지게 되었다(에너지경제연구원, 2000:151). 이 기본계획은 연구→실용화→중점 기술개발→기술 상용화의 전형적인 기술개발 전략을 따르고 있는 것으로 1988년부터 2001년까지의 4단계 전략으로 구성되어 있었다.

이 기본 계획에 따라 1988년부터 태양열, 폐기물 에너지, 태양광 발전 등의 분야에 1997년 말까지 1,190억 원(정부 645억 원)이 투자되었고, 개발된 기술의 보급을 위하여 1983년부터 1997년까지 1,612억 원의 장기저리 자금이 융자 지원되었다(통상산업부, 1998). 투자 내용을 보면, 연료전지, 태양광 발전, 바이오에너지, 폐기물 에너지 및 석탄 이용 분야에 총 사업비의 80% 이상이 투자된 것으로 나타났다. 이런 투자비의 집중은 정책의 목표가 현실적인 대체 효과가 큰 기술 중심으로 이루어졌기 때문이었다. 1988년부터 1991년까지는 단기간 내에 이용이 가능하다는 것을 이유로 폐기물 에너지와 주변에서 원료 획득이 용이할 것으로 추정되는 바이오에너지 분야에 대한 투자가 이루어졌다. 그런데, 폐기물에너지에 대한 투자는 에너지 이용보다는 폐기물 처리 정책이라는 환경 정책과 연동되어 이루어지고 있었고, 당시 사회적으로 환경 문제에 대한 인식이 높아지면서 이들 정책 수행에 유리했다. 이런 배경 덕택에 본격적으로 재생에너지 정책이 수행되는 2002년에도 폐기물 이용 기술이 중심이 될 수밖에 없었다.

국내 바이오매스 활용은 폐기물의 소각열 이용을 제외하고는 왕겨탄과 메탄가스 보급을 중심으로 이루어져 왔다. 바이오에너지 기술개발 역시 1988년 대체에너지 기술개발 계획이 수립되면서 본격화되어 왔다. 이전의 연구 개발은 왕겨탄 개발, 축산폐기물 메탄 발효기술에 집중되어 왔다. 1988년 이후에는 전분 및 목질계 에탄올 생산기술 개발과 고율 메탄 발효공정 개발에 치중되어, 에탄올 생산기술의 경우 파일럿 플랜트가 성공리에 운전되어 완성단계에 이르렀고, 메탄 발효 공정은 상업화 연구 단계에 접어들었다. 이외에 바이오디젤 생산 및 이용, 에너지 작물 재배기술, 바이오매스를 이용한 연료 생산 등이 진행되었다. 그러나 이들 기술개발은 태양열의 경우에서처럼 적극적인 기술 보급, 시장 형성 정책에 뒷받침되지 못하면서, 에너지원으로서 바이오매스 활용은 실질적으로 거의 진행되지 못하였다. 더구나 이들 연구자금의 집행을 보게 되면, 수송 연료로 현재도 거의 이용되고 있지 못하는 바이오에탄올 연구에 연구 자금의 60%가 집중되어 연구를 위한 연구에 머물고 있었다.

1992년 7월에 1단계 사업을 종료하고 난 후, 정부는 외부 환경 변화와 국내

기술 수준 평가를 토대로 1988년에 설정되었던 원별 목표를 상향 조정하고, 대체 효과가 큰 기술 보급을 활성화하기 위해 기본 계획을 수정, 보완하였다. 이 단계에서는 1단계에서보다 기술개발에 역점을 두어, 선도기술개발사업으로 연료전지와 태양광 발전을 선택하여 집중 지원하는 방식이 출현하였다. 연료전지는 기술개발 기반 구축이 기본 목표가 되어 투자가 이루어졌고, 태양광 발전은 시범 보급사업과 병행되어 기술개발이 이루어졌는데, 여기서 주목되는 것은 이들 보급이 오지나 도서 지역, 가로등 및 공원 시설 등 기존 전력망이 미치지 못하는 부분을 대상으로 이루어지고 있었다는 것이다. 즉, 대체 에너지로서의 성격보다는 재생가능에너지는 기존의 중앙집중식 화석 에너지 공급 시스템을 보완하는 에너지로서 기술개발이 이루어지고 있었던 것이다.

3) 환경 담론의 부상과 대체에너지 기술 정책

이 시기 국내 시민사회의 발달은 대체에너지 정책이 전환을 맞을 수 있는 환경을 조성하였다. 80년대 출현한 국내 환경운동 단체들은 생태계 보존을 위한 활발한 활동을 벌이면서, 시민들의 환경 의식 고양에 일조를 하였다. 집약적인 경제 성장의 폐해로서 황폐해져 가는 자연환경 보호운동이 조직적으로 벌어졌고, 환경운동연합, 녹색연합, 환경정의시민연대 등 전국 규모의 환경운동 단체도 등장했다. 이들 환경운동 단체들은 반공해 운동, 수돗물 중금속 오염 파동과 수돗물 발암물질 파동에 적극적으로 대응하며, 자연의 가치, 생태 가치들에 우리 사회가 주목하도록 만들었다. 자연과 환경은 우리 사회에서도 이제 경제 도구로서가 아니라 그 자체로 보존되어야 할 대상으로서 인식되기 시작했다. 이들 환경운동 단체에 의해 지속적으로 환경 이슈가 사회적 의제가 되면서 환경주의 가치가 널리 확산될 수 있게 된 것이다.

한편, 이들 단체들은 1994년 환경부와 '민간 환경단체정책협의회'를 창립하여 주요 환경 현안에 대해 협의하고 정책 대안을 만드는 수준으로까지 발전했다(구도완, 2000). 이들 환경운동의 성과는 오염과 환경 훼손의 증가 속도를 늦출 수 있었고, 동강댐 반대 운동의 예에서처럼 정부가 물수요관리 정책을 강화하게끔 하는 등 정책에 직접적인 영향을 행사하기도 했다. 환경운동의 성장과 더불어 '친환경적 개발', '지속가능한 개발' 등의 사회 전체 목표가 우리 사회에서도 보편적인 지위를 획득해갔다(앞의 글, 2000).

환경오염 문제와 더불어 이들 단체들에서는 원자력 반대 운동과 연계해서 에너지 문제에 관한 사회적 논의들을 진행하기도 했다. 1993년 4월 발족한 환경운동연합은 강령에서 "환경적으로 건전하고 지탱 가능한 사회 건설"을 목표로 내세우며, 환경 친화적 산업구조로 산업구조를 변화시키는 것, 생명의 원천인 물과 공기 보전, 무분별한 개발 사업 저지는 물론, 안전하고 재생가능하며 환경 친화적인 에너지 체계로의 전환을 자신의 실천 사항으로 제시하기도 했다(환경운동연합, 1993). 리우회의 이후로 국제적인 기후 변화 협약에 대한 논의들이 활발해지면서 국내에서도 환경을 파괴하지 않는 무공해, 청정 에너지원의 사용을 촉구하는 목소리들이 조금씩 높아지고 있었다. 그러나 에너지 문제가 앞서 환경 문제의 경우에서처럼 구체적인 정책 대안 마련으로 이어지는 등 핵심 주제로 부각되고 있지는 않았다.

이보다는 1987년 영광 원자력발전소 주변 주민들의 피해보상으로 시작된 반핵운동, 1990년 안면도 핵폐기장 반대 운동과 1995년도 굴업도 핵폐기장 반대 운동으로 이어지는 반핵운동이 원자력 중심의 우리 에너지 시스템을 성찰하는 계기를 마련해 주었다고 할 수 있다. 이들 반핵운동은 환경운동과는 달리 발전소 주변 혹은 핵폐기장 건설 예정지 주민들을 중심으로 주민운동 차원에서 일어났다. 원자력 발전의 안전 문제, 핵폐기장 건설 반대가 주요 이슈이기는 했지만, 이들 반핵운동은 원자력 발전에 대한 성찰의 계기를 마련해 주었다. 원자력을 중심으로 한 에너지 문제가 사회적 이슈로 부각되게 된 것이다. 그러나 주민운동 형태로 일어났던 반핵운동은 지속가능한 에너지 시스템에 관한 논의, 에너지 전환 논의로까지 발전하지는 못하였다. 이들 반핵운동이 또한 환경운동에서처럼 정부 에너지 정책 차원에 영향을 미치지는 못하였다.

이 시기 대체에너지 기술은 이전의 기술개발 촉진법－선진국 기술 수준 유지를 지향하는－에 의해 촉진되고 있었다. 이 촉진법이 대체에너지 이용 기술 연구에 유리한 환경을 조성했음은 다음의 평가에서 읽을 수 있다. "88년

R&D 자금은 경상가격 기준으로 78년도 3억 4천8백만 원의 8.2배가 증대된 금액이며 이를 85년 불변가격으로 환산하면 3.6배에 해당하는 금액이다. 그러나 한 가지 특징적인 것은 1981년 2차 석유파동 직후 85년 불변가격으로 약 14억 원까지 지원하던 R&D 자금이 86년까지는 81년 수준을 따라가지 못하고 있다가 87년부터 겨우 그 수준을 유지하게 되었다는 점이다"(김진오, 1990:8). 연구 투자에서 절대적 액수의 증가는 실질적인 성과를 내놓기도 하였다. 국산 태양열 온수기가 상용화되어 농촌 주택을 중심으로 보급에 들어가게 되었고, 메탄가스 회수 이용기술, 폐기물 소각 처리 기술이 국산화 및 실용화 단계에 도달하였다. 태양광 발전과 연료 전지 집중 지원 결과, 1993년에 100kW급 발전소가 충남 호도에 시범 설치될 수 있었고, 40kW급 연료전지 시스템이 시험 운전에 들어가게 되었다. 이렇게 몇몇 선정된 기술에 대한 집중적인 지원으로 실용 수준 단계까지의 발전은 이루어졌지만, 이들 기술이 더 성숙될 수 있는 시장 기반은 보급 정책이 뒷받침되지 못하므로 아직 마련되지 못하였다.

대체에너지 촉진법을 기반으로 한 정책은 1단계 시기에는 대체 효과를 중심으로 개발 대상 기술을 선정했다가 이어지는 2단계에서는 선도기술 개발로 대상 기술을 바꾸었다. 기술개발 중심의 정책이라는 성격을 분명히 한 것이었다. 이 정책은 전력과 열 생산의 에너지원을 실질적으로 재생에너지원으로 바꾸는 비전이 뒷받침되고 있던 것은 아니었다. 국내에서 보유하지 못한 관련 기술을 개발한다는 과학기술 정책의 차원에서 진행되고 있던 정책이라고 볼 수 있다. 선진국과의 격차 해소, 단기적인 실용화에 역점을 두고 정부 지원금을 투입하여, 결과물을 산출하고 시범 보급을 통해 기술 실증을 해나간다는 단선적인 전략이 채택되었던 것이다. 연구 지원 사업은 기업체 주도로 단기간에 실용화 가능성이 큰 것으로 주로 선정되었는데, 1990년의 경우, 바이오 분야 기술개발 지원으로 대우와 코오롱엔지니어링이 연구 지원을 받고, 폐기물 분야에서는 한국연수 등의 기업이 지원을 받았다(『조선일보』, 1990. 3. 13, 7면). 이런 기술개발 위주에 머무르다 보니, 에너지원으로서 재생에너지가 기존 에너지를 대체할 수 있는 시장 개발은 상대적으로 소홀히 되었다. 이미 형성된 석탄, 석유와 원자력 중심의 에너지 시스템에 재생에너지원이 진입할 수 있는 방안들로서 기술개발 정책이 진행된 것은 아니었다. 기술 수준과 해외 기술 시장을 중심으로 기술 선정과 집중 개발이 진행되었을 뿐이다. 에너지 시스템 차원에서 정책이 집행되고 있지 못했다.

3. 생태환경 담론의 확산과 재생에너지 기술 시스템의 기반 조성: 1997-2008

1) 지구 온난화와 기후 변화 사회 담론의 등장

1980년대 중반 온실가스로 인한 지구 온난화 문제는 과학자 사회를 벗어나 사회 논쟁의 영역으로 들어왔다. 1980년대 말 사람들은 미디어를 통해 '온실효과', '지구 기온 상승' 등의 단어를 자주 접하게 된다. 국내 신문에도 1988년부터 지구의 '온실화'에 대한 대처가 시급하고 이 문제가 점차 국제 정치적인 이슈로 등장하고 있음을 알리는 기사들이 늘어나기 시작했다. 1992년만 해도 '기후 변화'나 '지구 온난화'에 관한 기사가 20여 건에 머무르던 것이 1997년이 되면 60여 건으로 급격히 증가하는 것을 볼 수 있다. 이들 기사들을 통해 국내에서 진행된 지구 온난화 이슈를 살펴보면, 이들 이슈가 국내 산업의 미래라는 경제 문제에 밀접히 연관되어 있음을 알 수 있다.

1980년대 중반에 제기된 지구 온난화는 1990년대 들어오면서, 지구 온난화에 대응하기 위한 국제기후협약 체결 논의로 발전하게 된다. 1988년 6월 캐나다 토론토에서 '대기 변화에 대한 세계회의'가 개최되면서 "기후변화에 관한 정부간 패널(Intergovernmental Panel on Climate Change, IPCC)"이 설치되었다. IPCC는 1990년에 국가간 기후변화 방지 협약의 필요성을 언급하는 보고서를 제출하였는데, 이 보고서를 기반으로 1990년 11월에 열린 제2차 세계 기후회의에서 협약 제정을 합의하게 된다. 이어 1992년에 6월에 열린 리우회의에서 기후 변화 협약이 제정된 것이었다(김종달, 2005). 국내에서는 온난화 가스 배출을 제한하는 기후 변화 협약이 가져올 국내 산업계에 대한 파장이 먼저 주목받기 시작했다. 석유, 석탄 사용 비중이 높은 우리나라의 경우, 이들 협약으로 인해 산업 발전에 큰 제약을 받게 되어 경제적인 위축이 불가피하게 된다는 것이었다. 외무부 관계자는 한 보고서에서 "화석 연료 사용을 줄이기 위해 원전 설립을 통한 원자력 발전을 확대하고, 전기, 천연가스 이용을 증대시켜 화석 연료를 대체시켜야 하므로 국내 무연탄, 유연탄 생산 및 소비 산업은 붕괴하여 에너지 체계를 개편하기 위한 경제, 사회적 비용은 엄청날 것으로 예상된다. 또한 기존 에너지의 효율성을 향상시키기 위해 기술개발에 많은 투자를 해야 하고 우리나라의 주요 수출상품인 냉장고, TV, 자동차 등도 에너지 효율 기준을 강화시키지 않고는 상품의 해외 경쟁력을 상실하게 될 것이다"(신동익, 1990)라고 기후 협약의 파괴적인 결과를 강조하고 있었다. 1990년대 초만 해도 우리의 대응 입장은 배출 규제를 받는 시한을 유예하여 산업에 대한 파장을 줄이는 것이었다.

그러나 1994년 기후변화협약이 발효된 이후, 단순히 유예 정책으로 이 문제를 해결할 수 없다는 것이 자명해졌다. 석유, 석탄 에너지 규제에 대한 불가피, 국내 자체적으로도 온실가스 저감을 위한 구체적인 정책 노력들이 이루어져야 한다는 주장들이 점차 언론 지면을 장식하는 일들이 늘어갔다. 정부 차원에서도 1994년에는 장기적으로 기후 변화 방지를 위해 온실가스 저감형 에너지 수급 구조로의 전환 정책이 마련되어야 한다는 인식이 높아졌다. 1990년과 달리 "에너지 효율 증가, 청정 기술의 개발, 환경 산업의 육성 등은 새로운 구제 시장을 개척할 수 있는 호기를 제공하고 있으며, 국내 환경 개선에도 커다란 효과를 줄 것으로 기대"한다는 기후 변화 정책의 긍정적인 측면들이 부각되기도 했다(이덕길, 1994). 1997년 12월 일본 교토에서 기후변화협약 3차 당사국 총회에서 선진국들이 2008년부터 2012년까지 온실가스 배출량을 1990년 대비 평균 5.2% 감축키로 합의한 교토의정서가 발휘되면서, 우리의 온실가스 감축 대응 노력도 더 구체적인 내용을 띠기 시작했다. 1998년에는 정부 차원에서 국무총리를 위원장으로 하는 기후 변화 대응 범정부 대책기구가 구성되었고, 1999년 2월에 1차 '기후변화협약 대응 종합대책'이 제출되었다. 종합대책에는 에너지 절약 및 온실가스 저감 시책, 원자력, 천연가스 등 청정연료 보급 확대, 농림 및 축산 부문 온실가스 저감 및 흡수원 확충, 온실가스 저감 기술개발 촉진 등의 중점 과제가 포함되어 있었다(기후변화협약실무대책회의, 1999). 동시에 국제회의에서도 자발적인 감축 국가에 참여할 의사를 밝힘으로써, 기후 변화 국제 정책에 적극적으로 협력할 것을 선포하기에 이른다. 온실가스 저감 사회를 구축하기 위한 정책으로 기업과 정부 간의 온실가스 배출 감축을 위한 자발적 협약이 체결되기도 하고, 지금까지 미흡했던 재생가능에너지 정책의 적극적인 추진이 이루어지게 되었다. 이렇게 지구 온난화에 대한 국제적 담론의 확산은 국내 에너지 기술 정책의 큰 틀을 형성하게 된다.

2) 기후 변화 대응으로서 재생가능에너지 기술의 개발

기후변화협약 논의들이 진행되면서, 온실가스 저감 기술개발에 대한 논의들이 활발해지게 되었다. 온실가스 저감 기술로서 재생가능에너지 기술을 보다 적극적으로 활용하여 온실가스 배출량을 줄여야 한다는 주장들이 주목받기 시작했다. 보완 에너지로 기술개발 정책 차원에서 진행되던 대체에너지 기술개발 정책이 1997년 12월 법 개정과 더불어 기술 시장 병행 정책으로 전환되었다. 즉, 1987년의 '대체에너지개발촉진법'이 '대체에너지 개발 및 이용 보급 촉진법'으로 개정된 것이다. 개정법에서는 기술개발 지원 정책 이외에 대체에너지 이용, 권고제, 시범 보급 사업, 대체에너지 이용에 대한 보조, 융자 및 세제 지원과 국공유재산 이용 등에 관한 내용들을 포괄하여, 기술개발 정책 한계를 벗어나고자 했다.

통상산업부 장관이 수립하는 대체에너지 기술개발 기본계획의 내용에 기술개발뿐 아니라 이용, 보급에 관한 내용도 포함하도록 하여 대체에너지 이용 보급 확대에 정부가 주력할 수 있도록 하였다. 구체적으로는 에너지 관련 산업을 영위하는 자에게 대체에너지 이용, 보급 사업에 대한 투자를 권고하고, 국가기관 및 지방자치 단체, 정부 투자기관 공장 등에게 대체에너지 이용을 권고하여 시장 수요를 창출함으로써 대체에너지 산업이 육성될 수 있는 기반이 마련되도록 하였다. 보급 촉진법에서는 대체에너지를 재생이 가능한 에너지인 태양열, 태양광, 바이오, 풍력, 소수력, 지열, 해양에너지, 폐기물 에너지 등 8개 분야와 기술개발에 의해 확보가 가능한 신에너지인 연료전지, 석탄액화가스화, 수소에너지 등 3분야로 총 11개 분야로 정의하여, 이후 '신·재생에너지' 개념의 토대를 마련해 두었다. 보급 촉진법은 재생에너지원을 이용하는 개별 기술개발 촉진 정책에서 이들 기술의 상업화를 가능하게 하는 기술 시장 창출까지 포함하는 종합적인 정책으로의 진전을 의미하는 것이기도 했다.

이런 변화는 에너지 정책 전반의 변화와도 연관을 맺고 있었다. 1997년 10월에 통상산업부에서는 처음으로 "제1차 국가에너지 기본계획"이라는 에너지 종합 계획을 내놓았다. 이 기본계획은 국내에서 최초로 세워진 에너지 종합 계획이라는 점에서 의의가 크지만, 기후협약 등에 대한 대비책으로서 에너지 정책 방향이 제시되고 있다는 점에서도 그 의의가 크다. 그간의 에너지의 안정적인 공급과 에너지 자주 기술이라는 방향에서 에너지 정책이 논의되고 있었다면, 1997년 이후에는 지구 온난화로 인한 기후 변화 대응이라는 관점에서 에너지 정책이 수립될 필요성이 제기되고 있던 것이었다. 1997년에 나온 에너지 기본 계획에서는 2006년까지 총에너지 수요의 6% 감소 목표, 48.8%까지 석유 의존도 감소 의지, 이산화배출량 억제 목표치가 제시되고 있었다(『조선일보』, 1997. 10. 8.). 즉, 국내 에너지 정책 역사상 처음으로 지구 온난화의 환경 문제가 에너지 정책의 큰 틀을 형성하게 되었다는 점이다. 환경 정책과 에너지 정책이 약한 통합을 보이기 시작했다고 할 수 있다. 이 에너지 기본 계획에 따라 '제1차 대체에너지 기술개발·토급 기본계획'이 수립되었다. 기술개발 정책 하의 대체에너지 정책과 달리, 1997년도 계획에서는 에너지 공급 목표가 명확히 제시되었다. 즉 2006년까지 대체에너지 공급 목표로 2%가 설정되었고, 중점 기술개발 대상으로는 태양열, 태양광, 폐기물 에너지 이용, 연료전지, 석탄가스화 복합발전 등 단기간 내 실용화 가능 기술이 선정되었다(통상산업부, 1998).

그러나 1997년의 기본계획은 추상적인 정책 목표 차원에서 기후 변화 대응론을 제시하고 있었을 뿐, 실제 정책은 기존의 기술개발 정책에서 크게 벗어나 있지 않았다. '1차 국가에너지 기본계획'은 국제환경규제에 따른 에너지

수급 제약이 심화되고, 환경 문제 심화로 에너지 공급시설 입지 확보 어려움
에 따른 공급불안정에 대한 장기대책이 중심 내용을 이루었다(통상산업부,
1997a). 이런 정책 특성은 1997년에 세워진 '에너지기술개발 10개년 계획'에
도 반영되고 있다. 별도로 추진되고 있던 에너지 절약, 대체에너지, 청정에너
지 기술개발 정책을 하나로 통합하여, 에너지 기술개발을 보다 효과적으로
추진한다는 차원에서 작성된 이 계획은 정부의 기술개발 방향이 무엇을 지향
하고 있던가를 구체적으로 보여준다. '10개년 계획'은 앞서 에너지 기술 분야
에서 중점적으로 추진할 방향을 기술개발 프로그램들을 결정하고 있는데, 대
체에너지 분야 프로그램의 선정 기준은 "선진국과의 기술경쟁력 가능성과 에
너지 수급에의 기여도가 큰 중점 프로그램"이었다(통상산업부, 1997b). 이런
목적에 부합하는 기술로 태양열, 태양광, 연료전지, 석탄가스화 복합전이 선
정[1]되었다. 기술개발 전략에서 지속가능한 에너지 정책으로의 이동은 2002
년에야 시작되었다고 볼 수 있다.

3) 시스템으로서 재생에너지 기술의 발달

앞서 정책적 한계로 97년부터 시행된 정부 보급사업은 개발된 기술의 상용
화를 앞당길 만큼 성과 있게 진행되지 못했다. 시범 보급사업, 세제 지원, 대
체에너지 이용 권고 등의 정책으로는 앞서 기술개발 정책 시기에서와 마찬가
지로 기존 에너지 시스템에 재생에너지원이 통합될 수 있도록 하는 데 성공
하지 못했다. 2001년 말 신재생에너지 보급 현황은 이런 상황을 잘 보여주고
있다. 3kW급 주택용 발전 시스템 개발을 목표로 추진되어 온 태양광 기술의
경우, 전력망이 연계되지 않은 도서지방 4개소에 이용되고 있을 뿐이었고, 풍
력의 경우도 발전량은 누적으로 8.5MW에 불과했다(옥용연, 2002). 이들 기술
개발에 투입된 연구 자금도 1988년부터 1998년까지 11년 동안 295과제에 770
억 정도만을 투입한 것으로 나타났다(김상현, 2000). 같은 시기에 유일하게
폐기물 소각에서 발생하는 회수열을 이용할 수 있는 설비 보급이 확대되면

---

1) 태양열 온수기 상용화, 단결정 Si 태양전지 국산화 완료, 실증 시험에 있는 연료 전지와 석탄
가스화 복합발전을 근거로 기술개발 대상이 선정되었다(에너지기술개발 10개년 계획, 1997).

서, 대체 열원으로서 기존 시스템에 편입되고 있을 뿐이었다. 이런 보급 현황
은 '대체에너지원'으로서 재생가능에너지원이라는 기대가 싹틀 수 없도록 만
들었다. 재생가능에너지원에 대한 사회적 수요 역시 창출될 수가 없었다.

그러나 '제2차 국가에너지 기본계획'이 마련된 2002년에 들어서면서, 명실
공히 재생에너지 정책이라고 할 수 있는 정책들이 실행되기 시작했다. 1차
기본 계획과 달리 2차 계획은 처음부터 a) 지속발전 가능한 에너지시스템의
구축, b) 시장기능이 활성화된 경쟁력 있는 에너지 산업 육성, c) 에너지 기술
수출 강국, d) 아시아의 에너지 중심 국가로 부상 목표를 제시하며, 1997년에
비해 기후 변화 등 환경 문제를 에너지 정책의 기본틀로 받아들였다.

이는 정책 수단에서도 변화를 가져오게 하였다. 보급 보조, 보급 융자 등
의 정책들이 병행적으로 이루어지기는 하였지만, 1997년의 대체에너지 개발,
이용 및 보급 계획은 여전히 개발에 중점이 두어지고 있었다. 개발된 기술의
시장 형성에는 제한적인 정책만이 시행되었을 뿐이었다. 그런데 2002년에 들
어서면서 정부는 재생에너지 기술 시장 형성을 결과하게 될 정책들을 도입하
게 되고, 이로부터 재생에너지 기술 시스템이 그 초기적인 형태를 갖추게 되
었다. 2000년부터 도입 검토가 이루어지던, '대체에너지 발전전력'에 대한 우
선구매 및 자금지원, 공공기관에 대한 대체에너지 이용 의무화제도 등이 2002
년 3월에 도입되었던 것이다.

화석에너지에 비해 상대적으로 경제성이 낮은 대체에너지 발전전력의 확
대를 위해 2002년에 정부는 '발전차액지원제도'를 도입하였다. 독일, 스페인
등 유럽에서 재생에너지 확대를 위한 주요한 정책 수단으로 이용된 이 제도
는 대체에너지원별로 기준 가격을 높게 책정하고, 이 기준가격에 따라 한전
에서 재생에너지원을 이용한 발전업자로부터 전기를 구매하게 하고, 한전의
구매 차액은 정부에서 보전해 주는 방식[2]이다. 이 정책은 재생에너지원의 경
제성을 높여, 이 분야에 진출하는 발전 사업자를 늘려 궁극적으로 재생에너
지 기술 시장을 확대한다는 목표를 갖고 있다. 산자부에서는 2000년부터 이
제도를 검토한 후, 2002년 2월 25일에 '대체에너지 개발 및 이용보급, 촉진법'

---

2) 보전 자금은 전력기반기금을 통해 마련하도록 하였다.

을 개정하여 신·재생에너지원에 대한 발전 차액 지원 시행 근거를 마련하였다. 그해 5월에는 관련 고시를 제정하고 소수력, 매립지가스, 풍력 등 5개 대체에너지발전원에 대한 기준가격을 공시하였고, 2003년에는 관련 고시를 개정하여 태양광, 풍력 등에 대해서는 보장기간을 연장하였다. 그리고 2004년 10월에는 조력을 포함한 6개 신·재생에너지원에 대한 기준가격 지침을 완성하여 고시하였다(산업자원부, 2004:20-21). 차액지원 제도는 그간 시범 보급, 보급 융자, 세제 지원 등으로 구성되었던 보급 사업과는 달리, 정부가 직접 보급 사업을 주도하기보다는 발전사업자들이 자발적으로 재생에너지 시장에 참여할 수 있는 틀을 마련하는 방식으로 시장 확대를 꾀한 새로운 정책이었다. 정부가 고시한 높은 기준가격은 높은 발전단가로 인해 재생에너지원 발전을 회피하던 과거의 상황을 바꾸어 놓았고, 2004년 이후 재생에너지원 발전업자들의 빠른 성장을 가져왔다.

　이들 발전차액지원제도의 성과는 2002년 이후 풍력, 태양광 등 재생가능에너지원이 실질적으로 에너지 공급에서 차지하는 비중이 늘고 있다는 데서 볼 수 있다. 차액지원제도가 실행되면서, 풍력 발전에 민간 사업자들이 대거 참여하면서 발전량이 늘어나게 된 것이다. 80년대까지만 해도 전력망이 갖추어지지 않은 도서 지역에서 보충 전력원 역할에 머물던 풍력 발전이 2006년에는 총발전량의 0.3%를 차지할 정도로 발전원으로서 급성장하게 되었다. 이런 풍력 발전의 성장은 화석에너지의 대안으로서 풍력 발전에 대한 사회적 기대 형성을 가능하게 하였다. 즉, 다른 재생에너지 기술에 비해 상대적으로 잘 작동할 수 있는 신기술로 받아들여지게 된 것이다. 발전차액제도의 도입으로 인한 태양광 발전 역시 급성장을 보였다. 2008년 3월 현재 차액제도로 설치된 태양광 발전 누적 용량은 62.56MW를 기록했다. 이는 1MW 이상의 대형 발전소를 세워 차액지원제도로 이윤을 남기고자 한 태양광 발전업자들의 참여로 가능했다. 태양광 발전소들이 증가하면서, 태양전지 모듈 시장이 성장하였고 국산전지 모듈의 비중도 2005년의 7.5%에서 2008년의 29.46%로 증가해 갔다. 모듈 이외에 인버터의 국산화 및 양산 단계로의 진입도 이루어지고 있다.

　한편, 같은 해인 2002년에 정부는 차액지원 제도 이외에 기존 보급 사업 정책도 확대 강화하였다. 먼저, 대체에너지 이용률을 높이기 위한 방안으로 '국가 및 공공기관의 대체에너지 이용 의무화 제도'를 마련하였다. 이어, 국산화 태양광 기술 보급을 위해 '태양광 주택 3만 호 보급사업'을 추진하고, 기술 설비 보급을 위해 재생에너지 설비를 설치하는 기관 등에 설치비의 80%를 보조하는 시범 보급 사업도 실시하였다. 이들 보급 사업에서 눈에 띄는 것은 개별 기술 보급 사업 이외에 '대체에너지로 필요한 에너지를 자급자족하는 환경친화적인 시범마을(Green Village) 조성 사업이다(대체에너지개발보급센터, 2003:17). 그간의 중앙집중적인 에너지 공급체계에서 벗어나 지역 차원의 에너지 공급 체계 마련이라는 시각이 처음으로 도입되고 있고, 이의 구체적인 실현으로 그린빌리지 사업이 마련되었던 것이다.

이런 제도적인 보완에 따라, 현재의 재생에너지 기술개발－보급체계는 대학－연구소－기업에서 이루어지는 연구 개발 및 실용화 사업과 다양한 보급 사업으로 이루어져 있다(신재생에너지센터, 2006). 보급 사업과 이를 지원하는 제도에 해당하는 것이 시범 보급, 일반 보급, 지방 보급, 태양광 주택 10만 호 보급 사업, 생산자 및 설치자에 대한 융자 및 세제지원, 발전차액, 공공 의무화제도, 전문기업 인증제도이다. 이들 제도는 2002년 이후 재생에너지 이용 설비의 급속한 증가와 관련 기업들의 증가를 가져왔다.

설비 증가는 자연히 관련 기업들의 증가도 초래하였는데, 정부 보조 사업에 참여한 업체만 태양에너지 154개 업체, 바이오 12개 업체, 풍력 9개 업체, 수력 6개 업체로 집계되고 있다(진보정치연구소, 2006). 다른 부문에 비해 여전히 열악하기는 하지만, 재생에너지 산업 부문으로 성장할 싹은 텄다고 볼 수 있다.

한편, 보급 제도의 정비와 더불어, 기술 연구 체제도 정비되어 갔다. 1989년 사업에 따라 연구소, 기업, 대학에 연구 지원 분배를 담당하던 에너지자원 기술개발지원센터가 2005년에 신재생에너지센터로 개편 확대되었다. 1997년 부터 진행된 중점 프로그램에 대한 정부 지원은 한국에너지기술연구소, 한국자원연구소, 한국과학기술연구원, 한국전기연구소 등의 출연연구소와 에너지자원기술연구소, 에너지환경연구센터, 에너지시스템연구센터의 대학 연구센터가 연구 거점으로 성장할 수 있게 하였다. 이들 기술 연구 역량은 2002년 이후 더욱 다양화된 정부 지원 사업으로 더 팽창해 가게 되었다. 정부의 대학 지원 사업인 핵심기술연구센터, 특성화대학원, 최우수 실험실 등의 제도들이 신재생 연구 분야에도 적용되어, 핵심기술 인력 양성의 기반이 마련된 것이었다. 지역에너지사업도 지역 대학의 신재생 연구 역량 기반이 조성될 수 있도록 했다.

4) 에너지 시민운동과 재생가능에너지 기술 시스템의 발전

대체에너지 정책에서 재생에너지 정책으로의 이동은 시민사회에 의해 추동되기도 했다. 90년대 중반 이후로 재생가능에너지 활용은 시민단체에 의해서 준비되고 있었다. 2000년 환경운동연합 산하 단체에서 독립단체로 새롭게 활동을 시작한 에너지대안센터는 회원들이 주축이 되어 태양광 시민발전소를 세우기 시작했다. 2000년에 창립한 에너지대안센터는 "에너지 위기는 원자력 발전의 확대나 화석 연료의 안정적 확보로는 결코 극복될 수 없다고 생각한다. 오직 효율적인 에너지 사용과 재생가능에너지의 적극적인 개발을 통해서만 위기가 극복된다고 믿는다. … 재생가능에너지에 기반한 분산적이고 지속가능하고 평화를 가져오는 에너지 시스템을 확립"할 것임을 천명하며, 시민 에너지 운동을 시작하였던 것이다. 대안센터는 선언에만 머문 것이 아니라 직접 이들 기술 시스템을 만들어가는 활동을 시작하였다. 즉, 회원들이 돈을 출자하여, 시민 태양광발전소를 직접 세워나갔던 것이다. 2003년 5월에 3.06kW 용량의 시민발전소 1호를 세우고, 이어 유한회사 '시민 발전'을 세워 이들 분산형 태양광 발전소 건설을 촉진하고자 하였다. 이 에너지 시민운동은 정책의 비판이나 반대를 넘어, 시민들 스스로 대안 정책을 마련했다는 점에서 시민운동의 새로운 지평을 열었다고 할 수 있다.

시민발전소를 세우는 과정에서 개인 발전업자들이 재생에너지원으로 전력을 생산하는 데 각종 제도적 장애들이 존재하고 있음을 발견하고, 에너지대안센터는 햇빛 발전소 건립과 더불어, 전기사업자법, 도시계획법 등 제도 개혁도 아울러 추진해 갔다. 에너지대안센터의 활동은 다른 환경운동 단체들,

나아가 우리 사회 전반에 에너지 전환에 관한 논의들이 촉발될 수 있는 계기를 마련해 주었다. 에너지대안센터 이외에도 에너지시민연대 등의 새로운 시민단체들이 탄생하였고, 녹색연합, 환경운동연합 등에서 에너지 문제를 전담으로 활동하는 활동가들이 생겨나기 시작했다.

에너지전환의 '시민발전' 운동은 그동안 한전과 같은 기업의 활동 영역으로 여겨지던 전력 생산을 일반 시민도 할 수 있음을 보여주어 에너지 소비자의 새로운 정체성을 형성할 수 있게 해준 것이었다. 화석 연료 시스템에서는 존재하지 않았던 새로운 소비자를 출현시키며, 재생가능에너지 시스템이 구축될 수 있게 해주었다. '시민발전' 운동의 역할은 여기에서만 의의를 찾을 수 있는 것이 아니라, 물리적인 재생가능에너지 시스템 구축에 결정적인 역할을 하게 된다. 2002년에 고시된 정부의 발전차액지원제도는 실제 시행상에서 많은 문제점을 내포하고 있어, 재생가능에너지 시스템 구축을 진작시킬 수 없었는데, 이런 점들이 시민발전소를 추진하는 과정에서 드러날 수 있었던 것이다. 발전차액지원제도 외부에 존재하던 각종 법률, 규제들이 문제가 되었다. 그간 중앙집중식의 대형발전소 위주로만 각종 규칙들이 정비되어 있어, 이들 제도하에서는 '시민발전'과 같은 소형 발전이 불가능했던 것이다. 즉 연간 전력 판매액을 넘어서는 등록비를 지불해야 하는 '전력거래소 등록'이 의무화되어 있었고, 전력을 팔기 위해 기술적인 설비 지침으로 '매입 및 전력망 연계에 관한 기준'은 아예 마련되어 있지도 않았다. 그리고 태양광 발전 확산에 중요한 조건이 건물 지붕을 쉽게 이용할 수 있는 것인데, 이것이 산업집적활성화 및 공장 설립에 관한 법률 시행령에 걸려 공장 지붕에 태양광 발전 설비를 설치할 수 없었다. 이런 제도들이 에너지전환의 '시민발전' 운동의 결과로 개선되기 시작했고, 이는 시민발전소의 확산을 결과하게 되었다.

2005년 10월에 부안지역에서 3기의 태양광 시민발전소가 건설되었고, 2006년에는 한국YMCA 전국연맹이 순천에 대형 태양광 시민발전소를 설치하여, 시민발전소 건립이 전국적으로 확산되기 시작했다. 이들 '시민발전' 운동은 정부의 보급 사업 및 태양광 발전업자들과 함께 태양광 발전 시장을 형성하는 데 큰 기여를 하였다. 특히 '시민발전' 운동은 기후 변화와 같은 환경 문제를 스스로 해결하고자 하는 적극적인 시민들의 참여로 이루어지면서, 재생가능에너지 기술의 사회적 수용력을 높이면서, 재생가능에너지 사회기술시스템의 비전이 확산되는 계기를 마련해 주었다.

에너지 시민운동은 석유를 대체할 수 있는 바이오연료 분야의 진보를 가져오기도 했다. 2000년부터 부안군 주산면의 주민 모임 '주산사랑'은 친환경 농업에 재생가능에너지를 활용하는 실험을 시작했다. 즉, 2002년에 왕우렁이 농법을 위해 난방시설 공사를 하면서 지열과 태양열 발전기를 설치하고, 바이오디젤을 연료로 하는 소형 발전기를 사용하기 시작한 것이었다. 이렇게 시작된 바이오연료 실험은 이어 유채씨를 이용한 바이오디젤 보급 확산운동으로 이어졌다. 파종 시기가 늦어져 유채가 모두 얼어죽는 실패를 딛고 주산사랑회는 2006년 부안군 농민회와 더불어 유채 재배에 본격적으로 나서면서, 부안 유채 네트워크를 결성하였다. 바이오 연료 확산을 위해 유채 이외에 폐식용유를 모아 바이오디젤로 가공하는 활동도 진행하였다.

이들 바이오연료 실험은 에너지 작물 재배자로서 농민의 새로운 역할을 발견한 농민들 주도로 이루어졌다. 반핵운동을 통해 재생가능에너지 시스템의 필요성을 몸소 체험한 이들은 지역 자원에 바탕한 재생가능에너지 시스템을 스스로 구축하였고, 그 방안의 하나로 바이오디젤 생산-소비 네트워크를 만들고자 한 것이었다. 그러나 이 실험은 곧 기존 시스템의 배제 기제에 가로막히고 말았다. 학교 폐식용유를 이용하여 바이오디젤을 생산하여 학교 버스를 운영하려던 협약은 '석유 및 석유대체연료사업법'에 저촉이 되어 무산되게 된 것이었다. 석유사업법을 바이오연료 등 석유대체연료 개발 및 사용을 촉진하기 위해 개정한 것이 대체연료사업법인데, 실제 시행에서 대체연료 개발을 촉진하는 것이 아닌 것으로 드러났다. 이 사업법에 따르면, 대체연료사업을 하는 사업자는 반드시 자가 정비 및 주유소 설비를 갖추어야 했다. 대체연료를 제조 판매하기 위해서는 시설 기준 등 등록 요건을 갖추고, 제조 수출입업, 판매업 등록을 해야 하고 품질 검사에 합격한 제품만 판매가 가능하도록 되어 있어, 자가용 소비를 위해 소량으로 바이오디젤 생산은 불가능했다.

부안 시민의 바이오연료 실험은 재생가능에너지가 대체에너지로서 현재의 시스템에 정착하기 위해 무엇이 필요한지를 잘 보여주었다.

5) 재생가능에너지 기술 시스템의 제한적인 성장

연구 기술개발 체제, 보급에 의한 시장 형성, 산업 주체들의 성장 및 사회적 수요 형성 등으로 2002년 이후로 국내에서도 재생에너지 시스템이 초기적인 형태나마 구축되기 시작했다고 볼 수 있다. 여기에 결정적인 역할을 한 것이 발전차액제도라고 할 수 있다. 미완이긴 하지만, 발전차액제도는 태양광, 풍력 시장 형성을 가능하게 해주었고, 이들 시장 형성에 따라 발전사업자 및 관련 설비 생산자들의 양적인 성장을 낳기도 했다.

이런 정책과 정책 수단의 변화에도 불구하고, 2002년 2차 기본 계획에서도 우선순위는 산업 성장 동력을 유지하기 위한 에너지의 안정적 공급에 놓여 있었고, 기후 변화 대응은 부차적인 목표에 머물고 있었다. 이는 제시된 신재생에너지 공급 목표가 1차 국가에너지 기본 계획에서 크게 진전하지 못한, 2006년까지 1차 에너지 소비량의 3%, 2011년까지 5%로 설정된 것에서도 나타난다.

에너지 공급 구조에 급격한 변화를 주는 대신, 에너지 산업으로 신재생에너지 분야를 발전시킨다는 전략을 택하고 있었다. 산업 정책이 아니라 에너지 전환에 기초한 지속 가능한 사회 건설을 목표로 하는 사회 정책으로서의 유럽 에너지 정책과는 큰 차이를 보이고 있는 것이다. 신재생에너지 공급 목표 설정을 대체에너지원별로 기술 수준과 산업의 설비 공급 능력을 종합적으로 고려하여 연도별로 공급량과 투자 비용을 산출하기로 하였다는 결정은 에너지 정책이 여전히 산업 정책의 일환으로 추진되고 있음을 보여주는 것이다. 산업 기술개발의 차원에서 신재생에너지 기술개발 정책이 이루어지고 있음은 2003년도에 작성된 '제 2차 신재생에너지 기술개발 및 이용·보급 기본 계획'에서도 알 수 있다. "수소·연료전지, 풍력, 태양광 등 3대 분야를 전략적으로 집중 지원하여 2011년까지 연료전지와 태양광 부문을 세계 3위 수준까지 끌어올리고, 세계 시장의 10-20%를 차지하는 수출 전략 산업화를 추진하여 현재 선진국 대비 50-70%의 기술 수준을 2011년까지 70-90%까지로 끌어

올릴 계획"임을 밝히고 있다.

현재의 정책은 지역 차원의 분산적인 에너지 공급 및 소비 체제, 지역 기술 기반의 조성, 지역 에너지 소비 구조의 변화 등 에너지 공급 및 소비 체제의 지속 가능성 실현을 지향하고 있지 못하다고 할 수 있다. 이에 따라 재생에너지 기술개발 역시 국외 시장을 겨냥하여 진행되고 있어, 지역 사회에 필요한 재생에너지 기술개발과는 거리가 멀다고 할 수 있다. 기술개발을 촉진하는 제도로 평가되는 차액지원제도도 국내 산업 기반 강화 제도와 적절하게 연계되지 못하면서, 국내의 태양광, 풍력 관련업계 기술력 확보에는 큰 기여를 하지 못하였다. 차액지원제도가 정부가 설정한 목표량 설정 달성 수단에 머무르면서, 이 제도로 인한 시장 형성이 산업 기반 강화로 이어지지 못하고 있는 것이다. 연구 지원을 통한 기술 지원 정책에서도 재생 분야보다 신에너지 분야에 집중되고 있고, 여전히 이들 전체 연구에 투입되는 재원은 원자력 연구의 10분의 1에 불과하다.

법제도, 시장 촉진 제도, 기술 연구 조직의 성장 등으로 재생에너지 기술 시스템이 그 초기적 형태를 갖추고는 있지만, 이 시스템이 정착하는 데 필요로 하는 요인들이 결여되고 있어 시스템의 미래는 아직 불확실하다고 할 수 있다.

IV. 나오는 글

국내 재생에너지 기술개발은 경제 성장을 가로막은 석유 위기에 대한 대응책으로서 시작되었다. 즉, 에너지원으로서 석유를 대체할 수 있는 대안으로 재생에너지 기술이 주목받게 되었고, 이에 대한 정책이 입안되었던 것이다. 이 초기의 대체에너지 기술개발은 이런 점에서 산업 정책의 일환으로, 그리고 석유 위기라는 외부적 요인에 의해 추진되었다. 대체에너지로서 원자력이 부상하게 되고, 석유 가격이 다시 내려가자 이들 대체에너지 기술개발을 추진할 수 있는 동력이 사라져 버리게 되었다. 태양에너지 이용 기술이 기술 주체의 관리 능력 부재 등으로 실패하게 된 것도 초기 재생가능에너지 기술

시스템이 정착될 수 없게 하였다. 기술 실패에도 불구하고 재생가능에너지에 내재된 사회적 가치를 주장할 수 있는 시민 환경운동이 부재한 것도 또 다른 원인으로 지적될 수 있을 것이다.

90년대 지구 온난화를 둘러싼 지구 환경에 대한 사회적 담론은 재생가능에너지 기술 시스템에 유리한 환경을 조성해 주었다. 환경 오염원으로서 에너지원에 대한 성찰이 시작되었고, 청정에너지, 무공해 에너지로서 재생에너지의 가능성들이 사회적인 주목을 받게 된다. 그리고 이 논의는 97년 이후 국내에서 시작된 기후 변화 대응 정책과 결합되면서 대체에너지가 아닌 '재생가능에너지 기술 정책'을 출현하게 한다. 보완 에너지가 아니라 온실가스 배출의 주범인 화석에너지를 대체하는 대체에너지로서 재생가능에너지 확대를 꾀하는 정책이 본격적으로 시작된 것이다. 에너지 시민운동을 주도한 국내 시민 환경운동의 성장, 시장 정책을 포괄하는 종합적인 기술개발 정책, 발전차액제도 등 새로운 제도들의 출현, 관련 연구자들의 성장 등으로 강화된 연구 네트워크 등이 재생가능에너지가 비로소 시스템으로 정착될 수 있는 기반을 마련해주었다. 그러나 원자력 중심의 에너지 시스템이 여전히 강고하고, 정부나 우리 사회의 이에 대한 성찰적 사고가 미약하면서, 재생가능에너지 시스템은 그 발전에 많은 제약을 마주하고 있다.

참고 문헌

1차 문헌
『조선일보』
국회회의록
국가기록원 소장 자료

2차 문헌
강용혁. 2006. "신재생에너지 국내외 현황 및 향후 전망", 『에너지협의회보』 통권 75호. 4-13쪽.
구도완. 2000. "1990년대 한국의 환경운동－전문 환경운동조직을 중심으로", 『2000년도 한국사회학회 사회학대회 논문집』, 303-313쪽.
기후변화협약실무대책회의. 1999. "기후변화협약 대응 종합대책", 『석유협회보』 통권 211호. 38-52쪽.
김동원. 1988. "대체에너지 개발촉진법 제정 배경 및 추진방향", 『태양에너지』 제8권 1호. 122-126쪽.
김상현. 2000. "선진국 지구 온난화 대책의 동향과 한국의 정책 방안", 『환경과 생명』 23호, 138-151쪽.
김상곤 외. 2007. 『전력산업의 공공성과 통합적 에너지 관리』, 노기연.
김수덕. 2005. "신·재생에너지 보급 확대를 위한 필요조건", 『신재생에너지저널』 통권 3호. 16-19쪽.
김용태. 2003. "대체에너지 보급 활성화 정책", 『태양에너지』 2권 2호. 16-20쪽.
김종철. 2005. "기후변화와 태양경제", 『에너지포커스』 통권 12호. 6-27쪽.
김진오. 1990. 『대체에너지 기술개발 사업평가 기법연구』. 에너지경제연구원.
대체에너지개발보급센터. 2003. 『대체에너지 정책 및 지원제도』. 에너지관리공단.
변무식. 2005. "신·재생에너지 원천기술 확보해야", 『전기저널』 통권 346호. 41-46쪽.
부경진. 1995. 『신·재생에너지 보급 확대를 위한 관련 법·제도 개선방안 연구』. 에너지경제연구원.
산업자원부. 2004. "신재생에너지보급과 발전차액지원제도", 『전기설비』 통권 232호. 20-23쪽.
산업자원부. 2003. 『제2차 신·재생에너지 기술개발 및 이용·보급 기본계획(2003-2012)』.
신동익. 1990. "지구온난화방지를 위한 기후협약 제정과 우리의 대책", 『외교』 통권 16호. 104-111쪽.
신재생에너지센터. 2006. 『'07 신·재생에너지 보급 사업 안내』. 에너지관리공단.

에너지경제연구원. 2005. 『에너지통계연보 2005』.

서항석 · 박상동 · 오창섭. 1979. "한국의 태양에너지산업 현황조사", 『태양에너지』 2권 1호. 14-19쪽.

에너지경제신문사. 2006. 『에너지정책 & 에너지산업 60년사』. 에너지경제신문사.

오정무. 1981. "한국의 태양에너지 이용현황", 『태양에너지』 제1권 2호. 46-57쪽.

옥용연. 2002. "대체에너지 개발 · 보급 현황 및 전망". 『설비』 통권 213호. 34-38쪽.

전영서. 2004. "신 · 재생에너지 개발과 보급 촉진 방안", 『에너지협의회보』 통권 68호. 14-23쪽.

이덕선. 1975. "우리나라 태양의 집(Solar house) 연구 개찰 현황", 『월간 주택』. 56-62쪽.

이성인. 1999. 『대체에너지 통계체계의 구축방안 연구』. 에너지경제연구원.

이인영. 2001. "대체에너지 개발정책과 이용전망", 『전기전자학회지』 제6권 2호. 30-34쪽.

지식경제부. 2008. 『2030 국가에너지기본계획』.

진보정치연구소. 2007. 『환경과 재생가능에너지 산업의 경제적 파급 및 고용창출 효과에 관한 연구』 (미발간).

통상산업부. 1997. "통산부, 제 1차 국가에너지기본계획 확정", 보도자료.

통상산업부. 1998. "대체에너지기술개발 및 보급 촉진 정책 방안", 보도자료.

한국경제연구센터. 1975. 『한국의 에너지 개발과 산업정책』. 대한상공회의소.

BMU. 2007. *Ausbaustrategie Erneuerbare Energien-Aktualisierung und Neubewertung bis zu den Jahren 2020 und 2030 mit Ausblick bis 2050.*

BMU. 2008. *Erneuerbare Energien in Zahlen.*

Ea Energy Analyses. 2007. *50% Wind Power in Denmark in 2025.* (http://www.windpower.org/media(2513,1033)/081029_50pct._wind_power_in_DK_in_2025.pdf)

CSD. 2001. Commission on Sustainable development. Report on the Ninth session (http://www.un.org/esa/sustdev/csd/ecn172001-19e.htm#Decision%209/1)

Geels, F. W. 2004. "From sectoral systems of innovation to socio-technical systems Insights about dynamics and change from sociology and institutional theory," *Research Policy,* Vol 33, No. 6-7, pp. 897-920.

Geels, F. W., Monaghan, A., Eames, M. and Steward, F. 2008. *The feasibility of systemsthinking in sustainable consumption and production policy: A report to the Department for Environment, Food and Rural Affairs.* Brunel University. Defra, London.

Geels, F. W., Kemp, R.,2007. "Dynamics in socio-technical systems: Typology of change processes and contrasting case studies". *Technology in society* Vol. 29, Issue 4, pp. 441-455.

Kemp, R., J. Schot, et al. .1998. "Regime Shifts to Sustainability Through Processes of Niche Formation: The Approach of Strategic Niche Management". *Technology analysis & strategic management*. Vol. 10. No. 2. pp. 175-195.

Könnölä, Totti and Javier-Carrillo Hermosilla, 2008, *System Transition. Concepts and Framework for Analysing Nordic Energy System Research and Governance*. VTT Working Papers 99.

SFOE. 2002. *A Flying Start. Swiss Energy 1st Annual Report 2001/02.* (http://www.bfe.admin.ch/energie/00458/index.html?lang=en&dossier_id =00720)

Tsoutsos, T., Stamboulis, Y.A. 2005. "The sustainable diffusion of renewable energy technologies as an example of an innovation-focused policy," *Technovation* Vol. 25. pp. 753-761.

1980년 전후 전화선 부족 현상에 대한 시민의 반응*

김연희
서울대학교

I. 들어가며

오늘날 한국은 정보통신기술을 선도하는 나라로 발돋움했지만, 불과 20-30 년 전만 하더라도 전기통신 수단이 절대적으로 부족한 나라에 속했다. 한국이 정보통신 선진국으로 도약의 토대를 마련한 것은 1980년대 전후라고 할 수 있다. 이때 우리나라는 재래의 기계식 교환기를 반전자식 전자교환기로 대체하는 작업을 수행함과 동시에 전전자교환기(시분할교환방식의 교환기; Time Division Switching System, TDX로 줄임) 개발을 위한 기술 확보 작업을 진행했던 것이다.[1] 이 TDX 개발 사업의 성공으로 한국의 통신기술은 자립 단계로 진입했다. 이와 관련한 통신기자재의 국산화도 이룰 수 있었을 뿐만 아니라 숙원사업이었던 만성적인 통신 적체를 해결할 수 있었다. 이후에도 신기술 개발을 위한 지속적인 투자와 정책적 지원으로 으늘날 우리나라는 정보통신 분야에서 다수의 원천기술을 확보할 수 있게 되었고, 현재와 같은 정보통신 선진국의 위상을 확보할 수 있었던 것이다.

---

* 이 연구는 2008년도 과학문화연구센터의 지원에 의하여 수행되었음.

[1] 1976년 정부는 제7차 경제장관 간담회에서 전전자교환기 개발을 추진하기로 의견을 모으고 곧바로 디지털교환기 자체개발 계획을 수립한 바 있다.

이처럼 비약적 발전이 가능했던 만큼 다양한 분야에서 TDX의 개발을 둘러싼 연구들이 활발하게 진행되었다. TDX의 기술 자체에 대한 공학적, 수학적 연구도 적지 않게 축적되어 있지만 행정학, 경제학에서의 연구 역시 적지 않다.[2] 행정학 분야에서의 연구는 TDX 개발을 둘러싸고 진행된 행정제도의 재구축과 재정 및 행정 지원 과정이 중요한 주제를 이루고 있다.[3] 이 분야의 연구는 더 나아가 TDX와 같이 국가 연구 개발 프로젝트에서 제도와 국가의 역할에 주목했고, 이런 배경들을 중심으로 기술혁신정책 성공요인들을 분석하는 일도 포함했다. 경제학 분야의 연구에서는 산업발전에 따른 기업의 요구가 TDX 개발에 중요한 배경을 이루었음을 강조하면서, 기업들이 이 개발에 어떤 방식으로 참여했는지, 상품화 이후 시장 확보를 위해 세계 시장 진출은 어떻게 이루었는지를 주로 분석했다.[4] 특히 동구권과 같은 특정 지역 시장의 진출을 위해 기업들이 어떠한 전략을 세웠는지에 분석의 초점을 맞추기도 했다.[5] 그밖에 지리학 분야에서의 연구도 발견할 수 있는데, 이 연구는 수도권 통신기기 제조업체의 생산 네트워크와 산업 지형, 그리고 특정 지역의 특수산업 발전 원인과 배경을 분석했다.[6]

---

2) 한국전자통신연구소, 『TDX-10 총서』, 제1-11권 (1994); 한국전자통신연구소, 『10년 논문집(1977-1986):전자·통신·컴퓨터 분야』 (1987); 과학기술부, "특정연구개발사업 주요 성공사례", 『특정연구개발사업 20년사』 (2003). 이들뿐만 아니라 TDX 기술 자체의 연구는 매우 많다.

3) 李永龍, "開發途上國의 動態的 技術發展過程과 그 革新戰略에 關한 硏究:韓國産業化의 經驗과 TDX 開發戰略의 事例를 중심으로" (嶺南大學 박사학위 논문, 1998); 曺國鉉, "국가연구개발프로젝트 성과의 영향요인 분석:TDX R&D project 사례를 중심으로" (高麗大學 박사학위 논문, 1997); 洪性範, "기술혁신체제의 유형변화와 기술진화:한국의 D램 반도체 및 전전자교환기(TDX) 개발사례" (高麗大學 박사학위 논문, 1995); 황종성, "한국의 정보통신산업 발전전략과 국가역할 : 디지털교환기산업을 중심으로" (延世大學 박사학위 논문, 1994); 鄭愚湜, "기술혁신정책 성공요인에 관한 분석적 연구" (延世大學 박사학위 논문, 1994); 朴憲明, "문제의 영역과 성격에 따른 정책의 대응전략에 관한 연구 : 1980년대 한국의 정보통신정책과 통신선진화전략을 중심으로" (高麗大學 석사학위 논문, 1993); 金顯峻, "Telecommunications management network에서의 관리효율 향상방안에 관한 연구" (東國大 情報産業大學院 석사학위 논문, 1996).

4) 朴來安, "情報通信市場 自由化에 따른 韓國 情報通信産業의 海外進出戰略研究" (高麗大 經營大學院 석사학위 논문, 1991); 朴來安, "電子交換機 製造企業의 海外進出戰略에 관한 연구" (西江大 經營大學院 석사학위 논문, 1990).

5) 정해룡, "국산 전전자교환기의 동구시장 수출전략" (慶北大 經營大學院 석사학위 논문, 1990).

6) 문미성, "수도권 통신기기 산업의 생산네트웍에 관한 연구" (서울대학교 석사학위 논문,

이처럼 기존의 연구들은 기본적으로 기술 개발과정 및 이를 가능케 한 행정 체제 및 재정 지원 제도 또는 시장 확보와 같은 문제들에 집중되었다. 물론 TDX 개발이 기술 집적, 막대한 재정 지원, 행정 및 법률 지원이 필요한 사업이었던 만큼, 이러한 측면에 집중한 이전 연구들이 나름의 의미를 가짐을 부정하기 어렵다. 하지만 TDX 개발을 둘러싼 행정정책 구성과 재정 지원에서 중요하게 고려되어야 할 시민들의 여론과 요구에 관련해서는 아직 제대로 된 연구가 이루어지지 못했다.[7] 막대한 자금이 필요한 국가적 연구 사업에 조세로 재정을 부담해야 하는 시민들의 여론이 국가 정책 구성에 중요한 영향을 미침에도 불구하고 이에 대한 연구가 미진했던 것이다. 이 연구는 1980년대에 이루어진 통신기술의 발달에 전화선 부족 문제를 끊임없이 다양한 방식으로 제기했던 시민사회가 큰 역할을 했음을 보임으로써, 시민들의 여론과 반응이 기술 개발의 중요한 원천으로 작용했음을 드러내고자 한다.

이를 위해 1980년 전후한 시기의 신문들에 보도되었던 전기통신 사업을 둘러싼 기사들을 분석했다. 1975년부터 1981년까지의 기사들을 『조선일보』, 『동아일보』, 『한국일보』, 『중앙일보』, 『서울신문』, 『경향신문』 등 6개 일간지를 중심으로 살펴보았다. 이 작업을 통해 당시 전화선 부족 상황을 좀 더 자세히 살펴보고, 이에 시민들이 어떻게 반응했는지, 그리고 이런 시민들의 반응에 정부는 어떻게 대응했는지를 살펴볼 것이다. 이를 통해 한국의 시민사회가 한국사회의 과학기술 및 과학문화 발전에서 중요한 역할을 수행한 세력이었음을 보이고자 한다.

1994); 문미성, "산업집적과 기업의 혁신 수행력 : 수도권 전자통신기기산업을 사례로" (서울대학교 박사학위 논문, 2000).

7) 예외가 있다면, 다음의 논문을 들 수 있다. 朴憲明, "문제의 영역과 성격에 따른 정책의 대응전략에 관한 연구: 1980년대 한국의 정보통신정책과 통신선진화전략을 중심으로" (高麗大學 석사학위 논문, 1993).

II. 1980년 전후 전화선 상황

1980년을 전후한 시기 한국 경제는 급속도로 발전하고 있었다. 이는 물가 안정, 국제 수지 개선 등에 힘입은 것으로 연간 경제성장률이 7-8%대에 이를 정도였다. 이런 경제 성장으로 국민 생활은 급속히 향상되었다. 나아진 생활 수준으로 시민들은 편리한 문화생활을 추구했는데, 이를 위해 필요한 사회 기반 시설 가운데 하나가 전기통신이었다. 그뿐만 아니라 경제 성장으로 기업 활동이 팽창하면서, 이는 통신선의 폭발적 수요를 초래했다. 이런 상황에 부응하기 위해 정부는 전화선 보급을 매년 20%씩 증가시켰지만, 그럼에도 급증하는 수요를 충족시키기에는 한계가 있었다.[8]

이런 상황은 이미 일찍부터 예견된 일이었다. 전화 보급이 처음 100만 대를 돌파한 것은 해방 이래 30년이 지난 1975년의 일이었지만, 불과 3년 만인 1978년에 100% 신장을 이루어 200만 대에 이르는 놀라운 신장세를 보였기 때문이다.[9] 그럼에도 1960년, 70년대 초 전화 사업으로 수익을 창출했을 무렵, 이 흑자는 전화선 증가, 낡은 시설 교체, 기술 개발 등 통신사업으로 재투자되지 않고, 대부분 우정 사업 및 철도 사업 등의 적자를 보전하는 데에 이용되곤 했다.[10] 이런 재투자 부재는 경제 규모가 확산되고 사회 활동이 활발해짐에 따라 전화선의 극심한 부족 현상을 야기했다. 당시 전화선을 신청한 사람들 가운데 1년은 물론 2년을 기다려도 전화를 배정받지 못하는 경우가 적지 않았을 정도로 적체 상황이 매우 심각했다. 1980년 5월말 체신부 집계에 의하면 전국의 전화 청약 적체 건수는 61만 3,477건으로 이 중 2년 이상 대기한 건수가 7,436건이나 되었다. 또 1년 6개월 이상은 3만 5,979건, 1년 이상이 13만 7,887건이었다. 지역별로는 경제활동과 사회활동이 가장 활발했던 서울이 16만 7,453건으로 가장 적체가 심했다. 당시 두 번째 대도시였던 부산 역시 11만 7,836건에 이르렀다. 이 적체 상황을 청약 순위별로 보면 가장 우선

---

8) 『중앙일보』, 1979. 4. 24.
9) 『경향신문』, 1979. 2. 13.
10) 『한국일보』, 1980. 2. 14.

순위인 1순위자조차 누적 적체가 2만 297건에 달했다. 1순위 청약 적체현상을 지방별로 보면 대부분 지방이 서울보다 더 심하게 적체가 누적되었고, 그중 경기도가 가장 많은 적체 건수를 기록했다.[11] 전화선 증설로 삼천포 같은 지역은 516회선이 남기도 했지만 이는 매우 이례적인 현상이었고, 전국적으로 공급이 수요를 전혀 좇아가지 못하는 상황이었다.[12] 서울 내에서도 지역에 따라 적체 상태가 달랐다. 가장 적체가 심한 곳은 청량리전화국으로 1만 6,083건이었고, 그 다음이 영동전화국으로 1만 4,012건이었다. 이 두 곳은 모두 대단위 공동주택단지가 신설된 곳들로 전화 수요가 폭증할 수밖에 없었던 곳이었다.

이와 같은 전화선 부족에 대한 시민들의 불만은 당연히 높았다. 이는 전화 보유 현황이 미국(100명당 72대), 스웨덴(69대), 일본(43대)에 비해 단순히 6대에 불과하다는 단순비교에 의한 상대적 빈곤감에 기인한 것이 아니었다.[13] 당시 전화선 사정은 시민들의 일상생활은 물론 산업체의 정상적 기업 활동이 어렵다는 호소가 불거져 나올 정도로 절대적으로 심각한 상황이었다.

당시 통신수단을 급하게 확보하기 위한 방법이 두 가지가 있었고, 사용자들은 그 가운데 하나만을 선택할 수 있었다. 하나는 긴급전화를 신청하는 것이었고, 또 하나는 매매 가능한 전화선을 구매하는 일이었다. 긴급전화를 신청했다고 곧 전화선을 배정받는 것은 아니었고 심지어 전화요금도 비쌌지만 그래도 일반 청색전화에 비해서는 대기시간이 짧았기에 매력적인 방법 가운데 하나였다. 하지만 1980년에 들어서면서 가설비의 80%인 20만 원에 대해 전화채권을 구입해야 했고, 월 사용료가 1만 4천 원에서 3만 750원으로 300%나 인상됨으로써 긴급전화의 매력은 급속히 감소했고, 그에 따라 긴급전화의 적체량 역시 줄어들었다.[14] 이런 적체량 감소는 신청자들 가운데 많은 사람들이 신청을 포기했고, 더 나아가 긴급전화를 사용 중이던 사람들조차 전화를 반납했기에 벌어진 일이었다.

매매와 양도가 자유로운 전화를 구매하는 일 역시 수월한 편은 아니었다.

11) 『동아일보』, 1980. 6. 13.
12) 『조선일보』, 1981. 3. 28.
13) 『중앙일보』, 1979. 4. 28.
14) 『조선일보』, 1981. 1. 29.

당시 전화는 매매와 양도가 가능한 백색전화와 매매가 금지된 청색전화로 구
분되었는데, 전화선 공급 적체가 지속될수록 이 백색전화의 가치는 나날이
커졌다. 급기야 부동산을 제외한 중요한 재산으로 인식될 만큼 높은 가격으
로 거래되기에 이르렀다.[15] 서울의 경우, 1979년 4월 170-190만 원 수준이었
다. 영동전화국의 경우는 백색전화 가격이 특히 비싸서 190만 원선이었는
데,[16] 1980년에는 아예 220만 원까지 올라가기도 했다.[17] 1981년 4월에는 그
나마 사정이 좀 나아졌다. 중앙이나 여의도 및 혜화전화국의 백색전화 값은
80만 원대로 떨어졌으며, 원효전화국의 경우는 70만 원대로 하락하기도 했다.
하지만 유독 영동전화국의 경우, 다른 지역보다 두 배 가까이 가격이 높았으
며 한때 300만 원 넘게 거래되기도 했다. 이렇게 영동전화국의 백색전화가
비쌌던 것은 당시 강남 개발이 한창이었고, 대규모 아파트 단지 이외에도 기
업들이 이 지역으로 대거 진출하기 시작했지만 가장 중요한 통신 수단인 전
화선 공급이 이를 뒷받침하지 못했기 때문이었다. 1980년 전후, 부침은 있었
지만 전화 가격이 집값과 맞먹는다고 인구에 회자되었고, 그와 함께 백색전
화는 부의 상징으로 여겨지기도 했다. 당시 신흥 아파트 단지로 떠오르던 과
천이나 개포동의 아파트 17평형이 1천2백, 1천3백만 원 정도에 거래되었음을
감안하면, 220만 원을 넘나들던 영동전화국의 백색전화가 주요한 재산으로 인
식된 것도 무리는 아니었다.

전화선 적체는 1982년 이후에도 해소되지 않았다. 이러한 상황은 한국전기
통신공사를 주축으로 하는 행정개편과 과감한 연구비 투입, TDX 개발 및 전
면교체, 광섬유 전화선의 매설과 같은 전방위적 대응이 자리를 잡아감에 따
라 1986년에야 해소될 수 있었다.

---

15) 백색전화는 1970년 9월 1일 이전 가입한 전화에 한해 정부가 매매를 허용한 것이다. 이후
부터는 정부통신사업은 대부분 매매가 금지된 청색전화 중심으로 이루어졌다. 이 청색과 백
색을 나누는 기준은 전화가입 원장 표지 색이다.
16) 『동아일보』, 1979. 4. 27.
17) 『동아일보』, 1980. 9. 22.

III. 시민들의 전화선 공급 부족 대응 방식

시민들은 전화선 공급 부족에 다양하게 대응했다. 신문에 불편 불만 내용을 담은 글을 투고해 여론을 조성하기도 했지만 이런 적극적인 방식보다는 전화의 대여 또는 공동 사용과 같은 '음성적' 방식으로 대응했다. 특히 마치 부동산처럼 전화를 전세와 월세 등으로 대여하는 일이 가장 광범위하게 행해졌다. 체신당국은 전화의 임대를 불법으로 규정하고, 이를 어기는 사람들로부터 전화를 환수받아 실사용자에게 명의를 이전시키는 행정조치를 발했다.

정부의 임대 전화 신고 의무화 조치로 1980년 9월, 서울 강남 지역의 백색전화 값 상승이 야기되었다.[18] 1981년 4월 이후 안정세를 보이던 영동전화국의 백색전화 가격이 4월에 비해 30-40만 원이 올랐고, 인근 반포 지역의 전화값 역시 10-20만 원이 올랐던 것이다.

이처럼 특별조치로 인해 부작용이 발생하자 체신부는 이 조치를 유연하게 적용하려는 태도를 보이기도 했다. 공동전화를 다시 권장하기로 하고 관련 시행 방안을 시달했던 것이다. 이전의 특별조치에 의해 처벌 대상이었던 '전세와 월세 없이 무상으로라도 타인명의의 전화를 사용하는' 사례는 이제 공동전화라는 명분으로 구제되었을 뿐만 아니라 체신부에 의해 권장되기 시작한 것이다. 체신부가 설정한 전화 공동사용 제도는 전화 없는 사람이 이웃에 전화를 가진 사람의 동의를 얻어 함께 사용하는 것으로 이웃 간의 거리가 3백m 이내여야 하고 부가사용료로 기본 도수료 이외에 월 1,740원을 추가로 부담하도록 하는 것이었다.[19] 하지만 체신부가 권장한 전화의 공동사용은 전화사용률을 70% 정도로 증대시키는 결과를 야기했는데, 이는 곧 전화 오접, 불량 접촉을 증가시키는 원인이 되는 부작용을 낳았다

전화를 공동으로 사용하기 위한 목적으로 설치된 공중전화에 대해서도 시민들의 여론은 좋지 않았다. 공중전화 역시 사용이 쉽지 않았기 때문이었다. 통화는 되지 않은 채 돈만 삼키는 공중전화가 많았으며,[20] 관리가 제대로 되

18) 『동아일보』, 1980. 9. 9.
19) 『동아일보』, 1980. 10. 21.

지 않아 전화 부스와 전화기에서 악취가 나는 경우도 많았다.[21] 전화 부스가 없이 상점이나 노천에 공중전화가 설치된 경우도 적지 않아 가게가 문을 닫으면 사용할 수 없거나 거리의 소음으로 통화를 방해받기도 했다.

많이 설치되어 있지도 않은 공중전화가 4대 중 1대 꼴로 고장이 났던 점도 불만을 키우는 원인이었다.[22] 시민들은 공중전화를 사용하기 위해 10-20분을 걸어야 했고, 통행량이 많거나 사람들이 많이 모이는 곳이면 10-20분을 기다려야 했다. 그나마 고장이 나 있으면, 인근의 다방, 가게 등을 이용할 수밖에 없었다. 또 공중전화 이용을 동전으로만 해야 한다는 점도 이용자의 불편을 낳았다. 특히 공중전화 이용료가 20원으로 오르면서, 불만은 더 심해졌다. 환전장치가 없으므로 동전을 바꾸기 위해 구멍가게 등에서 필요하지도 않은 껌, 사탕 등을 구입해야 했고, 통화를 더 하기 위해서는 또 동전을 바꾸어야 했기 때문이다.[23]

특히 장거리자동전화 시스템, 즉 DDD 공중전화기를 설치했던 고속버스터미널, 서울역과 같은 공공시설물의 공중전화에 대한 불만은 매우 컸다. 고속버스터미널의 경우, 6대 설치된 DDD 공중전화 가운데 2대가 고장이 나고 4대만이 사용이 가능했는데 그나마 동전만 삼키고 통화를 할 수 없는 일이 허다했다.[24] 서울역에 설치된 5대의 공중전화기도 사정은 비슷했다. 2대가 고장으로 사용이 불가능했고, 나머지 전화 역시 "전화가 잘 안 걸려 30분 이상씩 기다리다가 겨우 통화하는 하는 일이 보통"이었던 것이다. 당시 국제공항이었던 김포공항은 사정이 더 나빴다. 3대의 공중전화가 설치되어 있었지만 고장이 잦았고 안내표지판조차 없는 서비스 부재의 상황에 놓여 있었다. 당시 체신부 발표에 의하면 우리나라 시외전화의 통화 완료율은 외국의 70%에 비해 겨우 20%에 지나지 않았다.[25]

시외공중전화의 더 큰 문제는 설치된 곳이 매우 한정되어서 집에 전화가

---

20) 『경향신문』, 1979. 1. 10.
21) 『동아일보』, 1980. 8. 15.
22) 『조선일보』, 1977. 12. 25.
23) 『서울신문』, 1980. 11. 29; 『동아일보』, 1981. 10. 28; 『조선일보』, 1980. 10. 24.
24) 『조선일보』, 1980. 4. 16.
25) 『조선일보』, 1980. 4. 16.

없는 사람들이 이를 이용하려면 가까운 전화국, 우체국에까지 가야 한다는
점에 있었다. 전화국까지의 이동 시간을 차치하고 차례를 기다려야 하는 불
편도 있었다. 즉 시외통화 몇 분을 위해 사람들은 이동 시간, 대기 시간 등을
투자해야만 했다. 신흥도시들에서는 사정이 더 심각했다. 서울의 위성도시들
이 지속적으로 개발되는 상황에서 서울로 전화를 걸어야 하는 시민들은 전화
사용에 더 심각한 피로를 느낄 수밖에 없었다.[26] 이런 점은 장거리 자동 공
중전화 확대를 요구하는 민원으로 제기되기도 했다.[27]

이처럼 전화사용에 불만과 피로가 겹쳐졌을 때 공중 서비스 차원에서 운
영되는 공중전화마저 고장이 잦으면, 체신서비스에 대한 시민들의 분노 자체
가 공중전화기를 대상으로 표출되곤 했다. 1980년 신정 연휴 3일간 집계된 서
울 시내 공중전화의 피해상황에 따르면, 전화기가 통째로 없어진 것 8대, 주
화통 털린 것 17건, 송수화기가 없어진 것 136건, 송수화기의 송화갑만 털어
간 것 164건, 수화갑 도난 178건, 부스 유리창 파손 178건이었으며, 이는 서울
시내 3,609대의 공중전화 가운데 약 20%에 해당하는 규모였다.[28] 이를 체신
당국이 주장하듯 낮은 민도 탓으로만 돌리기에는 공중전화에 대한 불신이 너
무 컸고, 이에 대한 계몽보다는 공중전화 서비스 개선 혹은 만성적인 전화
적체를 해소하는 방안 마련이 시급했다.[29]

전화 이용과 관련된 이런 불편함으로 인해 시민들은 점차 전화선 공급 부
족 문제는 물론 체신 정책에 대한 종합적 비판을 제기하고 이를 신문에 투고
하는 등 적극적 행동에 나서게 되었다. 시민들은 신문 투고를 통해 전화선의
오접과 불통의 불편함을 호소했고, 공중전화의 관리 부실을 질책하는 한편
장거리 공중전화의 증설을 요구했다.[30]

---

26) 당시 위성도시 가운데 하나로 조성되었던 과천 지역은 정부종합청사의 입주를 감안해 서울시
   내 전화로 통화할 수 있는 특혜를 받았고, 이는 이 지역 부동산 가격에 반영되기도 했다.
27) 『조선일보』, 1980. 10. 24.
28) 『한국일보』, 1980. 1. 6. 이 기사에 따르면 송・수화갑의 도난은 청계천 고물상에서 개당
   300~400원에 거래되기 때문에 잦은 것으로 분석했다. 또 주화통에는 평균 1,500원 정도의
   주화가 들어 있었다고 한다.
29) 『한국일보』, 1980. 1. 4; 『조선일보』, 1981. 12. 12.
30) 『동아일보』, 1980. 8. 15.

 이런 사정은 당시 신문의 대통신 정책 논조에 그대로 투영되었다. 언론에서는 통신 문제를 총체적으로 야기한 체신부의 무능과 늑장 행정을 날카롭게 비판했다. 특히 대도시에서 전화 사업으로 벌어들이는 막대한 돈의 대부분을 도시의 전화증설에 재투자해야 함에도 불구하고, 이 수입이 다른 부처의 적자 보전에 전용되는 실태를 비판했다.[31] 특히 통화 완료율이 시내전화 40%, 시외전화 23.6%에 불과한 실정은 낡은 시설의 교체가 제대로 이루어지지 않고, 시설 자체가 부족한 상황에서 야기되는 일임을 지적하는 한편 전화 가설에 개입되는 각종 부조리를 척결하고, 고장 수리에도 효율적 대책을 강구하라고 요구했다.[32]

 또 당시 언론은 오접 불통의 원인을 체신부가 사용자의 실수 탓으로 돌린 데 대해서는 근본 원인을 제시하며 비판했다. 그에 의하면, 체신부의 분석을 받아들인다고 해도 이 실수는 궁극적으로 대부분 전화국번 및 장거리 자동전화 호출번호의 잦은 변경에 의한 것이었다. 이 번호 변경이 늘어나는 전화를 수용하기 위한 조처임을 인정한다고 하더라도 잦은 변경 상황에 비해 변경에 따른 홍보는 고작 1회의 신문광고밖에 수행하지 않아 전화 사용자들은 대부분 이 사실을 알지 못한 채 전화를 이용할 수밖에 없다는 것이다.[33] 이처럼 전화번호 변경에 따른 홍보 강화를 요구하는 한편, 전화 증가가 지속적으로 이루어질 일인 만큼, 정부 역시 좀 더 장기적 안목에서 번호를 설정함으로써 이용자들이 겪는 혼란을 줄여줄 필요가 있었다.[34]

 전화선 부족에 대한 비판 여론은 전자식 교환기 기술 적용의 미숙함에 대한 비판으로 이어졌다. 이 전자식 교환기는 재래식 기계 교환기와 달리 교환기 작동이 모두 컴퓨터에 의해 이루어져 신속 정확하고 가입자들을 많이 수용할 수 있으며 고장이 없다고 소개, 홍보된 기술체계였다.[35] 하지만 실제 통화중 끊김 현상, 오접, 혼선, 작은 통화소리 등으로 사용자들은 사용에 불편

31) 『한국일보』, 1980. 2. 14.
32) 『한국일보』, 1980. 2. 14.
33) 『중앙일보』, 1979. 4. 27; 『동아일보』, 1981. 4. 3.
34) 『중앙일보』, 1979. 4. 28.
35) 『조선일보』, 1980. 4. 22.

을 겪었고, 전화비가 턱없이 많이 부과되는 일이 발생하기도 했다.36) 언론은 이처럼 새로운 기술이 불완전하게 적용된 데에 따른 시민의 불편을 전하는 한편, 조속히 완벽한 운영체계를 갖출 것을 요구하기도 했다. 또 기술 개발과 적용을 담당하는 통신 업체들이 단지 시장 싸움에만 골몰한 채 기술 개발을 게을리하는 현실과 이를 조정하지 못하는 정부의 무능에 대해서도 비판을 제기했다.37)

그뿐만 아니라 당시 언론은 전반적인 체신 정책에 대해서도 비판했다. 먼저 통신공사 설립이 지연된 데에 책임을 추궁했다. 통신공사 신설계획을 세운 지 이미 오래되었지만, 아직까지도 여전히 신설과 관련한 연구검토 단계를 벗어나지 못하고 지지부진한 상황이 지속됨을 비판했던 것이다. 이런 비판은 각국의 통신공사 사업 내용, 국내 통신공사 신설시 주요 업무 내용 등을 연구 조사한 한국통신기술연구소가 연구 결과를 이미 보고했음에도 이를 접수한 체신부 간부가 어떤 구체적 작업도 시작하지 않는다고 지적했다. 이들의 직무 방기 및 태만이 당시 1980년 4월 과도기 정국의 영향도 있음을 간과한 것은 아니지만 이런 '현과도체제'를 빙자한 직무 유기가 곧 전화사정의 악화로 연결됨을 비판했던 것이다.38)

이처럼 1980년 전후 통신 상황에 대해 시민들은 소극적 적극적 방식을 동원해 상황의 개선을 요구했다. 하지만 전화선은 여전히 부족했고, 심지어 기근이라는 단어를 사용할 지경에 이르렀으며, 서비스는 해가 지나도 나아지기는커녕 악화되었다. 이는 통신정책에 대한 시민사회 여론을 악화시켰다. 이런 악화된 상황에서 체신 당국은 대응 방안을 모색해야 했다.

---

36) 『경향신문』, 1980. 5. 19.
37) 『동아일보』, 1980. 6. 18.
38) 『조선일보』, 1980. 4. 16.

IV. 정부의 기술 개발 및 서비스 개선

1. 서비스 개선을 위한 노력

정부로서도 사회 전반적으로 통신 수단이 절대적으로 부족하다는 점을 인지 못한 것은 아니었다. 그런 상황에서 시민들의 불만이 심심치 않게 불거져 나오자 이에 대한 대응책을 마련해야 한다고 판단했다. 그 일환으로 정부는 전화 적체로 인해 생기는 불편을 해소한다는 차원에서 몇 가지 서비스 개선 방안을 마련했다. 그중 하나가 전화가입 신청 승낙기준을 변경, 우선순위를 조정하는 일이었다. 1970년대에도 순위 조정을 통한 적체 해소를 도모한 적이 없지 않았고, 이 조치 역시 그런 작업의 연장선상에 있었다. 심지어 1979년에는 이러한 조치가 1월과 7월 두 번이나 시행되었다. 특히 7월의 조치는 대대적인 순위 조정 작업이었다. 7월 19일 발표된 이 조치는 전화가입 청약 순위 재조정뿐만 아니라 상위 순위 범위 확대를 포함하고 있었다. 또 승낙 순위를 도시형과 농촌형으로 나누어 순위 조정을 확대 실시하는 내용을 담고 있었다. 이에 의하면 4순위였던 학술원, 예술원 회원과 항일애국지사, 1급 상이군경 등의 주택용 전화가 1순위로 상향조정되었고, 4순위였던 2급 이상 군경 및 2급 공상자 주택용과 3순위였던 언론기관 편집국 보도국의 부장급 이상 및 정부 투자 기관장, 대학교수, 초중고 교장의 주택용이 2순위로 상승, 추가되었다. 또 읍면 소재지 이하 농촌 지역에서는 단위 기관장의 주택용이 2순위로 상향 조정되었다.[39] 이 순위 조정은 이른바 여론 선도층이라 할 수 있는 사회 계층에 대한 배려로서, 이로 인해 일반 시민들은 오히려 전화선 배정 순위에서 밀리게 되어 전화 적체 해소에 따른 불만의 해소에는 도움이 되

---

[39] 『서울신문』, 1979. 7. 19. 이에 의하면 1순위에는 무역협회, 체육회, 노동조합의 업무용 전화를 1순위로 상향 조정하는 이외에는 업무용에 대한 배려는 없다. 또 4순위인 변호사, 공증인, 공인회계사 등 전문업종군의 업무용 전화와 대학의 조교수, 교육기관의 교감, 정부출자연구기관의 책임연구원, 3급 공무원, 영관급 장교, 국가 요원의 주택용도 3순위로 상향조정되었다. 읍면 소재지 이하 농촌지역의 경우 3순위에 약국, 세무사, 사법서사 등의 업무용과 의사 위관급 장교, 4급 공무원, 이장, 새마을 지도자의 주택용이 3순위에 포함되었다.

지 못했다.

순위 조정 이외에도 전화선 부족을 비판하는 시민들의 반응에 대처하기 위해 체신 당국은 전화 오접 불통의 원인을 추적했다. 분석된 원인 가운데 하나는 전화선의 사용량이 많다는 점이었다. 보통 자동 전화의 경우 가입자 2백 명이 23-24개의 중계선을 갖는 교환기를 공동으로 사용하는데, 자가 전화를 공동으로 사용할 경우 전화 사용자가 많아지고 그에 따라 전화의 불통 오접이 많아진다는 해석이었다.[40) 즉, 자가 전화를 다른 가구와 함께 사용하거나 업소 등에 불법 임대 설치해서 공중이 사용하게 하는 불법 사용 행위로 오접 불통이 증가하고 이에 따라 민원이 발생한다는 것이다. 이에 체신 당국은 1980년 8월말 전화의 전세 월세 등 영업행위 척결을 위한 '전화사용 질서 확립을 위한 특별조치'를 발표하고 이를 어길 때 전화 청약을 금지한다는 행정 조치를 제정, 발효했다.[41) 정부는 이 특별조치를 통해 임대 전화 등을 신고하게 했는데, 그 신고 대상은 전세나 월세로 대여, 양도할 수 없는 청색전화의 양도, 설치장소가 아닌 곳에 설치하여 사용하는 경우로 규정했다.[42) 이 특별조치는 임대전화를 신고하고 임대한 사람에게 소유권을 이전시키는 일련의 조치를 병행했는데, 이에 따라 억울함을 호소하는 여러 민원들이 불거져 나오기도 했다. 가장 대표적인 예가 옆집에 빌려주거나, 돈을 받지 않고 전화가 나올 때까지 상점에 전화를 빌려주는 경우였다. 또 옆집에서 전화를 쓰자고 사정해서 도리상 빌려줬는데 사용자가 고맙다고 돈을 떠맡기고 간 경우도 있었다. 이 역시 신고 대상이었기 때문이었다. 이 특별조치에 의한 임대 전화 신고는 전국에서 9만 건에 이르렀는데 그 가운데 서울이 약 4만 2천 건으로 절반에 육박했다.[43) 이는 절대적으로 서울의 전화 수요가 많다는 것을 의미했다. 자진 신고 된 약 5만 8천 대는 명의변경과 함께 전화번호 변경 없이 계속 사용케 되었으며, 임대사용자가 단독으로 신고한 3만 1천여 대에 대해서는 개별심사로 선의의 피해자가 없게끔 조정하도록 조치되었다. 전화 실

---

40) 『조선일보』, 1979. 4. 22.
41) 『조선일보』, 1980. 9. 9.
42) 『조선일보』, 1980. 9. 9. 이 신고대상에는 법인과 법인 임원의 경우는 예외로 대우받았다.
43) 『한국일보』, 1980. 9. 17.

소유자를 규명하는 것을 주로 했던 이 조치로 인해 선의의 피해자들이 속출하자 그 보완책으로 당국에서 허용하는 전화선에 한해 공동 사용을 권장하는 방안을 제시하기도 했다.[44]

　이런 일련의 조치는 전화선 공동 사용의 현황을 구체적으로 파악하고 특히 백색전화를 둘러싼 불법 영업행위를 근절시키겠다는 의도를 포함한 것이었다. 하지만 이런 종류의 금지 조치는 이미 1975년에도 취해졌는데,[45] 이전의 예에서 보듯이 큰 효과를 보지는 못한 방식이었다. 1980년 조치 역시 1년도 채 지나지 않아 다시 임대 전화 등 불법 전화 영업이 다시 기승을 부리기 시작했던 것이다.[46] 이상의 조치는 기본적으로 전화 적체가 해소되지 못한 상황에서 오접률을 줄여 통화 완료율을 높이겠다는 안이한 발상이었을 뿐만 아니라 단속 자체가 어려울 정도로 전기통신 인력이 부족하다는 점을 감안하지 못한 탁상행정의 표본이었다. 이런 상황을 개선하기 위해 체신부는 1982년 1월부터 1년간 가입전화를 양도한 사실이 있는 청약에 대한 승낙 불허를 제한하는 등의 내용을 포함한 통신법 개정안을 의결하기도 했다.[47]

　전화선 적체 상황을 해결하기 위해 마련된 서비스 가운데 하나는 신축 대형 건물, 아파트 단지, 시장과 같이 대량으로 전화선이 필요한 지역은 무인교환 전화분국을 의무적으로 설치하게 함으로써 새로 전화를 가설해야 하는 불편과 번거로움을 덜어주는 것이었다.[48] 또 행정 전화는 모두 자동식으로 바꾸었다. 즉 중계 통화 방식이 아닌 직접 다이얼 방식으로 바꾸어 행정 본청을 비롯해 구/동 및 산하 각 사업소까지 신속하게 통화하도록 했다. 특히 구청에

---

44) 『동아일보』, 1980. 10. 21.
45) 『동아일보』, 1975. 5. 3.
46) 『조선일보』, 1981. 5. 20.
47) 『동아일보』, 1981. 12. 23.
48) 『조선일보』, 1980. 10. 15. 이 조치로 인해 1981년 1월 31일 구로구 시흥동 소재 럭키아파트 단지가 집단전화 시험설치 지역으로 선정되었다. 이에 대해서는 『동아일보』, 1981. 1. 31.를 참조할 것 이전에도 집단전화 서비스가 없었던 것은 아니었다. 전화가입자가 집중된 장소에 소형자동전화교환설비를 설치해 가입전화를 수용하고 그 자동 교환설비와 모국의 전화교환국 간에 전화회선으로 구성하기도 했다. 하지만 이 서비스는 전화 품질이 좋지 않아 시행 2년 만에 철거된 바 있다. 이에 대해서는 체신부, 『한국전기통신 100년사(이하 100년사로 줄임)』(1985), 834쪽을 참조.

는 대표전화로 각 10선을 배치해 시민들이 직통전화를 이용하지 않고도 이 대표전화를 통해 해당 부서에 통화할 수 있게 함으로써 불통률을 줄일 뿐만 아니라 행정 단위에 필요한 전화선 수를 줄이도록 한 것이다.[49]

옥내 설비가 불량한 경우에도 오접과 불통을 야기할 수 있다는 판단 아래 낡고 오래된 불량한 기기를 수리하고 교체하는 작업을 추진하기도 했다.[50] 1979년 전국적으로 시행된 조사 결과 11월 말 전국 전화 75%(서울 시내 전화 의 65%)가 전화기 자체가 낡았거나 플러그, 인입선 등 옥내 배선설비가 불량 하다고 진단되었다.[51] 전화기 자체가 낡은 것도 통화 장애의 중요한 원인이 었고 이에 대해서는 이미 1976년, 전화기의 내구연한을 7년으로 설정하고, 노 후 전화기의 무상 교환을 중심으로 하는 대책을 수립하고, 조사와 동시에 교 체 작업을 진행하기도 했다. 하지만 가입자들에게 이 사실이 홍보되지 않았 고, 확보된 예산도 많지 않아 이 계획은 제대로 실행되지 못한 채 오래된 전 화기는 다른 시설들의 노후와 함께 통화 장애, 오접, 불통의 주요 원인으로 작용했다.[52]

시민들의 전화접근성을 높이기 위해 공중전화를 증설하기도 했다. 증설 계획에 따라 1976년 2만 3천대 정도였던 것이 1981년에는 약 6만 2천 대로 늘 어났다. 또 이 공중전화기의 유지 보수, 집금을 위해 무인공중전화위탁제도 를 신설해 시설 보수를 강화하는 방안을 마련해 시행했다.[53] 하지만 공중전 화의 불만을 일소하기에는 역부족이었다.

체신부는 지방으로의 전화소통 어려움에 대한 시민들의 불만을 DDD(Direct Distance Dialing, 장거리 자동 전화)의 확장으로 해결하려 했다. 독일의 차관으 로 도입된 이 방식으로 인해 1971년 3월 31일 처음으로 서울-부산 간 장거리 전화 250회선에 채택되었지만[54] 회선 부족, 중계 교환기능의 부족, 전국적 확

---

49) 『조선일보』, 1980. 3. 30.
50) 『조선일보』, 1979. 2. 14.
51) 『조선일보』, 1979. 5. 10; 『동아일보』, 1979. 11. 17.
52) 『조선일보』, 1976. 12. 19.
53) 체신부, 『100년사』, 837~838쪽
54) 『동아일보』, 1981. 7. 27.의 기사에 의하면 한국전기통신연구소가 개발한 다이얼식 버튼식
의 새로운 방식의 시외전화겸용 공중전화를 10월 제작업체를 선정해 대량 생산할 계획을 체

산의 어려움 등으로 통화 완료율이 20%에도 미치지 못했으며, 통화 품질도 좋지 않았다. 그에 따라 기계식 교환기에 의한 DDD 공중전화는 설치 초기에 시민들 원성의 대상이 되었다.[55] 게다가 설치 대수도 지극히 적었다. 1978년까지 시외전화 전용 DDD 공중전화기는 455대 정도에 지나지 않았고, 이듬해부터 비록 400대씩 증설하기는 했지만 편리하게 이용하는 데에는 한계가 있었다.[56] 심지어 DDD 설치 이후 10년이 지나도 여전히 통화장애, 오접, 불통과 심한 잡음, 잦은 고장에 따른 불만이 적지 않게 제기되었다.[57]

각종 자료처리를 전산화하고 자동화할 수 있는 새로운 DDD 도입은 1979년 3월에야 시외전자교환기의 도입 방안이 수립됨으로써 시작되었다. 400억 예산이 투입된 시외전자교환기 대체 사업은 1982년 4월 1일 혜화전화국에서 시작되어 1984년 말까지 5개 대도시 및 17개 중소도시를 연결 개통함으로써 전국 자동 통화권을 형성하는 목적을 달성했다.[58] 이 작업은 체신부의 연차별 시설 계획, 즉 82년부터 서울−부산 간 15만 회선의 전자교환 설치를 시작으로 83-86년 사이 25만 회선을 시설하고 86년에 이르러 40만 회선으로 확장한다는 계획에 의한 작업이었다.[59]

이와 같이 국민 편익을 위한 서비스의 확대에도 불구하고 전화 적체는 전반적으로 해결되지 못했다. 산업의 발달과 시민 생활수준의 향상으로 전화 수요는 기하급수적으로 증가했지만 전화선의 공급은 산술급수적으로 증가함에 따라 전화 적체량은 도리어 급격하게 늘어났고 이에 따른 시민들의 불만도 커졌다. 이 문제를 해결하기 위해서는 이전과는 근본적으로 다른 방식의 접근이 필요했다.

신부가 가지고 있음을 발표하기도 했다.
55) 『조선일보』, 1979. 11. 13.
56) 체신부, 『100년사』, 837쪽. 1042쪽.
57) 『조선일보』, 1976. 1. 18; 『조선일보』, 1980. 4. 16; 『한국일보』, 1981. 5. 12; 『한국일보』, 1981. 5. 15.
58) 체신부, 『100년사』, 1042쪽.
59) 『조선일보』, 1980. 4. 16.

2. 행정조직의 개편

시민들은 새로운 방식으로 전화 적체를 해결하기 우해서는 기존의 경직된 관료 체제로서는 어렵다는 점을 누누이 지적했다. 전기통신 담당 조직을 새로운 사업을 추진할 수 있도록 재구성하는 일이 필요하다는 것이었다. 새로운 통신 운영 및 사업 조직에 관한 구상은 이미 1950년대에 거론된 바 있으며, 1960년대에는 공사제도 연구위원회가 설치되어 공사화에 따른 제반 작업을 제시하는 단계에까지 진척을 이룬 일이 있던 만큼 그 중요성이 널리 인지된 사안이었다. 정부의 지원 없이 수용자들로부터 거둬들이는 돈만큼만 재투자되는, 아니 정확히 말해 그 수익금마저 정부 재정으로 흡수되는 체제, 전기통신 시설의 증가에 비해 인력은 고작 3% 정도만이 증원되는 기존의 관료 체계에서는 새로운 기술 개발, 서비스의 개선, 전기통신사업 발전을 위한 자유로운 시설 투자, 고급 기술인력의 확보 등이 어렵다는 지적이 오래 전부터 있었지만, 조직 개편을 위한 본격적인 작업은 전화선 부족에 대한 시민들의 비판이 거세진 1970년대 말에나 비로소 시작되었다.[60]

공사의 운영재원은 정부가 1단계 투자를 하고 2단계는 민간자본을 유치해 반관반민으로 마련하는 방안이 모색되었다. 그리고 당시 전신전화 주무국의 상황을 전반적으로 평가하는 작업이 이어졌다. 그 결과 전기통신을 담당하는 전국의 체신청, 전화국 출장소가 모두 300개소, 인력 4만 명, 전 시설 부동산 시가 1조 원으로 조사되었다. 이는 정부의 투자 형식으로 모두 신설될 공사에 이관될 계획이었다. 또 인력 및 조직 승계에 대한 틀도 짜여졌다. 체신부 산하의 전기통신을 담당하는 전무국, 시설국, 계획국, 기술정책국 등 4개 관련국의 기구와 인력을 그대로 공사로 이관하고 체신부 차관을 공사 사장으로 전보하는 계획안이 마련되었다.[61]

구체적으로 공사 신설 사업이 진행되는 과정을 살펴보면, 1980년 2월 한국통신기술연구소가 통신사업 경영제도 개선과 주요 관장 업무 등에 관한 연구

---

60) 『조선일보』, 1980. 1. 9.
61) 『조선일보』, 1980. 1. 9.

보고서를 제출함으로써 출발점이 제시되었다.[62] 정정 불안으로 공사 신설 작업이 지지부진해 중지된 것으로 보이기도 했지만[63] 10월 체신부 내에 경영체제 개선 위원회가 구성되어 실무 작업이 추진되었고, 12월 대통령의 재가로 기구 신설 작업이 가시화되었다. 1981년 2월 18일 전기통신공사(이하 한국통신으로 줄임) 설립과 관련한 법안이 의결되고 4월 한국전기통신공사법으로 공포되어 1982년 1월 1일을 기해 한국전기통신공사가 신설될 수 있었다. 인력 이동 상황을 보면, 1980년 11월 체신 인력 7천 명 증원을 계기로 81년 2월 26일 통신공사로 체신부 직원의 승계 및 퇴직을 포함한 인사 조치가 취해졌으며[64], 9월 신설 예정 고지된 체신부내 통신정책국과 더불어 전기통신 사업을 둘러싼 조직 개편, 12월 23일 전기통신공사 간부 170명의 발령이 완료됨으로써 발족 준비가 마무리되었다.[65]

공사의 신설 과정을 살펴보면 1980년 12월에 체신부장관이 발표했던 계획에 크게 어그러짐 없이 수행되었음을 볼 수 있다.[66] 이 계획이 정정의 불안에도 불구하고 예상대로 이루어진 것은 더 이상 전화 적체에 대한 시민들의 불만의 간과할 수 없었던 데에 기인한다. 공사의 신설은 시민들의 요구인 전화 적체를 해소하기 위한 예산회계의 탄력적 운영, 인사제도의 자주적 관리와 더불어 책임 경영을 위한 단초로서 중요한 의미를 가졌다.

1970년대 말에는 통신기술을 담당하는 전문 연구소도 설립되었다. 1977년 12월 10일 설립된 한국통신기술연구소는 전자, 통신, 정보 산업 분야의 기술 개발과 보급을 담당했다. 이 연구기관은 1985년 한국전자기술연구소와 통합해 한국전자통신연구소가 되기 이전까지 수입 통신기술의 현지 적응, 통신기술인력 훈련, 기술용역의 수탁 및 위탁과 같이 전기통신분야에서 요구되는 문제점 해결과 더불어 새로운 통신기술 개발을 진행했다.[67] 이 연구소를 중심으로 우리나라 통신기술의 신기원을 이룬 TDX 개발이 이루어졌다.

62) 『조선일보』, 1980. 4. 13.
63) 『조선일보』, 1980. 4. 13.
64) 『동아일보』, 1981. 2. 26.
65) 『동아일보』, 1981. 12. 23.
66) 『서울신문』, 1980. 12. 27.
67) 체신부, 『100년사』 (1985), 729쪽.

1985년 한국전자통신연구소의 통합 발족은 1980년 10월부터 진행된 이공계 출연연구기관의 정비 일환으로 시행되었다. 새로운 연구소에서는 TDX-1 개발을 주도하고 CDMA 이동통신 시스템과 같은 대형 국책과제를 성공적으로 수행함으로써 통신강국으로 도약하기 위한 기초 기술을 연구 개발하는 등 통신 발전에 크게 기여했다.

이와 같이 1970년대 말, 1980년대 초 전기통신 사업의 경영혁신을 위한 한국전기통신공사의 신설, 통신기술 전담 연구기관의 발족 및 통폐합과 같은 조직의 개혁을 이룸으로써 1970년대 전기통신 부족을 둘러싼 시민들의 지속적이고 누적된 비판 해소를 위한 교두보를 마련할 수 있었다.

3. 시분할 전전자교환기 기술 개발

정부가 전화 적체를 해결하기 위해 해마다 전화 회선을 증설하기는 했지만 전화 가설을 신청하고 심지어 2년을 기다려야 할 정도로 공급량은 수요량에 비해 턱없이 모자랐다. 심지어 통화 품질도 매우 낮았다. 통화 완료율 측면에서 보면, 1978년 49.9%, 1979년 51.8%, 1980년 55%로 두 번 전화를 걸었을 때 한 번만 통화가 연결되는 수준이었다.[68] 그나마 이 통계는 전국 차원에서 이루어진 것으로서, 통화량이 많은 서울 시내의 통화 완료율은 40% 안팎에 불과했다.[69]

이처럼 전화소통이 원활하지 않은 것은 낡은 자동교환기와 노선, 전화 통화량의 교환기 수용능력 초과 등에 의한 것으로 지적되었다. 특히 전화교환기의 경우, 사용 중인 교환기 가운데에는 수명이 20년 넘은 것도 많았고, 심지어 일제 때 쓰던 교환기를 부품만 갈아 그대로 쓰던 것도 있었다.

체신부는 이런 사정의 개선을 위해 1970년대 말 ESS 방식 교환기(Electronic Switching System, 전자식교환기)를 도입하기로 하고 전화선로를 확장했으며 새로운 케이블을 개발했다.[70] 특히 ESS 방식은 공간분할방식으로, 통화로 부

---

68) 『100년사』, 904–905쪽.
69) 『조선일보』 1980. 1. 19.

분은 기계적 부품을, 제어부분은 전자화한 부품을 채용한 교환기였다. ESS 방식 교환기로의 교체는 1980년 4월 22일 영동(강남지역)과 당산전화국 9천 회선의 개통으로 시작되었다.[71] ESS 방식의 도입으로 정부는 44만 회선 증가에 불과했던 전화선 증설을 1980년 76만 회선, 1981년 81만 회선 규모로 확장하도록 계획을 세울 수 있었다.[72] 그리고 1982년 이후부터 연간 100만 회선 이상의 신규전화를 지속적으로 공급할 수 있었다. 그 결과 1984년 1월, 100명당 전화 보급률이 13.2대로 조사되었는데, 이는 1978년 5.08대에 비하면 250%에 가까운 성장이었다. 하지만 이와 같은 신장세에도 불구하고 100명당 전화 보급률 13.2대란 수치는 미국의 79.5대, 일본의 53.6대, 심지어 그리스의 33.6대에 비해서도 턱없이 적은 것이었다. 다른 나라와의 상대적인 비교를 차치하더라도 국내 전화 수요에는 턱없이 부족한 상황이었다.[73]

더 나아가 놀라운 신장세를 제공한 ESS 방식이었지만, 실용화하는 과정이 순조롭지는 않았다. 1980년 이 교환기가 처음 설치되었던 영동전화국과 당산전화국은 그 이듬해까지 잦은 고장으로 시민들의 항의를 받아야 했다. 고장의 원인으로는, 교환기가 감당하지 못할 정도로 동시에 발신신호를 요구할 때, 정상 이상의 전압이 걸려왔을 때, 전송로가 접선했을 때와 같이 전자교환기 프로그램 자체에 대책을 세워두지 않은 경우뿐만 아니라 기계 자체의 고장과 사람의 실수 등도 제시되었다.[74] 심지어 전화요금이 터무니없이 부과되기도 했다. 물론 이런 ESS 방식 교환기에 의한 전화 불통이 비단 우리나라에

---

70) 1976년 12월 29일, 전화 기근을 해소하기 위해 4차 5개년 계획 기간 중에 전자교환 방식의 교환기 기술을 도입하기로 결정하면서 도입을 위한 큰 틀을 작성했다. 이에 의하면 외국한 개의 기업으로부터 기술을 도입하고, 국내 기업들이 제품을 생산하며, 초기 생산시설 설립 및 확보는 산업은행의 출자로 조성되며 이를 공영화함으로써 전자교환기 생산은 공영화한다는 것을 주요 내용으로 하고 있다. 이에 대해서는 『동아일보』, 1976. 12. 25; 『동아일보』, 1976. 12. 29.
71) 『조선일보』 1980. 4. 22.
72) 『조선일보』 1978. 2. 1; 『동아일보』 1979. 10. 15; 『동아일보』 1981. 10. 6. 체신부가 발표하는 공급량이 일정하지 않았다. 『동아일보』 1981. 2. 5.에는 95만 회선을 연내 개통하겠다는 계획을 발표하기도 했는데 이는 1980년의 적체분 14만 회선과 합산한 것이다. 『동아일보』 1981. 2. 5.
73) 『100년사』, 973쪽.
74) 『동아일보』, 1981. 2. 24.

서만 일어난 것은 아니었다.75) 1960년대 이미 전자교환기를 도입했던 일본에서도 3만 회선이 한꺼번에 불통되는 등 크고 작은 사건들이 외국에서도 발생했었다. 하지만 이런 사고나 문제들의 원인을 규명하거나 이런 결함을 찾아내는 작업이 쉬운 일은 아니어서 보통 원인 규명에만 1-2년이 걸릴 정도라고 체신부 당국자는 밝히기도 했다. 심지어 ESS 방식은 기계식보다 수용률이 낮다는 단점을 가지고 있었다. 수용률이 최대 60%에 불과할 뿐만 아니라 이를 운용, 관리할 자격을 갖춘 기술자 역시 적었다. 그만큼 ESS 방식 교환기 자체가 가지는 문제뿐만 아니라 현지화에도 문제가 적지 않았다.

이처럼 과도기적 성격이 강하고 문제도 많은 ESS 방식을 도입한 데에는 차세대 교환기의 국내 개발을 위한 기술 이전 및 축적이라는 의도 때문이었다. 전자식 교환기의 핵심 기술을 미국과 벨기에의 ESS 방식 교환기 수출기업들로부터 수입해, 이를 검토 및 현지화 과정에서 기술을 습득하겠다는 발상이었다. 기술 이전 작업과 관련된 연구는 1977년 말에 신설된 한국통신기술연구소가 주축이 되어 진행했다.

한국통신기술연구소는 전자교환기의 기술을 이전받으면서 축적된 기술력으로 1981년 10월 TDX 개발을 본격적으로 추진했다. 교환과 전송의 구분을 없앤 TDX 개발 사업은 5년 동안 1,300명의 인원이 투입되고 240억 원의 개발비를 투자하는, 국내외 보유기술과 자원을 총동원하는 국가적 규모의 연구 사업이었다. 1982년에 정식으로 연구개발 담당과 사업관리 담당이 정해져 본격적인 작업에 착수했다. 연구개발은 한국통신기술연구소의 TDX 개발단이 담당하고, 사업은 자금 지원을 맡은 한국전기통신공사의 TDX 사업단이 담당하기로 역할 분담이 이루어졌던 것이다. 이로써 1977년 거론되어 시분할통신기기 개발 논의가 실제 연구와 개발로 이어질 수 있었다.

TDX는 1981년 두 차례에 걸친 시험기 개발을 통해 설계의 기본 개념을 확립할 수 있었고, 1982년 7월 3차 시험기인 TDX-1x를 송전우체국에 설치, 500선 시험기를 운영함으로써 1985년 5월 개발을 완료할 수 있었다. 1986년 TDX-1이 가평, 무주 등 4개 통화권역에서 2만 4천 회선이 개통된 것을 시작으

---

75) 『한국일보』, 1979. 5. 18.

로 이듬해에는 18만 9천 회선이 농어촌 지역을 중심으로 가설되었다.76) 이처럼 TDX-1의 상용서비스 개시 후 우리나라는 처음으로 전화 적체율이 10%대로 낮아졌고, 1987년 1천만 전화 회선을 구축함으로써 전화 적체를 완전히 해소했다. 그 이후로는 전화 가설을 신청하면 24시간 이내에 전화 통화가 가능했다. 또한 1987년 전국자동교환망이 완성됨에 따라 전국 어디서나 교환수를 거치지 않고 전화가 가능한 체제를 갖출 수 있었다.

이 TDX의 개발을 위해서는 대규모 고급 인력 투입과 더불어 큰 규모의 재정 지원이 필요했음은 앞에서도 언급했다. 특히 기술 개발의 첫 단계였던 ESS 방식의 도입과 실용화를 위해 모두 10조 원 정도가 요구되었다.77) 이 예산을 확보하기 위해 미국과 벨기에로부터 해당국의 전자교환기 도입을 전제로 하는 차관 협정을 체결했다. 미국으로부터 5억 4천8백만 달러의 차관을 도입하기로 해(이때 미국 웨스턴일렉트릭사가 일부 교환 장비를 설치하고 이 교환 장비에 따르는 기술을 지원하도록 조치되었다.) 일차 분을 1980년 5월 11일에 승인받았다.78) 또 벨기에로부터는 3억 1천백만 달러를 도입하기로 했다.79)

ESS 도입이 기본적으로 시분할 교환기의 국내 연구를 전제로 한 사업이기는 했지만 TDX 기술 개발을 위해 필요한 재원을 마련하는 것은 별개의 문제였다. 이 자금을 체신부에 기대기는 어려웠다. 적어도 체신부가 창설된 1968년 이후 1976년까지 지속적으로 막대한 흑자를 냈고 심지어 1975년에는 340억 원이라는 흑자를 기록했음에도 이 흑자 가운데 200억 원을 1976년에 철도 사업과 우정 및 전신 사업의 적자 보전에 충당했다. 또 1976년 벌어들인 400억 원 역시 정부 사업 적자 보전에 이용되어 연구 재원을 확보하는 일은 쉽지 않았다.80) 전화 없는 마을을 없앤다는 기치 아래 진행된 81만 회선 증설사업

76) TDX 교환기 시험기는 1982년 용인의 송전우체국에서 시범 인증을 위해 개통했다. 이 시험 운용은 1983년 12월 31일 완료되었다. 『100년사』, 1039쪽; 1159쪽; 한편 1987년부터 5년간 용량을 늘리고 서비스 성능을 개선한 TDX-10 개발 계획을 세워 개발투자비 560억 원, 연인원 1,300명을 투입함으로써 우리 기술의 종합정보통신망을 실현할 수 있었다.
77) 『동아일보』, 1980. 5. 21.
78) 『조선일보』, 1980. 5. 11.
79) 『조선일보』, 1980. 1. 31.
80) 『조선일보』, 1976. 9. 23; 『경향신문』, 1979. 2. 13.

에 필요한 183억 4천만 원가량의 재원을 확보하기 위해서도 체신부 같은 관료 조직으로는 한계가 있다는 지적이 끊이지 않았다.[81] 또 전기통신 관련 고급 기술인력은 적은 임금 등을 이유로 기술 현장을 떠나는 등 기술인력 확보도 쉽지 않았다. 이런 상황을 타개한다는 명분으로 몇 차례의 전화 요금을 인상했지만 이 수입금이 모두 전화 증설사업으로 환원되지 못했고, 전화 신청자들이 의무적으로 사야 했던 전화 공채 역시 전기통신기술 발전에 기여하지 못했다.

재정 확보를 위한 대부분의 조치는 정부와 독립채산으로 경영하기로 하고 신설된 한국전기통신공사에 의해 해소될 수 있었다. ㅎ-지만 전기통신공사가 모든 재원을 마련할 수 있었던 것은 아니다. 시분할 전전자교환기의 기술 개발만을 위해서 약 240억 원을 5년간 지원해야 했으므로 이를 실행에 옮기기 위해서는 국가 정책 차원에서의 지원이 요구되었다.[82] 즉 1981년 국가 전략 산업의 하나로 전자산업이 설정되어 그 일환으로 교환기 개발이 포함되어 재정 확보가 가능했던 것이다.[83]

V. 결 론

TDX 개발에 국책사업으로 선정된 것이 가장 중요해 보이지만, 이 교환기의 기술 개발 연구 착수가 가능했던 제반 여건 형성 배경에는 전화 적체 해소를 끊임없이 요구했던 시민들이 존재했다. 전화선 부족의 상황, 심지어 전화 기근이라고까지 불리던 상황에 시민들이 가졌던 불만은 1980년 전후, 정부가 시민사회 전반을 강하게 통제하는 상황이었음에도 불구하고 정부 시책에 대한 비판 여론의 핵심으로 작용했다. 시민들은 비판 여론을 형성한 데에 그치

---

81) 『경향신문』. 1981. 10. 28.
82) 과학기술부, 『과학기술 40년사』 (2008), 524쪽.
83) 이 전략산업들은 국책 사업화하기로 했으며 이에 소요되는 재원은 1986년까지 1500억 원을 전자공업진흥기금을 관민 공동 출연으로 조성하되 재정에서 우선 출연키로 했다. 『동아일보』, 1981. 9. 5.를 참조할 것

지 않고, 전화 기근과 통신 서비스의 부재의 상황에 공중전화와 같은 공공기물의 파괴, 은밀한 방식의 불법 대여, 이웃들과 전화선 공동 사용, 불법 영업과 같은 방식으로 대응했다. 매매가 가능한 전화는 천정부지로 가격이 솟았다. 이처럼 그들은 전화 적체에 합법 불법적 수단을 동원하여 대응했던 것이다.

이런 불만의 표출에 정부는 대응조치를 취하지 않을 수 없었다. 그 가운데에는 청탁순위 변경, 불법 임대 및 영업의 금지 같은 기존 정책의 답습도 없지 않았지만 그동안 미루어만 왔던 담당 행정부서의 공사화를 수행하지 않을 수 없었고, 연구조직을 독립시키지 않을 수 없었으며, 노후시설 교체와 서비스 개편을 확대하지 않을 수 없었다. 그럼에도 불구하고 이 정도로는 시민들의 전화 적체에 대한 불만을 잠재울 수 없었다. 궁극적으로 전화 교환기 체계 자체를 개편해야 했던 것이다. 이는 거대 규모의 연구 개발비의 장기투자, 고급 연구 인력의 투입을 전제로 하는 차세대 교환기 개발 연구를 의미했다. 국책사업으로 TDX 개발 사업이 포함될 수 있었던 데는 전기통신업의 발전 가능성뿐만 아니라 앞에서 살펴본 바와 같이 시민들의 제기한 전화 사업에 대한 끊임없는 비판과 불만이 중요한 역할을 담당했던 것이다.

참고 문헌

『신문으로 본 한국의 전기통신 9』, 한국통신, 1998.
『신문으로 본 한국의 전기통신 10』, 한국통신, 1998.
『경향신문』, 1970-1981.
『동아일보』, 1970-1981.
『서울신문』, 1970-1981.
『조선일보』, 1970-1981.
『한국일보』, 1970-1981.
『과학기술 40년사』, 과학기술부, 2008.
『한국전기통신 100년사』, 체신부, 1985.

朴滿雨, "TDX 교환기 원격관리에 관한 연구", 建國大 産業大學院 석사학위 논문, 1997.
李永龍 "開發途上國의 動態的 技術發展過程과 그 革新戰略에 關한 研究 : 韓國産業化의 經驗과 TDX開發戰略의 事例를 증심으로" 嶺南大學 박사학위 논문, 1998.
조병영, "글로벌 교환기기 사업에서의 우리나라 기업의 기술전략", 한국과학기술원 석사학위 논문, 1998.
曺國鉉, "국가연구개발프로젝트 성과의 영향요인 분석 : TDX R&D project 사례를 중심으로", 高麗大學 박사학위 논문, 1997.
洪性範, "기술혁신체제의 유형변화와 기술진화 : 한국의 D램 반도체 및 전전자교환기(TDX) 개발사례", 高麗大學 박사학위 논문, 1995.
황종성, "한국의 정보통신산업 발전전략과 국가역할 : 디지탈교환기산업을 중심으로", 延世大學 박사학위 논문, 1994.
鄭愚湜, "기술혁신정책 성공요인에 관한 분석적 연구", 연세대 박사학위 논문, 1994.
文美成, "수도권 통신기기 산업의 생산네트웍에 관한 연구, 서울대 석사학위 논문, 1994.
_____, "산업집적과 기업의 혁신 수행력 : 수도권 전자통신기기산업을 사례로", 서울대 박사학위 논문, 2000.
朴憲明, "문제의 영역과 성격에 따른 정책의 대응전략에 관한 연구 : 1980년대 한국의 정보통신정책과 통신선진화전략을 중심으로", 고려대 석사학위 논문, 1993.

金顯峻, "Telecommunications management network에서의 관리효율 향상방안
    에 관한 연구", 동국대 정보산업대학원 석사학위 논문, 1996.

朴來安, "情報通信市場 自由化에 따른 韓國 情報通信産業의 海外進出戰略
    연구", 고려대 경영대학원 석사학위 논문, 1991.

정해룡, "국산 전전자교환기의 동구시장 수출전략", 경북대학교 경영대학원 석사
    학위 논문, 1990.

어린이 과학서적을 통해 본
한국 사회의 과학문화*

김연희
서울대학교

I. 들어가기

책은 한 사회의 사고의 흐름과 인식의 깊이를 드러내는 지표라고 할 수 있다. 책을 읽는 행위, 즉 독서는 현대 사회의 수많은 정보를 취사선택하고 재생산, 재창출해내는 능력을 양성하는 데에 주요한 영향을 미치는 행위이며, 또 사회 문화와 구성원의 관심의 표상이기도 하다.[1]

한국 사회의 독서 문화의 가장 큰 특징은 어린이들이 다른 세대들보다 책을 많이 읽는다는 점일 것이다.[2] 성인은 지난 2005년 한 해 동안 75.9% 정도가 1권 이상의 책을 읽었지만, 어린이들은 2005년 2학기 6개월 동안 대부분 1권 정도의 책을 읽었다(96.1%). 또 한 어린이가 한 학기 읽은 양은 24.0권으로 1년 어른이 1년 동안 읽은 11.9권보다 많다. 이런 독서율을 반영하듯 어린이 도서 시장은 한국 출판시장에서 성인 문학 분야의 뒤를 이은 2위의 규모를 차지하고 있으며, 2000년을 전후해 꾸준히 성장하는 추세다(2003년 상반기

---

* 본 논문은 2007년도 과학문화연구센터의 지원에 의하여 연구되었음.

1) 국립중앙도서관, 한국출판연구소, "2006년 국민 독서 실태 조사 요약문",
   http://pda.mct.go.kr/open_content/administrative/news/press_view.jsp?viewFlag=rea
   d&oid=@127651%7C1%7C1&page=53&search=&keyWord=&=part_no=, 2-9쪽.
2) 같은 글.

제외).3)

어린이들은 성인인 부모나 교사의 추천으로 책을 선택했다. 즉 어린이들이 책을 선택할 때, 부모 형제(24.0%) 및 교사(10.7%)로부터 추천받았고, 부모 혹은 교사로부터 같은 비중으로 영향을 받았을 친구(14.5%)들로부터 추천받은 것이다.4) 따라서 어린이들의 과학 독서 실태를 점검하는 것은 한국 사회가 지닌 과학을 인식하는 태도와 그를 기반으로 한 과학문화의 현주소를 점검하는 데에 유용하리라 본다.

II. 어린이들의 독서 경향

1. 어린이들의 과학도서 선택 경향

어린이들이 가장 많이 읽는 책은 만화(오락용과 학습용 모두 포함 29.3%)다. 이 분야를 제외하면 어린이들이 과학 분야 서적을 다른 분야보다 덜 읽는다고 할 수는 없다. 하지만 고학년이 될수록 과학책을 덜 선호했다(전래동화 분야 제외). 즉 6학년이 되면, 4학년 때에 8%(7.8%)가 과학 서적을 읽던 데에 비해 약 40%가 줄어든 4.9%만이 과학도서를 읽었던 것이다(〈표 1〉 참조).5)

---

3) 한국출판협동조합, "2003년 상반기 출판통계",
   http://www.koreabook.or.kr/index.html; 대한출판문화협회 편, 『한국 출판 연감』(2006).
4) 국립중앙도서관, 한국출판연구소, 앞의 글, 6쪽. 부모 형제의 추천 다음으로 친구의 추천으로 책을 구입하는 경우가 많았다. 이 친구의 책 선택에 부모 형제, 교사의 추천이 동일 비율로 이루어짐을 감안한다면 이 추천 비율은 부모 교사의 추천에 포함해도 무관해 보인다.
5) 1994년 이래 9~10%로 어린이들이 선호했던 과학 분야는 1999년을 기점으로 6%대로 떨어졌고, 2002년에는 5.5%에 머물렀다. 이에 대해서는 문화관광부, 한국출판연구소, "2002년 국민 독서 실태 조사",
   http://www.mct.go.kr/open_content/administrative/develop/develop_view.jsp, 279; 281쪽을 참조; 문화관광부, "2002년 독서 연차보고서",
   http://www.mct.go.kr/open_content/administrative/develop/develop_view.jsp 참조. 또 2002년의 학년별 추이에서도 2004년과 비슷하게 6학년(5.4%)이 4학년(6.2%)보다 과학 분야를 덜 선택했으며, 여자 어린이가 남자 어린이보다 과학 분야를 덜 선호했다. 이런 경향을 볼 때 2004년의 과학 독서 실태는 2000년을 전후한 이래 형성된 과학 독서 경향이라고 할 수 있다.

<표 1> 초등학생의 독서 선호 분야

	전체	성별		학년별		
		남	여	4학년	5학년	6학년
사례수(명)	900	450	450	300	300	300
만화(오락용)	14.9	21.0	8.8	15.0	13.8	16.0
만화(학습용)	14.4	16.3	12.6	15.4	15.3	12.6
어린이소설(소년소녀소설)	11.9	7.4	16.5	10.3	13.3	12.2
위인전	9.0	10.6	7.5	8.5	9.8	8.9
전래동화	7.2	5.4	9.0	10.2	7.4	4.1
과학	6.5	9.2	3.9	7.8	6.7	4.9
국내 창작동화	6.2	2.7	9.8	5.6	6.4	6.8
역사	6.0	8.8	3.2	5.2	5.7	7.1
취미	5.3	4.4	6.3	5.3	6.0	4.7
연예 오락	5.2	4.9	5.5	4.3	4.2	7.0
외국동화	5.0	3.1	6.9	3.7	4.6	6.8
기타(동시, 예술, 종교, 철학 논리, 수필 등)	8.2	6.4	10.2	8.8	6.8	9

(출처: 문화관광부, 한국출판연구소, "2004년 국민 독서 실태 조사", 157쪽)

이런 현상은 고학년이 될수록 전반적으로 책을 덜 읽는다는 전반적인 독서 경향 때문이라고도 볼 수 있다. 하지만 다른 분야들의 책, 예를 들어 역사 분야나 창작동화 분야는 오히려 더 증가했고, 특히 역사 분야는 6학년 때 4, 5학년에 비해 20-30%에 가까운 신장세를 보이고 있다.[6] 이런 현상을 염두에 두면 고학년이 되어 과학 분야 독서율이 40% 가까이 줄어든 현상에는 좀 더 다른 설명이 필요하다고 본다.

2. 어린이 과학도서 출판 경향

어린이들이 과학도서를 덜 읽는 것은 과학도서가 재미없고 어려워진 상황

---

6) 역사 분야가 갑자기 증가한 것은 6학년 교과과정에서 역사가 포함되었기 때문이라고 할 수도 있겠지만 어린이들은 4, 5학년 때에도 역사 분야를 꾸준히 5-6권 정도로 읽고 있었다.

을 반영하고 있고 이는 과학도서의 제목에 그대로 표현되어 있음을 볼 수 있다. 과학서적 제목에는 재미있음을 강조하는 말들이 과도하게 붙어 있는 것이다. 화끈화끈하다거나 물렁물렁하다거나 하는 제목을 가진 책도 있고,[7] 세상에서 젤 말랑말랑한 물리책도 있다.[8] 『행복한 과학 초등학교』, 『팡팡퐁퐁 신나는 과학! 재미있는 자연!』, 『앗! 이렇게 재미있는 과학이』와 같은 시리즈 제목이 붙어 있기도 한다. 또 어린이들이 과학을 재미없어 하는 이유에 대해 나름대로의 진단을 내리고 처방하기도 한다. 즉 과학이 어려운 이유를 용어의 문제라고 진단하고 한자를 좀 알면 과학이 쉽다고 주장하거나[9] 과학으로 만들어내는 현상은 마술처럼 신기한 것이라고 주장한 것이다.[10] 이처럼 책 제목이 역설적이라고 여겨질 정도로 고학년의 어린이들은 과학도서를 재미없어 한다.

고학년의 어린이들이 과학책을 덜 읽는다고 해서 현재 우리나라 출판 시장에 나와 있는 고학년이 읽을 만한 과학서적 종수가 유아용이나 저학년용 도서에 비해 현저하게 적은 것은 아니다. 하지만 유아용이나 저학년용 도서들과는 달리 책이 두껍고 글도 훨씬 많으며 일러스트레이션은 대부분 카툰을 이용해 지루해지는 분위기를 전환하는 수준에 머무르고 있다. 즉 겉모습에서 풍기는 인상은 저학년들의 책과는 비교도 되지 않게 무거워진 것이다. 하지만 이는 엄밀히 보면 고학년의 눈높이에 맞춘 책 디자인 전략에 의한 것이라고 할 수 있다. 저학년용이나 유아용 이미지의 도서를 유치하다고 생각하는 어린이들의 인식이 기반이 된 것이다.

비록 겉모습은 딱딱해졌지만 고학년용 과학도서의 글들조차 딱딱한 것은 아니다. 대부분 실생활에서 쉽게 접할 수 있는 소재나 상황을 이용해 설명하는 서술 방식을 택하고 있는데, 예를 들어 "(우주인이 우주에서 대기권으로 진입할 때 받는 힘을) 쉽게 설명하자면, 시속 100킬로미터로 달리는 차의 창

---

7) 닉 아놀드 지음, 이충호 옮김, 『화학이 화끈화끈』(2000, 주니어 김영사); 닉 아놀드 지음, 김혜원 옮김, 『물리가 물렁물렁』(2004, 주니어김영사).

8) 최원석 글, 이지희 그림, 『세상에서 젤 말랑말랑한 물리책』(2006, 웅진주니어).

9) 장춘수 글, 문동호 그림, 『한자만 좀 알면 과학도 참 쉬워』(길벗어린이, 2006).

10) 엘케 다네커 지음, 비르깃 리거 그림, 김완균 옮김, 『신기한 과학미술 100』(동쪽나라, 2004).

문 밖으로 얼굴을 내밀면 볼 살이 떨리고 맞바람의 속력 때문에 제대로 얼굴을 내밀고 있기가 힘든 것과 비슷합니다"[11] 라는 식으로 친밀하게 표현되고 실생활에서 경험할 수 있는 예시를 제공하기도 하는 것이다.

그러므로 고학년들의 과학서적 독서율 저하는 일러스트레이션을 포함한 책 디자인이나 서술 방식에서 발생하는 것으로 보이지는 않는다. 바로 다루는 내용에 기인한다고 할 수 있다. 고학년용 어린이 과학도서의 내용은 좀 더 복합적이고 총체적이다. 한 소재의 다양한 현상이나 정성적 특징, 매우 단순한 과학 정보를 간단하게 다루는 유아용 및 저학년용의 내용 구성에서 탈피, 일상 경험으로부터 끌어낸 현상들로부터 원리에 접근하며 총체적으로 설명하는 구성 방식을 택하는 책들이 많은 편이다. 예를 들어『자석과 전자석, 춘천가는 기차를 타다』라는 책은 자석은 누가 만들었는지, 철이 자석에 붙는 이유는 무엇 때문인지에 대해서뿐만 아니라 자석 힘을 측정하는 방법과 전기와 자기와의 관계, 전자석과 발전기의 원리에 이르기까지 전자기학의 일반적 내용을 모두 섭렵하고 있는 것이다.[12] 이는 초등학교 4학년 교과 과정에서 다룬 자석과 초등학교 6학년 교과서에서 다루는 전자석의 기본 현상뿐만 아니라 훨씬 더 많고 높은 수준까지를 다룬 것이다. 교과서에는 "전류가 흐를 때 전자석이 되는 성질을 이용하여 회전할 수 있게 만든 장치"를 전동기라 이름 붙이고, 이를 이용한 가전기구들을 소개하는 데에 그치지만, 이 책은 중등 및 고등 과정에서 배우는 플레밍의 오른손 법칙이나 전동기의 원리까지를 설명하고 있다. 이런 현상이 비단 전자기 분야에서만 나타나는 것이 아니라 거의 대부분의 책들에서 나타나고 있다. 이처럼 어린이들의 과학도서는 그들의 인지단계를 훨씬 뛰어넘는 내용과 많은 정보를 다룸으로써 과학도서는 어렵고, 그 연장으로 과학은 매우 난해한 분야라는 인식을 뇌리에 남기는 부작용을 낳는다고 볼 수 있다.

또 하나 고학년의 과학도서 선택을 저해하는 원인 가운데 하나를 요즘 출간된 어린이들의 책 제목에서 찾을 수 있다. 시리즈 제목을 보면『초등과학

---

11) 이은정 · 권민수 글, 심창국 그림, 최기혁 감수,『도전 나도 우주인』(스콜라, 2006), 131쪽.
12) 장병기 지음, 끌레몽 그림,『자석과 전자석, 춘천가는 기차를 타다』(디딤돌, 2006).

주제학습』, 『손에 잡히는 과학교과서』로서 학교교과의 연장을 강조한 것뿐만 아니라 『중학생이 되기 전 꼭 읽어야 할』이라는 협박성 제목도 있다. 그리고 책 내용은 교과서보다 더 많은 내용과 원리 설명과 다른 현상과의 상호관계를 복잡하게 설명하면서 학습의 보조적 성격이 큰 과학학습서라는 점을 내세우고 있다. 그러므로 초등학교 학생들은 학교에서 배웠으므로 이 책의 내용 정도는 당연히 이해할 것임을 암시한다. 즉 과학도서들은 스스로 교과서의 보조수단이라는 점을 특장으로 내세우고 있다는 점이다. 하지만 어린이들은 취미 활동이나 여가 시간조차 학습의 연장이나 그에 준하는 행위를 하고 싶지 않기 때문에 어린이들은 학습 보조 수단임을 강조하는 과학도서들로부터 점점 더 멀어질 수밖에 없다. 이런 책의 출판은 어른들의 과학도서에 대한, 더 나아가 과학에 대한 인식을 반영한 것이라고 할 수 있다. 어른들은 과학을 지식의 총합체로 여기고 있고, 어린이 과학도서를 지식을 전수하는 수단으로 인식하고 있다.

이런 어른들의 과학에 대한 생각이 그대로 반영되어 있음은 여자 어린이들의 과학서적 독서량이 남자어린이에 비해 1/3에 지나지 않은 데에서도 볼 수 있다. 남자 어린이 62.9%보다 20%가 많은 78.8%의 여자 어린이가 만화를 제외한 일반 도서를 읽었음에도 불구하고 유독 과학 분야에서만 여자 어린이의 독서율이 남자 어린이보다 적은 것으로 나타났다. 이런 현상의 한 요인으로 여자는 과학에 어울리지 않는다는 사회적 인식을 지적하지 않을 수 없다. 과학서적을 여자 어린이에게 제공하는 것은 매우 의도적인 행위로 여겨지기도 한다. 이를 반영해 여자 어린이를 대상으로 하는 '소녀들의 과학 책 동무'라는 제목의 시리즈가 출간되기도 했다.13)

---

13) 밸러리 와이어트 · 트루디 로마넥 글, 팻 커플스 그림, 김민경 · 유이 옮김, 『소녀들의 과학 책동무(전3권)』 (또문소녀, 2004).

III. 2006년 어린이 과학도서 베스트셀러

1. 2006년 출간된 어린이 과학도서 출판 현황

어른의 과학에 대한 인식이 2006년 발간된 신간들에서는 어떤 변화를 보이고 있는지 살펴보자. 2006년 출간된 어린이 과학도서는 1,160종에 이르는데 이는 전체 어린이도서 신간의 17%에 이르는 양이다.(〈표 2〉, 〈표 3〉 참조)[14] 어린이들이 과학도서를 읽는 6-7%의 비율만을 두고 볼 때 과학도서 출간 비중이 낮은 편은 아니다.

---

14) 이 표들은 2006년 납본도서를 표본으로 한 것이다. 특히 〈표 3〉은 어린이 과학도서만을 분류해 한국십진분류법(韓國十進分類法)에 맞추어 분류한 것이다. 납본제도란 출판사 및 제작사에서 도서 및 비도서 등을 발행했을 때, 법이 규정한 관청이나 도서관에 관련 법률에 의거하여 납부하는 제도이다. 현재 우리나라에서는 ① '출판사 및 인쇄소의 등록에 관한 법률'에 의해 출판사가 간행물을 출판한 때 그 출판물 2부를 판매 또는 반포 15일 전까지 문화체육부장관에게 납본해야 하며, 이를 이행하지 않을 때에는 10만 원 이하의 과태료를 물게 된다. ② '도서관 및 독서진흥법'에 의해 출판물의 발행 또는 제작일로부터 30일 이내에 국립중앙도서관에 2부를 납본해야 하며, 이를 이행하지 않을 때 납본 도서 정가의 10배에 해당하는 과태료를 물게 된다. ③ '국회도서관법'에 의해 국가기관 및 공공단체 이외의 자가 도서, 기타 도서관 자료를 발간한 때 출판물의 발행 또는 제작일로부터 30일 이내에 2부를 도서관에 납부해야 한다. 이와 같이 우리나라는 현재 3개 기관에 6부가 납본되며, 대한출판문화협회가 출판사로부터 일괄적으로 납본을 받아 납본처로 보낸다. 한국십진분류법은 우리나라의 모든 도서관에서 표준적인 도서 분류 체계로 사용되고 있다. 한국십진분류법은 서양에서 사용하는 듀이십진분류법(The Dewey Decimal Classification System)을 한국도서관협회가 우리나라 실정에 맞게 변형시켜 만든 것이다. 1955년에 처음으로 제정된 이후 여러 번 개정하였으며 오늘날에는 1996년에 개정된 한국십진분류법 제4판을 사용하고 있다.(2010년 현재 2009년에 개정된 제5판을 사용하고 있다.) KDC(Korean Decimal Classification)라고 약칭한다. 한국십진분류법은 모든 도서들을 그 주제에 따라 우선 크게 10가지 유형, 즉 총류·철학·종교·사회과학·순수과학·기술과학·예술·언어·문학·역사로 나누고, 다시 이를 10가지로 세분하기 때문에 십진분류법이라고 부른다. 이러한 KDC를 대한출판문화협회에서는 다시 조금 변형시켜 모두 12가지 유형으로 나누어 도서들을 분류하고 있다. 즉, 한국십진분류법은 우리나라에서 발행되는 종수가 많은 아동도서와 학습용 참고서를 별도의 유형으로 추가하여, 모두 12가지 유형으로 도서들을 분류하고 있다. 이를 기본으로 이 보고서에서는 동물학·생명과학·의학·약학·한방의학·보건학·간호학·식물학을 생물학 분야로 묶었고, 천문학 분야와 지구과학 분야를 지구과학 분야로 함께 분류했다. 그것은 초등학교 교과과정에서 과학을 분류하는 방식인 에너지·물질·지구·생명을 염두에 두었기 때문이다.

<표 2> 2006년 어린이도서 신간 종류 분류

분류	발행종수	비율(%)
문학	3,195	47.78
순수과학	1,124	16.81
역사	1,007	15.06
어학	509	7.61
사회과학	407	6.09
예술	226	3.38
종교	102	1.53
철학	54	0.81
기술과학	36	0.53
총류	27	0.4
총계	6,687	100

<표 3> 2006년 출판된 어린이 과학도서 분류

대분류	세분류	권수	비율(%)
순수과학	순수과학 일반	602	51.9
순수과학	화학	14	1.2
순수과학	동물학	249	21.5
순수과학	수학	164	14.1
순수과학	생명과학	32	2.8
순수과학	지학	29	2.5
순수과학	천문학	16	1.4
순수과학	물리학	10	0.9
기술과학	의학, 약학, 한방의학, 보건학, 간호학	9	0.8
순수과학	식물학	8	0.7
기술과학	전기공학, 전자공학, 컴퓨터	7	0.6
기술과학	가사, 가정학	5	0.4
기술과학	기계공학	5	0.4
기술과학	기술과학 일반	5	0.4
기술과학	공학, 공업일반, 환경공학	3	0.3
기술과학	건축공학	2	0.2
		1,160	100.1

하지만 과학도서를 좀 더 세밀히 분류해 보면 과학 분야 간 심한 편향을 볼 수 있다. 과학도서를 분야별로 나누어보면 생물과 지구과학 및 천문학 분야가 물리 분야와 화학 분야보다 압도적으로 많다. 반면 물리학 분야가 10종에 미치지 못해 2006년 총 출판 어린이 과학도서에서 차지하는 비율이 0.9%에 불과하고, 이보다 사정이 나아 보이기는 하지만 화학 분야에서도 14종이 출간되어 전체 1.2% 정도에 머무르고 있다. 지구과학 및 천문학 분야는 화학이나 물리학 분야와 비교하면 훨씬 사정이 나은 편이다. 물리 및 화학 분야보다는 많은 45종이 새로 발간되어 전체 과학도서 신간 출간율 가운데 3.9%를 차지했기 때문이다. 이에 반해 생물학 분야는 동물, 식물, 생명과학을 포함했을 때 289종, 25.0%나 발간되었다.15) 또 51%나 차지하는 순수과학 일반으로 분류된 책들에도 '자연일반'을 다루는 책들이 상당수 존재하고 있음은 생물과 지구과학 분야에 과학도서 신간이 편중된 현실을 보여준다. 이런 편중 현상은 생명과학 분야가 시각화하기 어렵지 않고, 설명하기가 비교적 쉽기 때문인 것으로 보인다. 그리고 '자연'이라는 큰 대상에서 감각적으로 관찰하기 쉬운 현상적인 사안들을 선택해 적당한 설명이나 일러스트레이션만을 제공함으로써 책을 구성할 수 있기 때문인 것으로 보인다. 이런 종류의 책들은 '슬기로운 생활'에서 접하는 자연의 연장이다.16)

한편 물리 및 화학 분야의 출간이 지극히 적은 수준에 머물러 있는 것은 이 두 분야의 기본 개념을 설명해야 한다는 부담 때문인 것으로 보인다. 감지할 수 없는 추상에 대한 설명을 체계와 맥락에 맞추어 제시하는 일이 쉬운 일은 아니다. 따라서 전기, 빛과 같이 그림을 이용해 쉽게 전달할 수 있거나 경험을 통해 이해하기 쉬운 부문을 다룬 책들은 간간이 출간됨에 반해, 속도, 가속도, 힘, 에너지와 같은 물리학의 기본 개념을 시도한 책은 지극히 적다.

---

15) 표에서 순수과학 일반으로 분류된 책들은 『어린이 과학사전』과 같은 사전류와 『종의기원 자연선택의 신비를 밝히다』, 과학사 책인 『아빠가 들려주는 과학사편지 4』 등 다양한 책들을 포함한다. 주제별로 볼 때는 『나비박사 석주명』, 『거미얘기는 해도 해도 끝없어』 등 과학자의 전기류가 가장 많이 포함되어 있다.
16) 이에 대해서는 4장에서 자세히 다룰 예정이다.

〈표 4〉에서 보는 바와 같이 2006년에 출간된 물리 분야에는 『속 보이는 물리』 시리즈가 힘과 운동, 빛과 파동처럼 물리 분야의 기본 개념을 중심으로 설명을 시도하고 있음을 볼 수 있다. 그 가운데 『힘과 운동 뛰어넘기』의 2장은 탄성력, 항력, 마찰력, 장력, 중력을 다루어 힘의 다양한 형태를 제시하고 있으며, 3장에서는 속도, 4장은 운동을 이루는 요소들, 5장은 힘과 운동 관계, 6장은 힘과 에너지 등 고전물리학의 기본 개념을 체계별로 설명하기도 했다.

<표 4> 2006년 발간된 물리 분야 어린이 서적들

책제목	저자	출판사	대분류	세분류
피즈의 물리여행	정완상	이치	순수과학	물리학
막스 프랑크가 들려 주는 양자론	육근철	자음과모음	순수과학	물리학
슈뢰딩거가 들려주는 양자물리학	곽영직	자음과모음	순수과학	물리학
소리를 질러 봐	최준곤	동아사이언스	순수과학	물리학
속 보이는 물리: 빛과 파동 흔들기	한국물리학회	동아사이언스	순수과학	물리학
속 보이는 물리: 전기와 자기 밀고 당기기	한국물리학회	동아사이언스	순수과학	물리학
속 보이는 물리: 힘과 운동 뛰어넘기	한국물리학회	동아사이언스	순수과학	물리학
어떻게 만유인력을 발견했을까	안나 파리시	사이언스북스	순수과학	물리학
옛날 옛적에 아직 우주가 태어나기도 전에	로버트 길모어	(구)한승	순수과학	물리학
재미있는 물리이야기	송은영	삼성출판사	순수과학	물리학

이 시리즈 이외에도 해당 분야의 유명 과학자가 어린이들에게 각 분야를 설명하는 형식으로 글을 구성한 『과학자들이 들려주는 과학이야기』 시리즈에서도 물리학을 다루고 있으며, 그 기본 개념들을 설명했다. 이 시리즈의 한 권으로 2005년에 출간된 『라그랑주가 들려주는 운동 법칙 이야기』의 경우, 아리스토텔레스, 갈릴레이, 그리고 뉴턴의 '제1, 제2, 제3 법칙'으로 이어지는 운동에 대한 설명과 운동 법칙을 설명하는데, 질량과 가속도가 어떻게 힘과 연결되며, 질량과 무게는 어떻게 다르고, 작용과 반작용은 어떤 관계인지 해설해, 역사적 맥락 속에서 물리학의 개념을 체계적으로 설명했다.

이처럼 물리학의 기본을 설명하려 한 것은 돋보이지만 여전히 다른 어린이 과학도서와 같은 문제를 안고 있다. 예를 들어 2005년에 출간된 『막스 플랑크가 들려주는 양자론 이야기』가 다루는 범위를 목차를 통해 보면, '첫 번째 수업 — 용광로의 불꽃 흑체복사란 무엇일까요?', '두 번째 수업 — 빛의 색깔과 온도와는 어떤 관계가 있나요?', '세 번째 수업 — 망원경으로 용광로의 온도를 측정할 수 있을까요?', '네 번째 수업 — 젊은 과학자 빈과 선배 과학자 레일리와의 차이점', '다섯 번째 수업 — 빈의 공식과 레일리 공식의 화해', '여섯 번째 수업 — 연속이냐, 불연속이냐? 그것이 문제로다', '일곱 번째 수업 — 양자이론의 꽃 플랑크 상수 h의 물리적 의미 — 거시 세계와 미시 세계', '여덟 번째 수업 — 지금은 바야흐로 양자적 점핑 시대. 당신이 점핑하기 위한 에너지는 얼마인가요?'로 상당한 수준으로까지 설명 범위를 확장해 지식을 제공하려 한 것이다. 이는 고전 물리가 설명할 수 없던 세 가지 현상 가운데 하나인 흑체복사를 양자론으로 설명해나가는 전 과정을 다룬 것으로 비록 대상이 어린이임을 고려해 쉬운 언어로 핵심과 기본 위주의 설명을 제공했지만, 설명 범주 자체가 고등 물리 분야까지 넓혀져 있어 어린이들이 접근하기가 쉽지 않다. 이처럼 2006년 출판된 물리학 분야를 다루는 책들은 대부분 한 권에서 대상 분야를 전부 설명하려 했다.

2. 2006년 어린이 과학도서 베스트셀러의 특징

2006년 출판된 어린이 도서 종수가 모두 약 6,700권임을 감안하면 어린이 과학도서는 17.3%에 이르는 비율을 차지하므로 전체 어린이 도서 출간량에 견주어 적지 않은 수가 출판되었음을 알 수 있다. 하지만 2006년 어린이 과학도서가 어린이도서 전체 베스트셀러에서 차지하는 비중은 매우 미약하다.[17] 어린이도서 베스트셀러 100위권에는 9권만이 포함되어 있고, 어린이 과학도

---

17) S사의 베스트셀러 통계를 이용했다. S사는 어린이도서를 전문으로 판매하는 유통회사로 1996년에 설립된 이후 어린이전문서점, 전국의 초등학교와 어린이도서관 등에 어린이도서를 판매하는 회사이다. 교보나 YES24, 알라딘과 같은 온라인, 오프라인 유통회사들의 통계를 이용하지 않은 것은 2006년도 베스트셀러 순위 조작에 대한 잡음을 고려했기 때문이다. 이에 대해서는 한기호, "'점입가경' 베스트셀러 만들기", 『한겨레신문』, 2007. 7. 6.

서 베스트 180위가 전체 어린이도서 베스트셀러 2,000위 이하에서 발견되기 때문이다.

　베스트셀러의 가장 큰 특징은 2006년 어린이 과학도서 출판 경향이 베스트셀러에도 그대로 나타나고 있다는 점이다. 어린이 과학도서가 그러하듯 베스트셀러 역시 분야가 편중되어 있다. 베스트셀러를 분류하면 기술과학 분야의 책이 51권이며, 순수과학 분야의 책은 149권이다.[18] 이를 다시 세분류하면 〈표 5〉와 같다.

<표 5> 2006년 과학 어린이책 베스트셀러의 분야별 분류

대분류	세분류	권수	비율
기술과학	의학, 약학, 한방의학, 보건학, 간호학	26	13
기술과학	기술과학일반	14	7
기술과학	공학, 공업일반, 환경공학	7	3.5
기술과학	기계공학, 군사공학, 원자핵공학	2	1
기술과학	전기공학, 전자공학, 컴퓨터	1	0.5
기술과학	농학, 수의학, 수산학	1	0.5
순수과학	순수과학 일반	34	17
순수과학	지학	31	15.5
순수과학	동물학	31	15.5
순수과학	천문학	18	9
순수과학	식물학	16	8
순수과학	생명과학	10	5
순수과학	수학	5	2.5
순수과학	물리학	3	1.5
순수과학	화학	1	0.5
	계	200	100

　〈표 5〉에서 볼 수 있듯이 2006년에 판매된 과학 어린이책 베스트셀러 200(이하 베스트셀러로 줄임) 중에서 가장 많은 분야는 34권의 순수과학 일반 분야이며, 그 다음이 지구과학과 동물학 분야 각각 31권, 의학, 약학, 한방의학,

18) 이 분류 역시 주) 14와 같은 방식으로 수행했다.

보건학, 간호학 분야 26권, 천문학 분야 18권, 식물학 분야 16권 순이다. 하지만 동물학과 식물학, 생명과학 분야를 생물학 분야로 합치면 57권으로 압도적으로 큰 비중을 차지하고 있음을 볼 수 있다. 심지어 교과분류상 생물 분야로 합쳐지는 의학, 약학, 한방의학, 보건학, 간호학 분야와 농학, 수의학, 수산학과 같은 기술과학 분야를 더하면 84종에 이르며, 이는 베스트셀러의 42%에 이르는 양이다.

또 저학년용 도서가 고학년용 도서보다 40권 정도나 많다는 점도 특징이다. 즉 베스트셀러 가운데 1, 2학년과 같이 저학년을 의한 서적이 122권으로 60%를 넘을 정도로 비중이 크다. 또 저학년용 베스트셀러들을 분류해 보면, 16권이 동물에 관한 책들이며, 9권이 식물에 관한 책이다. 그리고 의학, 약학, 한방의학, 보건학, 간호학의 분류에 포함되는 책은 15권에 이르며 5권이 생명과학 관련 책이다. 이처럼 40권의 책이 생물학과 관련되어 있는데 특히 의학 등의 분야와 관련된 책들은 『꿈꾸는 뇌(머리에서 발끝까지)』, 『배가 고플 때 왜 꼬르륵 소리가 날까요?』, 『신통방통 귀와 코』, 『영리한 눈』과 같이 사람 몸의 각 기관을 따로 설명한 책이 대부분이다.

저학년용 책에는 천문학 분야 및 지구과학 분야도 적지 않은데 모두 17권(천문학 4권 포함)에 이른다. 또 석주명이나 원병오와 같은 과학자들의 전기나 시튼의 동물기와 같이 고전을 쉽게 풀어 쓴 책 등 다양한 분야를 함께 순수일반 분야로 분류했는데 모두 12권이 포함되어 있다. 이처럼 저학년용 책 가운데 반이 넘는 분야가 생물 분야와 지구과학 분야에 편중되어 있음은 생물학 분야가 시각화가 쉽고, 어려운 개념 없이 설명할 수 있는 분야라는 점에 기인한다. 반면 물리학으로 분류되는 책은 오직 『왜 땅으로 떨어질까?』 한 권뿐이다. 화학 분야는 아예 없다.

고학년용 과학도서에서도 이런 편중 현상이 그대로 나타난다. 고학년용 베스트셀러 과학도서 가운데 물리 분야는 『Why? 물리』, 『전기와 빛 이야기(릴레이 2)』같이 단 2권의 책이 포함되어 있을 뿐이며, 화학 분야는 『Why? 화학』 한 권만이 베스트셀러에 올라 있다. 저학년에는 없던 수학 분야가 베스트셀러 목록에 올라 있는데, 『사각형』, 『원』, 『삼각형』과 같이 도형을 소재로 삼아 기하학의 이해를 돕거나 『피타고라스 구출작전』, 『탈레스박사와 수학영재들의 미로게임』과 같이 고대 그리스의 유명 수학자들을 등장시켜 게임을 통해 수학 세계를 접하게 한 책들도 있다.

물리학, 화학, 수학 분야의 책이 좀 더 늘어나긴 했지만 전체 고학년용 과학도서 베스트셀러 78권에서 차지하는 비중은 불과 10%에도 미치지 못한 실정이다. 가장 많이 차지한 분야는 저학년과 마찬가지로 32권을 포함한 생물학 분야로 동물 13권, 식물 6권, 생명과학 5권, 의학 등의 분야 8권을 포함하고 있다. 천문학과 지구과학 분야는 저학년에 비해 훨씬 늘어나 31권을 차지하고 있으며, 그 가운데 특히 천문학으로 세분되는 책은 12권으로 저학년 베스트셀러에 비해 세 배나 많다. 다루는 내용도 별자리 이야기에서 벗어나 시간, 우주의 생성 등으로 확대되었다.

어린이 과학도서 베스트셀러들을 종합해 보면 분야의 편중이 심하다는 점이다. 제일 많은 분야는 생물학으로 분야로, 79권으로 압도적으로 많다. 그 가운데에서도 동물, 특히 절지동물을 다룬 책이 압도적으로 많다. 『곤충 세계에서 살아남기 1』, 『곤충의 비밀』, 『세밀화로 그린 곤충도감』이나 『땅속 생물이야기』 등 15종에 이른다. 의학, 약학, 한방의학, 보건학, 간호학 분야로 세분할 수 있는 분야에는 『우리 몸의 구멍』, 『꿈꾸는 뇌』, 『우와, 이만큼 컸어!』, 『배가 고플 때 왜 꼬르륵 소리가 날까요?』, 『재주 많은 손』 등 대부분 인체에 관한 내용이 많았다.

두 번째로 큰 비중을 차지하는 분야는 지구과학 분야이다. 이 분야는 천문학 분야를 포함하면 49종이나 된다. 지구과학 분야에는 『신기한 스쿨버스 2(땅밑 세계로 들어가다)』, 『공룡 세계에서 살아남기 1』, 『지구 반대쪽까지 구멍을 뚫고 가보자』 등 지구와 기상학, 고생물학 관련 책들이 많이 포함되어 있으나 공룡에 관한 책이 가장 많다. 또 이 분야에는 『별똥별 아줌마가 들려주는 우주이야기』, 『밤하늘 별 이야기』, 『신비한 우주』, 『별은 왜 반짝일까요?』 등 별과 태양계에 대한 책들이 포함되어 있다.

그나마 2006년 베스트셀러에는 과학 각 분야에 한 권 정도씩은 포함되어 있지만, 기술과학 분야를 살펴보면, 그 편중이 더욱 심해 대부분이 의학, 약

학, 한방의학, 보건학, 간호학 분야의 책이며, 기계공학, 수산학, 전자공학 분
야에 각 1권씩 들어가 있을 뿐이고, 건축공학과 화학공학과 관련된 책은 한
권도 없는 편향을 보였다.

61종이 포함된 순수과학 일반 분야에서도 이 같은 편중현상이 보인다. 찰
스 다윈이 쓴『종의 기원 - 자연선택의 신비를 밝히다』,『시튼의 동물기』,
『파브르 곤충기』와 같이 고전을 어린이들이 이해할 수 있도록 풀어 쓴 책들
역시 생물학 분야의 것이고,『나비 박사 석주명』,『새를 보면 나도 날고 싶어
(원병오 전기)』,『거미 얘기는 해도 해도 끝이 없어(남궁준 전기)』와 같이 과
학자의 전기류 역시 생물학 분야가 많다. 또 자연 일반을 다루어 다양한 분야
를 한 권에서 소화했다고 여겨지는 책들도 엄밀히 살펴 다시 가능한 분류별
로 나누어보면, 곤충을 포함한 생물 분야나 공룡, 천체를 포함한 지구과학의
특징을 가진 책들이 압도적으로 많다.

또 하나의 2006년 베스트셀러의 특징은 시리즈물이 많다는 점이다. 어린이
들 사이에『살아남기』시리즈로 불리는, 예를 들면『공룡 세계에서 살아남기』,
『곤충 세계에서 살아남기』같은 책 26권 가운데 5권이 베스트셀러에 포함되
었으며, 이 5권은 모두 100위권 안에 들어 있다.

『신기한 스쿨버스』시리즈는 알찬 구성과 재미있는 전개로 전 세계에 광
범위하게 독자층을 확보하고 있고, 애니메이션으로 만들어져 TV에서 방영되
었는데, 2006년까지 발간된 시리즈 11권 가운데 5권이 베스트셀러 순위에 들
어 있다. 또『엽기 과학자 프래니』시리즈는 6권으로 구성되어 있는데 그 가
운데 5권이나 베스트셀러에 들어 있을 뿐만 아니라 모두 70위권 내에 들어
있기도 하다. 비중으로서는 80% 이상이 포함되어 있는데, 이 시리즈는 어린
이 과학자를 내세워 주변 물질들에 대한 실험, 정보를 동화로 풀어내 흥미를
끌었다.

하지만 200위 베스트셀러에 가장 많이 포함되어 있는 시리즈는 1,000만 부
돌파라는 전대미문의 기록을 세운『Why』시리즈이다. 화학, 화석, 지구, 물
리, 우주 등 과학의 분야를 세분해 펴내는 이 시리즈는 2006년 말까지 30권이
발간되었으며, 그 가운데 22권이 베스트셀러에 포함되어 있다(2007년 8월까

지 5권이 더 발간됨). 이름 하여 '학습만화'로 특히 만화라는 형식을 빌려 각 과학 분야의 개념을 쉽게 제공하려 하지만, 저학년은 물론 고학년들이 내용을 이해하기 쉽지 않으며, 고학년조차 만화가 주는 에피소드에나 흥미를 보인다는 점이다.

　그럼에도 불구하고 이 시리즈가 많이 팔린다는 현상을 고찰할 필요가 있다. 이 시리즈의 대표적인 특징은 '아이들이 너무너무 좋아해요'라고 한다.[19] 그리고 학부모들은 "만화책을 손에서 떼지 못하는 아이들을 보며 만족하고 있다는 것이다. 부모들은 처음엔 만화책이라는 선입견으로 아이에게 선뜻 사주기 어려워 하지만 책을 펼쳐보고 나면 학습서구나라는 생각을 하게 되며 과학도감의 생생한 사진과 자료 컷들이 커다랗게 배치되어 있고 내용은 알기 쉬운 단어로 자세하고 이해하기 쉽게 설명되어 있고, 깊이 있는 내용으로 구성되어 있지만 기초과학 분야에서 응용과학까지 광범위하게 다루고 있다"는 점을 특장점으로 기사화하기도 했다. 또 "읽으면 읽을수록 새로운 과학지식을 알게 되고 반복하다 보니 자연스레 기억하게 된다"고 한다.[20] 과학시간이 달라지고, 만화책을 보지만 학습하는 효과를 얻는다는 것이 『Why』 시리즈에 담긴 신화다. 이 기사에서 알 수 있듯이 만화라는 형식을 빌려 만들어진 이 책에서 과학은 "읽으면 읽을수록 알게 되는 새로운 과학지식"이 되었다. 즉 과학은 지식 자체가 되었고 어린이는 이를 수동적으로 주입받는 대상이 되었던 것이다. 또 과학은 "반복하다보니 자연스레 기억"되는 암기 분야가 되어 버린 것이다. 암기되어진 것으로 과학시간에 효과를 보는지, 학습효과를 얻는지는 알 수 없지만 이런 인식은 어린이의 학습을 무엇보다도 중요하게 여기는 학부모의 바람을 그대로 반영한 것이라고 할 수 있다. 또 과학이 지식이며 과학을 잘 한다는 것은 많은 정보를 습득하고 있다고 판단하는 한국 사회의 과학 인식에도 맥이 닿아 있다고 할 수 있다.

　세 번째로 지적할 수 있는 베스트셀러의 특징은 관련 분야의 지식과 정보를 과도하게 다루고 있다는 점이다. 이는 유아용을 제외한 과학도서에서 전

---

19) 『세계일보』, 2007. 7. 27.
20) 같은 글.

반적으로 발견되는 현상이기도 하다. 『지구의 마법사 공기』는 바람, 무지개, 파란 하늘과 저녁노을과 더불어 오로라, 그리고 대기 중의 수증기와 관련된 비, 구름, 천둥과 번개, 태풍, 토네이도 등 다양한 기상 현상의 발생 원인과 과정에 대해 설명하고 있다. 더 나아가 오존과 기후 환경을 등 대기 오염에 대해서도 정보를 제공했다. 『살아있는 과학 교과서』는 과학 교과서를 표방하는 만큼 과학의 다양한 분야를 광범위하게 다루고 있다. 즉 과학의 시작부터 물리(다양한 힘, 힘과 운동의 관계, 운동 법칙, 열, 열역학, 전자기학, 에너지), 화학(원자, 분자, 물질의 분류, 원소, 물질의 변화 및 산 염기 반응, 그리고 생화학 분야), 생명공학과 나노기술을 1편에서 다루고 있으며 2편에서는 음향학, 생물학, 지구과학의 전 분야를 다룬 것이다. 이는 제7차 교과과정의 모든 내용을 담고 있다고 볼 수 있다. 다루는 내용이 광범위할 뿐만 아니라 수준도 초등학교 학생들의 인지 단계를 넘는 높은 수준의 내용을 담았다. 우리나라 작가가 쓴 유아용 및 저학년을 위한 과학도서에서는 큰 문제로 드러나지 않았던 책들의 구성이 고학년의 도서에 이르면 지나칠 정도로 높은 수준에 도달한 것이다.

네 번째로 지적할 수 있는 특징은 2006년도 신간의 베스트셀러 진입이 25%에 불과하다는 점이다. 즉 신간의 베스트셀러 진입이 쉽지 않다는 것이다. 진입에 성공한 책들 가운데 시리즈물들이 많다는 점도 특징적이다. 즉 『Why』 시리즈 4권, 『살아남기』 시리즈 3권, 『엽기과학자 프래니』 시리즈, 『살아있는 교과서』, 『동화로 읽는 시튼의 동물기』가 각각 4권, 3권, 3권, 2권, 2권이 포함되었는데, 이는 새로운 책을 고르기보다는 이미 익숙한 책을 선택하는 안전한 방식이 이 과학도서에도 반영되는 것이다. 신간으로 새로이 진입하는 책들은 대부분 만화라는 점도 특징적이다. 『Why』 시리즈, 『살아남기』 시리즈뿐만 아니라 만화 과학교과서 2권이 그러하다. 새롭게 200위 순위에 오른 책들은 저학년과 고학년의 책들이 비교적 고른 분포를 보이기는 하지만 생물학, 지구과학으로의 편향은 베스트셀러보다도 훨씬 심하게 나타났다.

3. 2006년도 베스트셀러의 작가들

국내 어린이도서 시장의 특징 가운데 하나는 점점 더 외국도서의 번역 비중이 커지고 있다는 점이다. 하지만 2006년 과학 베스트셀러는 다른 분야의 책들과 달리 번역보다 국내 작가의 저서 비중이 높은 편인데 그것은 전적으로 『Why』 시리즈에 기인한다고 볼 수 있다. 베스트셀러 200권 가운데 『Why』 시리즈가 22권이 포함되어 있고, 이 『Why』 시리즈는 전적으로 국내 작가가 저술한 것으로 나타나 있기 때문이다.

『Why』 시리즈는 30권을 5, 6명이 나누어 썼다. 그 가운데 가장 많은 책을 저술한 작가는 이광웅이다. 그가 쓴 시리즈 가운데 7권이 2006년 베스트셀러에 포함되었는데, 『Why? 우주』(189위), 『Why? 남극·북극』(58위), 『Why? 바다』(95위), 『Why? 곤충』(116위), 『Why? 지구』(188위), 『Why? 화석』(90위), 『Why? 외계인과 UFO』(33위)가 그것이다. 그가 밑글을 쓴 분야를 점검해 보면 천문학, 지구과학, 동물학 분야이며, 그밖에도 그가 『Why』 시리즈에 밑글은 쓴 분야는 날씨, 곤충, 지구, 동물, 식물, 컴퓨터, 바다, 우주―천문학, 물리, 생물학, 기계공학, 지구과학의 전 과학 분야이다. 『Why』 시리즈만 본다면 그는 불과 5, 6년 사이에 전 과학의 분야에 걸쳐 10권이 넘는 책을 쓴 셈이 된다. 그는 『월간문학』 신인상을 받아 등단했으며, 문공부 신인예술상 문학상을 수상한 인물로 전기와 신화, 과학 동화 등 수백 편의 아동문학 작품을 집필한 것으로 알려져 있다. 지은 책으로 장편소설 『색깔있는 여자』, 『여자와 비』, 『불춤』, 『늦새』, 『여인』, 『배정자』, 『신돈』 등이 있다.

또 『Why』 시리즈에 많은 밑글을 쓴 작가는 허순봉이다. 그는 3권의 베스트셀러 『Why』 시리즈를 썼다. 불어교육을 전공한 그는 KBS 및 MBC 방송 작가로 활동했으며, 1987년 『아동문예』 작품상 동화부문에 당선되어 아동 문학가로서 작품 활동을 시작했다. 지은 책으로 『정말 쌤통이다』, 『넌 너무 엉뚱해』, 『개구쟁이 사춘기』, 『정말 공부 좀 잘해 봤으면』 등이 있다. 그는 모두 6권의 『Why』 시리즈에 밑글을 썼으며, 주로 인체, 환경, 생명과학, 질병, 동물, 미생물, 즉 인체와 생물 분야를 담당했다.

정수은 역시 『Why』 시리즈 작가이다. 잡지사 기자로 일했던 그는 두 권의
베스트셀러를 썼고, 동굴, 독 있는 동식물과 같이 지구과학, 생물학 분야의
책이다. 그밖에 『머리가 좋아지는 만화 이야기 편, 인물편, 학습편』, 『나라를
지킨 호랑이 장군들』, 『천 년을 만든 사건 20』, 『세상 모든 나라에서 찾아낸
문화의 비밀』을 쓰기도 했다.

조영선 역시 베스트셀러 『Why』 시리즈 두 권에 밑글을 썼으며 그가 전체
적으로 쓴 『Why』 시리즈는 4권이다. 그는 물리, 화학, 스포츠과학, 로봇에 대
한 글을 썼다. 그는 『Why』 시리즈 이외에도 『마이크로 탐험대 1,2』, 『머리가
똑똑해지는 원리과학』과 같은 책을 쓰기도 했다.

『Why』 시리즈의 중요한 작가로 '파피루스'라는 학습만화 전문 창작팀이
있다. 이 팀에서는 『Why? 자연재해』, 『Why? 갯벌』을 썼고, 그밖에 『발명, 발
견 타임머신 대 모험』, 『꼬질꼬질 인체과학』, 『못 말리는 공룡탐험대』, 『수학
천하통일 1, 2, 3』, 『카트라이더 지구를 지켜라』 등을 만들었다. 이들 『Why』
시리즈 작가들의 특징은 과학을 전공하지 않았다는 점이다. 그들은 과학보다
는 문학에 훨씬 근접해 있다.

『Why』 시리즈 작가들 이외에도 문학을 전공한 과학 어린이도서 베스트셀
러 작가는 또 있다. 허은미의 경우, 4권의 베스트셀러를 쓴 작가로, 『떠들썩
한 성』(61위), 『살아있는 뼈』(85위), 『우리 몸의 구멍』(8위), 『영리한 눈』(76위)
을 썼다[21]. 그는 이 책들 이외에도 『종알종알 말놀이 그림책』, 『옹알옹알 아
기 그림책』, 『잠들 때 하나씩 들려주는 이야기』, 『누구랑 나눠 먹지?』, 『아이,
시원해!』, 『사고뭉치 우리말 박사』, 『내가 처음으로 읽는 세계 명작』, 『코끼
리가 최고야』 등을 썼는데, 그가 쓴 책들 대부분은 유아용이라는 특징을 가
지고 있다.[22] 과학책들 역시 유아를 위한 책으로 주로 인체의 여러 기관들을
표현한 그림책이 중심을 이루는데, 이런 종류의 책은 과학 사고에 크게 의존
하지 않아도 되는, 매우 일반적인 내용이 주를 이룬다는 특징이다.

---

21) 괄호 안은 베스트셀러 순위이다.
22) 그는 그밖에도 『돼지책』, 『윌리와 악당 벌렁코』, 『윌리와 휴』, 『꿈꾸는 윌리』, 『악어야 악어
야』, 『우리 엄마』, 『내가 좋아하는 것』 등을 옮겼다.

이들을 제외하고는 과학 분야의 베스트셀러 작가들 대부분은 과학(과학교육 포함)이나 초등 교육을 전공한 사람들이다. 2권 이상의 베스트셀러 저자들을 중심으로 그들의 전공 및 저서들은 〈표 6〉으로 정리해 보았다.

<표 6> 베스트셀러 작가의 전공 및 저서

	이름	전공분야	저서
1	권수진	분자생물학	『과학자와 놀자』, 『고래는 왜 바다로 갔을까』, 『그런데요, 생태계가 뭐예요?』, 『얘들아, 정말 과학자가 되고 싶니?』, 『쉿! 바다의 비밀을 말해 줄게』
2	김동광	독어독문학 과학사회학	『비주얼 박물관』, 『윈도우 시리즈』, 『움직이는 건 뭐지?』, 『알고 싸앗』, 『발명의 세계』, 『동물 행동의 신세계』, 『지구의 나이테』, 『눈 내리는 날』. 역서 『알고 싶은 과학의 세계』, 『시간의 패러독스』, 『생명의 그물』, 『판다의 엄지』, 『과학의 종말』, 『잃어버린 조상의 그림자』, 『천재교수의 과학캠프 - 우주 zone』 등
3	김성수	교육대학	『피타고라스 구출작전』, 『탈레스 박사와 수학영재들의 미로게임』
4	김성화	생물학과	『과학자와 놀자』, 『고래는 왜 바다로 갔을까』, 『그런데요, 생태계가 뭐예요?』, 『얘들아, 정말 과학자가 되고 싶니?』, 『쉿! 바다의 비밀을 말해 줄게』
5	김순한	교육학 전공, 어린이생태잡지 『까치』 편집장	『하마는 똥싸개 판다는 편식대장』, 『두더지는 먹보 뻐꾸기는 얌체』, 『씨앗은 무엇이 되고 싶을까』, 『첫걸음 곤충백과』, 『거미박사 남궁준 이야기』, 『소리가 움직여요』, 『구더기는 똥이 좋아』, 『남산 숲에 남산제비꽃이 피었어요』
6	박용기	천문기상학	『갈릴레이 갈릴레오』, 『솔이의 숲』, 『64의 비밀』, 『우주의 나이는 몇 살일까?』
7	손영운	지구과학	『청소년을 위한 서양과학사』, 『엉뚱한 생각 속에 과학이 쏙쏙』, 『아인슈타인처럼 생각하기 1·2』, 『꼬물꼬물 과학이야기』, 『교과서를 만든 과학자들』
8	송은영	물리학과 원자핵물리학	『중력이 뭐야?』, 『힘과 속력이 뭐야?』, 『일과 에너지가 뭐야?』, 『이런 궁리를 자꾸 하면 사고력이 좋아진다』, 『교과서 밖에서 배우는 재미있는 물리 상식, 과학 상식, 수학 상식』, 『과학공부 이렇게 하면 못할 리 없다』, 『원리를 알면 과학이 쉽다』, 『아르키메데스가 들려주는 부력 이야기』, 『레오나르드 다 빈치가 들려주는 양력 이야기』, 『빈이 들려주는 기후 이야기』

9	윤소영	생물교육학	『생물 에세이』, 『교실 밖 생물 여행』, 『신나는 생물 실험』, 『옛날 옛적 지구에는…』, 『넌 무슨 동물이니?』 역서: 『생각하는 생물 1·2』, 『네안데르탈 1·2』, 『알고 싶어요 동물』, 『숲은 누가 만들었나』, 『지능은 어떻게 진화하는가』, 『세상에서 가장 재미있는 유전학』, 『빌 아저씨의 과학 교실』, 『마음의 역사』 등. 교육용 CD-ROM: 『천재들의 자연백과』, 『천재들의 인체백과』, 『잃어버린 생명 멸종 동물』, 『천재교수의 과학캠프- 인체 zone』
0	이지유	지구과학교육 천문학	『별똥별 아줌마가 들려주는 우주 이야기』, 『별똥별 아줌마가 들려주는 화산 이야기』, 『그림책 사냥을 떠나자』가 있고, 옮긴 책으로는 『할머니의 조각보』, 『열 개의 눈동자』, 『세상에서 가장 맛있는 무화과』
1	장길호	교육학	『플루트에는 왜 구멍이 있을까요?』, 『도도새는 왜 사라졌을까요?』, 『건물에도 뿌리가 있나요?』, 『배가 고플 때 왜 꼬르륵 소리가 날까요?』, 『기차는 왜 철로 위에서 떨어지지 않을까요?』 등. 『왜?』 시리즈를 기획자문
2	정완상	무기재료공학 이론물리학	『패턴으로 배우는 중학 수학』, 『과학 공화국 물리 법정 1·2』, 『과학 공화국 수학 법정1·2』, 『과학 공화국 지구 법정1·2』, 『과학 공화국 생물 법정1·2』, 『과학 공화국 화학 법정1·2』, 『아인슈타인이 들려주는 상대성원리 이야기』, 『리만이 들려주는 4차원 기하학 이야기』, 『페르마가 들려주는 정수론 이야기』, 『데카르트가 다시 쓰는 라퐁텐 우화』
3	최열	농화학, 환경운동	『최열 아저씨의 우리 환경 이야기』, 『지구를 살리는 50가지 방법』
4	홍준의	생물교육학	『살아있는 과학교과서 1·2』 공동 저자
5	최후남	화학교육학	
6	고현덕	지구과학교	
7	김태일	물리교육학	

〈표 6〉에서도 알 수 있듯이 이들은 대부분 과학이나 교육학(초등교육 포함)을 전공한 사람들이다. 과학 가운데 생물학이 4명, 지구과학 및 천문학이 4명, 물리 3명, 화학 2(농화학 포함)이며 교육학(초등교육 포함) 전공자는 3명이다. 이들의 전공과 그들이 쓴 책들은 연관성이 매우 높다. 대부분 자신이 전공한 분야의 어린이책을 썼으며, 그 연장선상에 베스트셀러도 존재했다.

이처럼 과학 분야에 전공자가 저자인 경우, "똑같은 과학 사실을 글로 옮기더라도 전문가는 과학 사실을 꿰뚫는 통찰력으로 그 사실에 숨은 과학 원리를 명확하게 집어"내리라는 믿음의 대상이 된다.[23] 그럼에도 불구하고 200권의 베스트셀러 작가 가운데 전공과 연속성이 발견되는 작가가 20명도 되지 않는다는 점은 우리나라 어린이 과학도서 저자층의 빈곤한 현실을 그대로 보여주는 일이라 할 수 있다.

IV. 초등학교 과학 교과과정과 어린이 과학도서

2006년에 새로 출간된 책이나, 베스트셀러들을 보면, 지식과 정보의 과잉이라는 점이 공통적 특징으로 나타나며, 신간의 경우, 특히 교과서와의 연계를 책 소개로 강조하고 있다는 점이 특징적이다. 교과서의 연장으로 어린이 과학도서가 존재한다는 것이다. 이런 현상은 도서의 실구매자인 부모들이 과학도서 구매에 다른 어떤 분야의 도서들보다도 학습과의 관계에 더 큰 관심을 두고 있음을 반영하는 일이라고 할 수 있다. 학부모로서 자녀들이 과학을 어려워하지 않고 학습하는 데에 관심을 두는 것은 당연하다고 여겨지지만, 이런 소비자의 욕구가 2006년에 더 강해진 것으로 보인다.

제7차 교육과정의 검토는 과학도서의 학습과의 연계에 대한 관심이 커지는 현상에 대한 하나의 설명을 제시할 것으로 보인다. 제7차 교육과정의 기본 입장은 제6차 교육과정의 기본 철학을 계승하고 정보화와 세계화로 특징지워지는 21세기의 사회적-문명사적인 변화의 의미를 학교 과학 교육과정에 반영하는 것으로 표현되어 있다. 그중 과학 교과는 기본적인 과학적 소양을 기르기 위하여 자연을 과학적으로 탐구하는 능력과 과학의 기본 개념을 습득하고, 과학적인 태도를 기르기 위한 과목으로 설정되어 있다. 그 목표는 자연 현상과 사물에 대하여 흥미와 호기심을 가지고 과학의 지식 체계를 이해하며, 탐구 방법을 습득하여 올바른 자연관을 갖는 것이다.[24]

23) 박은호, "과학과의 즐거운 조우-웅진 주니어 똑똑똑 과학그림책", 『열린어린이』 (2007년 11월).

이러한 목표를 달성하기 위한 과학과 교육과정의 내용은 에너지, 물질, 생명, 지구의 지식과 탐구 과정 및 탐구 활동으로 구성하고 있다. 이는 초등 3학년부터 10학년까지 연계성 있는 교육과정으로 구성하고 교육과정의 내용을 축소하며, 교육과정 내용의 제시 방법과 학습 주제수의 점진적 변화를 추구하고 심화-보충형 교육과정을 개발하는 것으로 설정했다. 즉 3학년부터 5학년까지는 기본 과정으로 구성하고 6학년부터 10학년까지는 기본과정과 기본과정에 근거한 심화, 보충 과정으로 구성한 것이다. 25)특히 초등과학 교과과정에서 운영되는 내용을 정리해 보면 다음 〈표 7〉과 같다.

<표 7> 초등 과학 교과과정의 내용

		3	4	5	6
지식	에너지	- 자석놀이 - 소리내기 - 그림자놀이 - 온도재기	- 수평잡기 - 용수철 늘이기 - 열의 이동 - 전구에 불켜기	- 물체의 속력 - 거울과 렌즈 - 전기 회로 꾸미기 - 에너지	- 물속에서의 무게와 압력 - 편리한 도구 - 전자석
	물질	- 주변의 물질 알아보기 - 여러 가지 고체의 성질 알아보기 - 물에 가루물질 녹이기 - 고체 혼합물 분리하기	- 여러 가지 액체의 성질 알아보기 - 혼합물 분리하기 - 열에 의한 물체의 온도와 부피 변화 - 모습을 바꾸는 물	- 용액 만들기 - 결정 만들기 - 용액의 성질 알아보기	- 기체의 성질 - 여러 가지 기체 - 촛불 관찰
	생명	- 초파리의 한살이 - 어항에 생물 기르기 - 여러 가지 잎 조사하기 - 식물의 줄기 관찰하기	- 강낭콩 기르기 - 식물의 뿌리 - 여러 가지 동물의 생김새 - 동물의 생활 관찰하기	- 꽃과 열매 - 식물의 잎이 하는 일 - 작은 생물 관찰하기 - 환경과 생물	- 우리 몸의 생김새 - 주변의 생물 - 쾌적한 환경
	지구	- 여러 가지 돌과 흙 - 운반되는 흙 - 둥근 지구, 둥근 달 - 맑은 날, 흐린 날	- 별자리 찾기 - 강과 바다 - 지층을 찾아서 - 화석을 찾아서	- 날씨 변화 - 물의 여행 - 화산과 감석 - 태양의 가족	- 계절의 변화 - 일기 예보 - 흔들리는 땅

과학과 교육과정에는 〈표 7〉처럼 에너지, 물질, 생명, 지구, 즉 물리, 화학,

---

24) 교육부 고시 제1997-15(별책 9) 『제7차 교육과정』, 「과학과 교과과정」, 28쪽.
25) 같은 글.

생물, 지구과학 네 분야가 어린이들의 인지단계에 맞추어 제시되어 있다. 이들이 각 학년에서 알아야 할 내용은 그렇게 많지 않다. 저학년에서 자연에 대한 관찰과 경험을 통해 자연과 친숙해지고, 학년이 올라감에 따라 점차적으로 과학의 개념 이해에 주안점이 두어지는 것이다. 따라서 초등학교에서 가장 고학년인 6학년이 알아야 할 내용은 에너지 분야 가운데 '물속에서의 무게와 압력'을 예로 들면 용수철 저울로 여러 가지 물체의 무게를 공기 중에서와 물속에서 재어 비교하며, 물의 깊이에 따라 물체에 작용하는 압력의 크기가 다름을 실험을 통해 관찰하고 물속에서 압력이 작용하는 방향을 찾는 정도이다. 즉 부력의 존재를 알기 위한 과정인 것이다. 또 '편리한 도구' 역시 지렛대의 원리를 기본으로 고정 도르래와 움직도르래가 물체를 들어 올리는 데에 필요한 힘의 크기가 다르다는 점을 알고 이 도르래들이 실제 사용되는 예를 찾아보는 데에 지나지 않는다. 심화과정으로 제시된 것조차 빗면과 축바퀴를 이용하는 사례를 조사하는 것에 지나지 않는다.

과학의 개념이 제시되는 6학년 어린이가 이를 이해하기 위해서는 3학년 때부터 학습했던 것을 모두 알고 있어야 한다는 전제가 있지만 3학년 때부터 공부해야 하는 것들도 자석, 소리, 열의 이동, 전류의 흐름 등 매우 기본적인 내용에서 벗어나지 않으므로 연계라기보다는 다양한 현상에 대한 관심의 촉구와 환기 정도의 의미를 가지는 것으로 보인다. 제7차 교육과정의 심화와 보충 과정에서조차 과학의 단편적 지식 전달보다 기본 개념의 유기적이고 통합적인 이해, 그리고 창의성, 개방성, 객관성, 합리성, 협동성 양성에 주안점을 두고 있다.[26)]

교육의 목적과 교과 내용이 이처럼 매우 간단하고 기본적인 내용으로 이루어져 있음에도 불구하고 과학도서 대부분이 '학습'을 가장 큰 화두로 제시하고 있는 것은 무엇 때문일까?

가장 큰 문제는 평가방식에서 발생한다고 볼 수 있다. 제7차 교육과정에서 의한 과학교과목의 평가는 "가) 과학에서는 과학의 기본 개념의 이해, 과학의 탐구 능력 및 과학적인 태도를 균형 있게 평가하며, 나) 평가는 지필검사, 관

---

26) 같은 글.

찰, 보고서 검토, 실기 검사, 면담, 의견 조사 등의 다양한 방법을 활용한다"
고 되어 있지만 학교 교육 현장에서의 평가는 여전히 지필고사가 중심이 되
어 있다. 또 평가에 관한 앞의 가)항의 세부 항목에서 "1) 기본 개념의 유기적
이고 통합적인 이해도를 평가한다, 2) 탐구 활동 수행 능력과 실생활 문제 해
결에 적용하는 능력을 평가한다, 3) 학습과정에서 계속 탐구하려는 의욕, 상
호 협동, 증거를 존중하는 태도를 평가한다"고 제기하고 있음에도 불구하고
이를 위한 객관적이고 다양한 평가 방법이 개발되어 있지 않기 때문이다.[27)]
따라서 제7차 교육과정에의 목표 및 지향에도 불구하고 지필고사가 중요한
평가 도구로 존재하고 있는 것이다.

제7차 교육과정에 의한 교과서에 학부모들이 익숙하지 못한 데에서도 원
인을 찾을 수 있다. 즉 지금의 과학교과서에는 문제들은 나열되어 있는데 그
에 대한 답은 제시되어 있지 않다. 무질서하고 산만해 브이는 교과 내용 전개
방식이 정확하게 암기할 것이 제공되었던 교과서로 학습했던 부모 세대에게
는 익숙지 않은 것이다. 따라서 아이들의 학습 결과에 과도하게 집착하는 한
국 사회의 학부모들은 이 문제를 해결해 줄 교과서 이외의 다른 '교과서'를
찾고 있고, 그 결과 학습이 강조된 교과서 아닌 교과서가 출판되는 배경으로
작용한다고 볼 수 있다.

하지만 이런 어린이 과학도서들은 제7차 교육과정의 심화 보충과정에서
제시되는 학습에도 차이가 있다. 제7차 교육과정에서 제기되는 이 과정은 학
생의 능력과 요구에 따라 다양한 선택 활동 중심으로 실시되는 과정으로 학
생 개개인의 자기 주도적인 학습 능력을 향상시키고 과학적인 소질을 발현할
수 있는 기회를 제공하는 것으로 제시되었다. 하지만 이를 위해 필요한 하나
의 선택지인 어린이 과학도서는 이를 만족시키기보다는 넘치는 정보와 지식
으로 과학의 본질을 호도하는 역할만을 담당하고 있는 셈이다.

학습과의 연계를 강조하고 있음에도 불구하고 베스트셀러를 교과 분야로
분류해 보았을 때 편중 현상은 더 심하게 나타났음은 생물과 지구과학의 쏠

---

27) 한국교육과정평가원, "제7차 교육과정에 따른 초등학교 과학과 성취기준과 평가 기준 예시
평가 도구 개발 연구" (2001), 23-24쪽.

림을 지적하지 않을 수 없다. 〈표 8〉에서 볼 수 있듯이 생물과 지구과학은 64.5%에 달하지만 에너지와 물질의 비중이 겨우 2.5%에 그치고 있는 것이다. 생물 분야나 지구과학 분야는 어린이들이 이미 저학년 시절 '슬기로운 생활' 이라는 교과로 학교에서 자연세계를 접했을 뿐만 아니라 학교에 입학하지 않았을 때에도 접촉할 기회가 많았던 분야였다.

또 학습과의 연계로 과학도서를 상정한다고 해도 이처럼 극심한 편중 현상이 나타나는 것은 한국 사회에서 과학을 자연생활, 또는 일상생활에서 감각을 통해 인지할 수 있는 분야만을 과학으로 인식하고 있음을 보여주는 것이라 할 수 있다. 현실 세계에서 관찰이 쉽지 않은 추상의 세계를 중심 내용으로 구성한 몇 안 되는 과학도서마저 과도하게 많은 지식과 정보의 전달에 치중함으로써 이를 다루는 분야는 소수의 사람들이 이해하고 활동이 가능한 분야로 인식하고 있음을 역설하고 있다.

또한 생물과 지구과학 분야로의 쏠림은 한편으로는 어린이 과학도서가 전문적 기획 없이 출판되고 있음을 반영한다고 볼 수 있다. 어린이 과학도서들 대부분이 제7차 교육과정과 연계를 강조하며 학습의 연장으로 출판됨에도 불구하고 이런 극심한 쏠림이 나타나는 것은 전문적인 어린이 과학도서 기획자 자체가 존재하지 않음을 보여주는 것이다. 그만큼 어린이 과학도서 출판 환경 자체가 열악하다고 할 수 있다.

<표 8> 과학도서 베스트셀러 200의 교과분야별 분류

교과분야	베스트셀러 포함 권수 비율(%)	베스트셀러 포함 권수 비율(%)
생명	79	39.5
기타	61	30.5
지구	50	25
수학	5	2.5
에너지	3	1.5
물질	2	1
계	200	100

V. 나가며

한국 사회 어린이의 과학서적은 많은 정보와 지식을 담고 있다. 더 나아가 어린이들의 인지단계를 넘어선 지식과 정보들로 구성되어 있다. 적지 않은 어린이 과학도서가 출판됨에도 매우 편중된 분야로의 쏠림이 커서 물리와 화학처럼 현실에서 감지할 수 없는 세계나 추상적 원리를 설명해야 하는 분야는 매우 적은 책들만이 출간되고 있다.

이런 현상은 한국사회에서 어린이 과학도서는 학습 보조 수단으로만 인식하는 태도에서 비롯되었다고 할 수 있다. 즉 과학도서는 어린이 학습의 연장이며 학교 성적과 깊은 연관을 가진 도구로 인식된 결과인 것이다. 또 이와 관련되어 어린이 과학도서는 과학지식 및 정보의 전달이 가장 큰 목표로 설정되어 있다는 것이다. 그뿐만 아니라 이런 지식과 정보는 어린이들이 쉽게 접근하기 어려운 수준, 즉 어린이의 인지단계를 뛰어 넘는 내용으로 구성되어 있다. 그 결과 어린이들은 과학도서에서 제시된 지식 및 정보를 이해하지 못하면 과학 세계 자체를 이해하지 못하는 것으로 스스로의 능력을 의심하게 만든다는 점이다. 어린이 과학도서의 출판 흐름은 과학에 대한 부모의 열망에 출판사들이 영합한 결과물이거나 혹은 출판사의 유도에 부모들이 부응한 것이라고 할 수 있다.

어린이 과학도서의 출판에서 가장 중요한 어린이들의 요구는 찾을 수 없다는 점도 문제점이 아닐 수 없다. 즉 어린이 과학도서가 전체 어린이 도서에서 차지하는 분량에 비추어 본다면 내용은 풍부하지 않다는 것이다. 이는 어린이 과학도서 전문 편집자의 부재와 전문 저술가의 부족에 기인하는 것이라고 볼 수 있다. 우리나라 어린이 과학도서들은 자연의 다양한 현상을 보여주어 자연에 대한 호기심을 유발해 스스로 끊임없이 질문하고 관찰하고 설명방식을 생각하게 하는, 자연에 대한 이해를 유도하는 책이라기보다는 과학교과의 내용을 더 복잡하고 어렵게 설명하는 학습의 연장, 또는 전과를 대신하는 수준으로 전락해 버렸다고 해도 과언이 아니다.

이런 상황은 한국 사회가 가지는 과학에 대한 생각이 그대로 반영되어 있다고 볼 수 있다. 한국 사회에서 어린이들에게 과학의 필요성은 학교 성적과 긴밀하게 연관되어 있다. 또 과학적 자질을 타고난 몇몇 영재만의 것이기도 하다. 즉 한국사회에서 과학은 초, 중, 고등학교 안에서만 존재하는 것이며, 소수의 과학자들의 전유물인 것이다.

이런 상황을 타개하기 위해서는 어린이 과학도서에 대한 관념 자체를 바꾸는 작업이 필요하며 가장 기본이 되는 것은 "아이들에게는 단계가 있다. 동화적 상상력을 불러일으키는 독서를 할 때가 있다. 우리나라 엄마들은 이 단계를 뛰어넘으려 한다. 출판사의 이해관계와 맞물리면서 비합리적인 상황이 벌어지는 것이다. 항상 아이의 수준보다 쉬운 것을 읽혀야 주눅이 들지 않는다"는 언명이 아닐까 한다.[28]

---

28) "남미영 한국독서교육개발원장 인터뷰", 『한겨레신문』, 2007. 11. 5.

참고 문헌

국립중앙도서관, 한국출판연구소, "2006년 국민 독서 실태 조사 요약문",
   http://pda.mct.go.kr/open_content/administrative/news/press_view.jsp?vie
   wFlag=read&oid=@127651%7C1%7C1&page=53&search=&keyWord=
   &=part_no=
한국출판협동조합, "2003년 상반기 출판통계",
   http://www.koreabook.or.kr/index.html
대한출판문화협회 편, 『한국 출판 연감』 (2006).
문화관광부, 한국출판연구소, "2002년 국민 독서 실태 조사",
   http://www.mct.go.kr/open_content/administrative/develop/develop_view.jsp
문화관광부, "2002년 독서 연차보고서",
   http://www.mct.go.kr/open_content/administrative/develop/develop_view.jsp
교육부 고시 제1997-15(별책 9) 『제7차 교육과정』, 「과학과 교과과정」
한국교육과정평가원, "제7차 교육과정에 따른 초등학교 과학과 성취기준과 평가
   기준 예시 평가 도구 개발 연구" (2001)
『한겨레신문』
『세계일보』
월간 『열린어린이』

부록: 2006년 어린이 과학도서 베스트셀러 200위

순위	전체순위	제목	출판사	지은이	대분류	KDC	세분류	비고	출판연도	독자대상	교과분류
1	19	공룡 세계에서 살아남기1	아이세움	코믹컴	과학	순수과학	지학		2006	고	지구
2	45	곤충 세계에서 살아남기3	아이세움	코믹컴	과학	순수과학	동물학		2006	고	생명
3	62	갯벌, 무슨 일이 일어나고 있을까?	사계절	이혜영	과학	순수과학	순일		2004	4	기타
4	65	피타고라스 구출작전	주니어 김영사	김성수	과학	순수과학	수학		2005	3, 4	수학
5	90	위대한 발명품이 나를 울려요	사계절	햇살과나무꾼	과학	기술과학	기일		1999	3, 4	기타
6	94	곤충세계에서 살아남기1	아이세움	코믹컴	과학	순수과학	동물학		2005	고	생명
7	98	곤충 세계에서 살아남기2	아이세움	코믹컴	과학	순수과학	동물학		2005	고	생명
8	105	우리 몸의 구멍	돌베개 어린이	허은미	과학	기술과학	의, 약, 한, 보, 간	중복분류가능	2001	유아	생명
9	127	나무의사 큰손 할아버지	사계절	우종영	과학	순수과학	식물학		2005	4	생명
10	180	최열 아저씨의 지구촌 환경 이야기2	청년사	최열	과학	기술과학	공, 공일, 환공		2002	고	기타
11	209	별똥별 아줌마가 들려주는 우주 이야기	미래M&B	이지유	과학	순수과학	천문학		2001	고	지구
12	220	엽기과학자 프래니1	언어세상	짐벤튼	과학	기술과학	기일	중복분류가능	2005	저	기타

순위	전체 순위	제목	출판사	지은이	대분류	KDC	세분류	비고	출판 연도	독자 대상	교과 분류
13	225	WHY? 똥	예림당	허순봉	과학	기술과학	공, 공일, 환공		2005	고	생명
14	237	꿈꾸는 뇌 (머리에서발끝까지)	아이세움	조은수	과학	기술과학	의, 약, 한, 보, 간		2002	저	생명
15	238	과학자와 놀자	창작과 비평사	김성화	과학	순수과학	순일		2003	3, 4	기타
16	248	어린이 과학사전	열린 어린이	오픈키드어 린이사전편	과학	순수과학	순일		2006	전학년	기타
17	265	공룡 세계에서 살아남기2	아이세움	코믹컴	과학	순수과학	지학		2006	고	지구
18	267	그런데요, 생태계가 뭐예요?	토토북	김성화 외	과학	순수과학	생명과학		2004	저	기타
19	297	우린 동그란 세포였어요	서돌 어린이	리사 웨스트버그 스피터	과학	순수과학	생명과학		2004	저	생명
20	313	지구 반대쪽까지 구멍을 뚫고 가보자	서돌	페이스 맥널티	과학	순수과학	지학		2005	저	지구
21	333	종의 기원 - 자연선택의 신비를 밝히다	사계절	윤소영	과학	순수과학	순일		2004		기타
22	334	최열 아저씨의 지구촌 환경 이야기 1	청년사	최열	과학	기술과학	공, 공일, 환공		2002	3, 4	기타
23	338	소금이 온다	보리	도토리	과학	기술과학	농학, 수의학, 수산학		2003	저	물질
24	371	엽기과학자 프래니2	언어세상	짐베튼	과학	기술과학	기일	중복분 류가능	2005	저	기타
25	390	돌도끼에서 우리별 3호까지	아이세움	전상운	과학	순수과학	순일		2001		기타

순위	전체 순위	제목	출판사	지은이	대분류	KDC	세분류	비고	출판 연도	독자 대상	교과 분류
26	410	엽기과학자 프래니3	언어세상	짐 벤튼	과학	기술과학	기일	중복분 류가능	2006	저	기타
27	415	만화 과학교과서1	스콜라	고윤곤	과학	순수과학	순일		2006	고	기타
28	417	물 한 방울	한길사	월터 윅	과학	순수과학	지학		2002	고	지구
29	422	땅속 생물 이야기	진선 출판사	오오노 마사오	과학	순수과학	동물학		2001	3	생명
30	423	나비박사 석주명	사계절	박상률	과학	순수과학	순일	중복분 류가능	2001	고	기타
31	425	지진해일이 왜 일어날까요?	다섯수레	로지 그린우드	과학	순수과학	지학		2005	저	지구
32	433	얘들아, 정말 과학자가 되고 싶니?	풀빛	김성화 외	과학	순수과학	순일		2001	3, 4	기타
33	455	WHY? 외계인과 UFO	예림당	이광웅	과학	순수과학	천문학		2005	고	지구
34	459	엄마, 남자와 여자는 어떻게 달라요	사계절	김남선	과학	기술과학	의, 약, 한, 보, 간		2001	고	생명
35	463	엽기과학자 프래니4	언어세상	짐 벤튼	과학	기술과학	기일	중복분 류가능	2006	저	기타
36	476	우와 이만큼 컸어!	시공사	케이트 로먼	과학	기술과학	의, 약, 한, 보, 간		2001	유아	생명
37	502	WHY? 로봇	예림당	조영선	과학	기술과학	전기공학, 전자공학, 컴퓨터		2005	전학년	기타
38	503	밤하늘 별 이야기	진선 출판사	세키구치슈 운저	과학	순수과학	천문학		2000	저	지구
39	512	갯벌에 뭐가 사나 볼래요	보리	도토리	과학	순수과학	동물학		2001	저	생명

순위	전체 순위	제목	출판사	지은이	대분류	KDC	세분류	비고	출판 연도	독자 대상	교과 분류
40	530	세밀화로 보는 곤충의 생활	길벗 어린이	권혁도	과학	순수과학	동물학		2003	저	생명
41	536	배가 고플 때 왜 꼬르륵 소리가 날까요?	다섯수레	브리깃 애비슨	과학	기술과학	의, 약, 한, 보, 간		1995	저	생명
42	549	재주 많은 손	아이세움	조은수	과학	기술과학	의, 약, 한, 보, 간		2001	저	생명
43	564	똑딱- 똑딱! (WONDERWISE)	그린북	제임스덴버	과학	순수과학	천문학		2000	유아	지구
44	572	벼가 자란다	보리	도토리	과학	순수과학	식물학		2003	저	생명
45	576	숲은 어떻게 만들어 지는가?	비룡소	윌리엄 제스퍼슨	과학	순수과학	식물학	중복분 류가능	2000	3, 4	생명
46	584	알면서도 모르는 나무이야기	사계절	고규홍	과학	순수과학	식물학		2006	고	생명
47	588	왜 방귀가 나올까?	한림 출판사	초신타	과학	기술과학	의, 약, 한, 보, 간	중복분 류가능	2000	유아	생명
48	603	동화로 읽는 시튼 동물기1	파랑새 어린이	어니스트 톰슨 시튼	과학	순수과학	순일		2006	저	기타
49	612	자연과 환경 이야기	사계절	엄광용	과학	순수과학	순일		2001	고	기타
50	616	거미 얘기는 해도해도 끝이 없어	우리교육	김순한	과학	순수과학	순일	중복분 류가능	2006	3, 4	생명
51	652	지구야! 아프지 마	초록 개구리	실비 지라르데	과학	순수과학	지학	중복분 류가능	2006	저	지구
52	657	만화 과학교과서2	스콜라	고윤곤	과학	순수과학	순일		2006	고	기타
53	665	사계절 생태놀이	돌베개 어린이	붉나무	과학	순수과학	생명과학		2005	3, 4	기타

순위	전체 순위	제목	출판사	지은이	대분류	KDC	세분류	비고	출판 연도	독자 대상	교과 분류
54	668	상처딱지	한림 출판사	야규 겐이치로	과학	기술과학	의, 약, 한, 보, 간	중복분 류가능	2005	유아	생명
55	671	세계 자연유산 답사	사계절	허용선	과학	순수과학	순일	중복분 류가능	2003	고	기타
56	681	별똥별 아줌마 우주로 날아가다	웅진 주니어	이지유	과학	순수과학	천문학		2005	고	지구
57	694	별똥별 아줌마가 들려주는 화산이야기	미래M&B	이지유	과학	순수과학	지학		2003	고	지구
58	712	WHY? 남극, 북극	예림당	이광웅	과학	순수과학	지학		2005	고	지구
59	713	씨앗은 무엇이 되고 싶을까?	돌베개 어린이	김순한	과학	순수과학	식물학	중복분 류가능	2001	유아	생명
60	729	속담 속에 숨은 과학	봄나무	정창훈	과학	순수과학	순일		2005	3, 4	기타
61	740	떠들썩한 성	아이세움	허은미	과학	기술과학	의, 약, 한, 보, 간		2005	저	생명
62	743	바닷물은 왜 짤까요?	다섯수레	아니타 가너리	과학	순수과학	지학		1996	유아	지구
63	754	네가 무당벌레니?	다섯수레	주디 앨런	과학	순수과학	동물학		2000	유아	생명
64	792	나무에는 왜 잎이 있을까요?	다섯수레	A. 체어맨	과학	순수과학	식물학		1998	저	생명
65	801	우리 몸 탐험	다섯수레	리처드 워커	과학	기술과학	의, 약, 한, 보, 간		2000	고	생명
66	806	세밀화로 그린 보리 어린이 식물도감	보리	전의식	과학	순수과학	식물학		1997	고	생명
67	810	세계가 놀란 발명이야기	어린이 중앙	우리누리	과학	기술과학	기일		2005	3, 4	기타

순위	전체순위	제목	출판사	지은이	대분류	KDC	세분류	비고	출판연도	독자대상	교과분류
68	814	새 - 하늘을 나는 놀라운 생명체	길벗어린이	캐롤라인 아놀드	과학	순수과학	동물학		2005	저	생명
69	825	엽기과학자 프래니5	언어세상	짐 벤튼	과학	기술과학	기일	중복분류가능	2006	저	기타
70	832	WHY? 물	예림당	김남석	과학	기술과학	공, 공일 환공		2005	전학년	지구
71	867	네가 달팽이니?	다섯수레	주디 앨런	과학	순수과학	동물학		2000	유아	생명
72	925	사라지는 물고기	다섯수레	킴미 셀토프트	과학	순수과학	동물학	중복분류가능	2006	유아	생명
73	931	WHY? 자연재해	예림당	전지은	과학	순수과학	지학		2005	고	지구
74	938	풀꽃과 친구가 되었어요	창비	이상권	과학	순수과학	식물학	중복분류가능	1998	3, 4	생명
75	941	세밀화로 그린 보리 어린이 동물도감	보리	권혁도 외	과학	순수과학	동물학		1998	전학년	생명
76	953	영리한 눈	아이세움	허은미	과학	기술과학	의, 약, 한, 보, 간		2001	저	생명
77	954	탈레스 박사와 수학영재들의 미로게임	주니어 김영사	김성수	과학	순수과학	수학	중복분류가능	2006	3,4	수학
78	961	넌 무슨 동물이니?	길벗어린이	윤소영	과학	순수과학	동물학		2006	고	생명
79	974	세상을 깜짝 놀라게 한 오천년 우리 과학	계림닷컴	이영민	과학	기술과학	기일	중복분류가능	2002	3, 4	기타
80	976	죽은 나무가 다시 살아났어요	아이세움	김동광	과학	순수과학	식물학		2001	저	생명
81	977	WHY? 질병	예림당	허순봉	과학	기술과학	의, 약, 한, 보, 간		2005	고	생명

순위	전체 순위	제목	출판사	지은이	대분류	KDC	세분류	비고	출판 연도	독자 대상	교과 분류
82	997	동화로 읽는 시튼 동물기2	파랑새 어린이	어니스트 톰슨 시튼	과학	순수과학	순일		2006	저	기타
83	998	어, 씨가 없어졌네요!	파랑새 어린이	나탈리 바인제플렌	과학	순수과학	식물학	중복분 류가능	2000	유아	생명
84	1019	천문항해의 비밀	사계절	올리비에 소주로	과학	순수과학	천문학		2005	고	지구
85	1025	살아있는 뼈	아이세움	허은미	과학	순수과학	동물학		2002	저	생명
86	1032	세밀화로 그린 곤충도감	보리	도토리	과학	순수과학	동물학		2002	전학년	생명
87	1036	신통방통 귀와 코	아이세움	신순재	과학	기술과학	의, 약, 한, 보, 간		2003	저	생명
88	1037	발명, 신화를 만나다	창비	유다정	과학	기술과학	기일	중복분 류가능	2006	전학년	기타
89	1043	화산에서 보낸 하루	물구나무	파비 앙그레구아 르	과학	순수과학	지학	중복분 류가능	2002	저	지구
90	1057	WHY? 화석	예림당	이광웅	과학	순수과학	지학		2005	고	지구
91	1081	똥 똥 귀한 똥	보리	도토리기획	과학	순수과학	동물학		2004	저	생명
92	1082	물고기 박사 최기철 – 첨벙첨벙, 물길 따라 물고기 따라	우리교육	이상권	과학	순수과학	동물학	중복분 류가능	2007	고	생명
93	1083	지구의 마법사 공기	풀빛	허창회 외	과학	순수과학	지학		2001	전학년	지구
94	1096	WHY? 공룡	예림당	이항선	과학	순수과학	동물학		2004	고	생명

순위	전체 순위	제목	출판사	지은이	대분류	KDC	세분류	비고	출판 연도	독자 대상	교과 분류
95	1097	WHY? 바다	예림당	이광웅	과학	순수과학	지학		2001	3, 4	지구
96	1122	세상에서 젤 꼬질꼬질한 과학책	웅진 씽크하우스	임숙영	과학	순수과학	순일		2005	고	기타
97	1142	공룡이 남긴 타임캡슐	돌베개 어린이	임종덕	과학	순수과학	지학		2006	3, 4	지구
98	1163	신기한 스쿨버스1 - 물방울이 되어 정수장에 갇히다	비룡소	조애너 콜	과학	순수과학	지학		1999	저	지구
99	1178	즐거운 생태학 교실	사계절	데이비드 스즈키	과학	기술과학	공, 공일, 환공		2004	3, 4	기타
100	1181	못말리는 과학시간	비룡소	존 셰스카	과학	순수과학	순일		2006	저	기타
101	1202	새를 보면 나도 날고 싶어	우리교육	원병오	과학	순수과학	동물학	중복분 류가능	2007	고	생명
102	1206	사각형	비룡소	캐서린 셸드릭로스	과학	순수과학	수학		2002	고	수학
103	1213	곤충전설	우리교육	이상대	과학	순수과학	동물학	중복분 류가능	2005	저	생명
104	1214	머리에서발끝까지	길벗 어린이	바바라 술링	과학	기술과학	의, 약, 한, 보, 간		2004	고	생명
105	1215	히히, 내 이 좀 봐!	시공사	케이트 로먼	과학	기술과학	의, 약, 한, 보, 간		2001	저	생명
106	1244	지구의 나이는 몇 살인가요?	다섯수레	아니타 가너리	과학	순수과학	지학		1996	저	지구
107	1265	지구가 큰일났어요!	뜨인돌 어린이	이안, 마리 루	과학	기술과학	공, 공일, 환공	중복분 류가능	2003	고	기타
108	1266	꼬물꼬물 과학이야기	뜨인돌 출판사	손영운	과학	순수과학	순일		2005	고	기타

순위	전체 순위	제목	출판사	지은이	대분류	KDC	세분류	비고	출판 연도	독자 대상	교과 분류
109	1277	생명이 숨쉬는 알	웅진 주니어	다이에나 애스턴	과학	순수과학	동물학		2006	저	생명
110	1281	으웩과 뿌지직	한림 출판사	모우리 타네키	과학	기술과학	의, 약, 한, 보, 간	중복분 류가능	2005	저	생명
111	1289	펭귄과 함께 쓰는 남극일기	사계절	소피웹	과학	순수과학	동물학		2005	고	생명
112	1296	동굴의 비밀	예림당	석동일	과학	순수과학	지학		2002	고	지구
113	1309	아인슈타인처럼 생각하기1	봄나무	손영운	과학	순수과학	순일		2005	고	기타
114	1332	생물이 사라진 섬	비룡소	다가와 히데오	과학	순수과학	생명과학		2002	고	기타
115	1342	종유석은 왜 거꾸로 매달려 있을까요?	다섯수레	재키 개프	과학	순수과학	지학		2004	저(고?)	지구
116	1349	WHY? 곤충	예림당	이광웅	과학	순수과학	동물학		2002	저	생명
117	1353	전기와 빛 이야기(릴레이2)	사계절	엄광용	과학	순수과학	물리학		2001	고	에너지
118	1358	원	비룡소	캐서린 셀드릭로스	과학	순수과학	수학		2002	고	수학
119	1368	공룡들의 지구 대탈출	진선 출판사	마쓰오 카다스히데	과학	순수과학	동물학		2000	고	기타
120	1374	삼각형	비룡소	캐서린 셀드릭로스	과학	순수과학	수학		2002	고	수학
121	1375	바닷속 뱀장어의 여행	비룡소	캐런 윌리스	과학	순수과학	동물학		2001	저	생명

순위	전체순위	제목	출판사	지은이	대분류	KDC	세분류	비고	출판연도	독자대상	교과분류
122	1416	공룡 화석은 왜 우리나라에서 많이 발견될까요?	다섯수레	김동희	과학	순수과학	지학		2006	고	지구
123	1428	공기	보림	앙드리엔 수테르	과학	순수과학	생명과학		2000	저	지구
124	1431	Why? 인체	예림당	허순봉	과학	기술과학	의, 약, 한, 보, 간		2001	고	생명
125	1483	배고파요	한림출판사	야규겐이치로	과학	기술과학	의, 약, 한, 보, 간	중복분류가능	2002	저	생명
126	1500	소중한 나의 몸	비룡소	정지영	과학	기술과학	의, 약, 한, 보, 간	중복분류가능	1999	저	생명
127	1503	WHY? 물리	예림당	조영선	과학	순수과학	물리학		2005	고	에너지
128	1520	소금아 고마워!	영교	나탈리 토르지만	과학	순수과학	순일		2003	고	기타
129	1530	WHY? 독 있는 동식물	예림당	정수은	과학	순수과학	생명과학		2006	고	생명
130	1568	WHY? 사춘기와 성	예림당	이복영	과학	기술과학	의, 약, 한, 보, 간		2003	고	생명
131	1572	신비한 우주(라루스백과)	길벗어린이	라루스 출판사편집부	과학	순수과학	천문학		2000	고	지구
132	1575	세밀화로 보는 호랑나비 한살이	길벗어린이	권혁도	과학	순수과학	동물학		2006	저	생명
133	1584	별은 왜 반짝일까요?	다섯수레	캐롤 스톳	과학	순수과학	천문학		1997	저	지구
134	1593	바닷가 친구들	바다출판사	시모다 도모미	과학	순수과학	순일		2002	저	기타

순위	전체 순위	제목	출판사	지은이	대분 류	KDC	세분류	비고	출판 연도	독자 대상	교과 분류
135	1602	놀다보면 과학을 발견해요	미래M&B	재니스 반클리브	과학	순수과학	순일		2002	저	기타
136	1608	어린이를 위한 생명의 역사	마루벌	스티븐 젠킨스	과학	순수과학	생명과학	중복분 류가능	2005	저	기타
137	1616	70일간의 별자리 여행	새터	야마다 히로시	과학	순수과학	천문학		1999	고	지구
138	1624	꼬리가 하는 일	한림 출판사	가와다겐	과학	기술과학	의, 약, 한, 보, 간	중복분 류가능	2003	저	생명
139	1635	WHY? 로켓과 탐사선	예림당	황근기	과학	기술과학	기, 군, 원		2006	고	지구
140	1638	왜 내 몸이 변하는 걸까?	서돌	피터 메일	과학	기술과학	의, 약, 한, 보, 간	중복분 류가능	2006	고	생명
141	1653	WHY? 갯벌	예림당	우연정	과학	순수과학	지학		2006	고	지구
142	1657	지퍼에는 왜 이가 있을까요?	다섯수레	장길호	과학	기술과학	기술과학 일반		2002	저	기타
143	1665	꼬르륵 먹은 게 다 어디 갔지?	시공사	재키 메이너그	과학	기술과학	의, 약, 한, 보, 간		2001	저	생명
144	1668	이글루를 만들자	비룡소	울리 쉬텔체	과학	기술과학	기일		2003	저	기타
145	1671	쉿! 바다의 비밀을 말해 줄게	토토북	권수진, 김성화	과학	순수과학	지학		2006	고(저?)	지구
146	1676	시튼 동물기1	논장	시튼	과학	순수과학	순일	중복분 류가능	2000	고	기타
147	1686	멘델 우리는 왜 부모를 닮았을까	주니어 김영사	루카노벨리	과학	순수과학	생명과학	중복분 류가능	2004	고	기타

순위	전체순위	제목	출판사	지은이	대분류	KDC	세분류	비고	출판연도	독자대상	교과분류
148	1690	별자리 이야기	승산	조앤힌즈	과학	순수과학	천문학		2003	고	지구
149	1696	갈릴레오 갈릴레이	시공사	백상현	과학	순수과학	천문학	중복분류가능	1999	고(저?)	기타
150	1700	세상의 낮과 밤	아이세움	발레리 기두	과학	순수과학	지학		2000	저	지구
151	1704	왜 땅으로 떨어질까?	웅진닷컴	곽영직	과학	순수과학	물리학		2006	저	에너지
152	1705	화석탐정, 공룡화석의 비밀을 풀어라	봄나무	장순근	과학	순수과학	지학		2006	고	지구
153	1722	나비박사 석주명의 과학나라	현암사	석주명	과학	순수과학	순일		1992	저(?)	기타
154	1728	동물 흔적 도감	보리	도토리	과학	순수과학	동물학		2006	고	생명
155	1752	아빠가 들려주는 과학사 편지4	고래실	박용기	과학	순수과학	순일		2005	고	기타
156	1755	정재승의 과학콘서트	동아시아	정재승	과학	순수과학	순일		2001	고	기타
157	1758	밤에는 왜 어두워질까요?	다섯수레	김정흠	과학	순수과학	천문학		2002	저	지구
158	1766	신기한 스쿨버스10(눈, 귀, 코, 혀, 피부 속을 탐험하다)	비룡소	조애너 콜	과학	기술과학	의, 약, 한, 보, 간		2000	저	생명
159	1788	우리를 둘러싼 공기	비룡소	엘레오 노레슈미오	과학	순수과학	지학	중복분류가능	1997	저	지구
160	1792	지구의 봄 여름 가을 겨울	아이세움	발레리 기두	과학	순수과학	지학		2000	저	지구
161	1804	물건은 어떻게 만들까	길벗어린이	라루스출판사편집부	과학	기술과학	기, 군, 원		2000	저	기타

순위	전체 순위	제목	출판사	지은이	대분 류	KDC	세분류	비고	출판 연도	독자 대상	교과 분류
162	1805	요리로 만나는 과학 교과서	부키	이영미 외3명	과학	기술과학	기술과학 일반		2004	고	기타
163	1828	나무 도감	보리	도토리	과학	순수과학	식물학		2001	고	생명
164	1830	공룡할머니가 들려주는 진화 이야기	미래M&B	마르틴 아우어	과학	순수과학	생명과학	중복분 류가능	2002	저	생명
165	1839	곤충의 비밀	예림당	이수영	과학	순수과학	동물학		2000	고	생명
166	1858	바람과 물과 태양이 주는 에너지	창비	기스베르트 슈트로트레 스	과학	기술과학	기일		2004	고	기타
167	1868	네가 거미니?	다섯수레	주디 앨런	과학	순수과학	동물학		2001	저	생명
168	1869	공룡은 왜 돌멩이를 먹었을까요?	다섯수레	장길호	과학	순수과학	순일		1995	저	기타
169	1872	생명이 들려준 이야기	사계절	위기철	과학	순수과학	생명과학	중복분 류가능	2006	고	생명
170	1887	공룡 시대	길벗 어린이	라루스 출판사편집 부	과학	순수과학	지학		2000	저	지구
171	1909	알과 씨앗	아이세움	김동광	과학	순수과학	순일		2000	저	생명
172	1913	WHY? 화학	예림당	조영선	과학	순수과학	화학		2004	고	물질
173	1927	곤충 관찰 도감	진선 출판사	김정환	과학	순수과학	동물학		2004	고	생명
174	1931	살아있는 과학교과서1	휴머니스트	홍준희 외	과학	순수과학	순일		2006	고	기타

순위	전체 순위	제목	출판사	지은이	대분류	KDC	세분류	비고	출판 연도	독자 대상	교과 분류
175	1939	Why? 동굴	예림당	정수은	과학	순수과학	지학		2006	고	지구
176	1947	동화로 읽는 파브르곤충기1	파랑새 어린이	고수산나	과학	순수과학	순일		2003	저?	기타
177	1963	숲은 다시 울창해질 거야	초록 개구리	데이비드 벨아미	과학	순수과학	식물학		2005	저	생명
178	1978	땅콩의 일생과 역사	주니어 김영사	찰스 미쿠치	과학	순수과학	식물학		2004	저	생명
179	1980	WHY? 발명, 발견	예림당	김민재	과학	기술과학	기일		2004	고	기타
180	1989	뿌리 – 과학친구들2	베틀북	히라야마 카 즈코	과학	순수과학	식물학	중복분 류가능	2003	저	생명
181	2002	신기한 스쿨버스3 (아널드)	비룡소	조애너 콜	과학	순수과학	순일		1999	저	생명
182	2006	전염병을 물리친 빠스뙤르	창비	서홍관	과학	기술과학	의, 약, 한, 보, 간	중복분 류가능	1998	고	기타
183	2008	씨! 씨! 씨!	가문비	낸시 엘리자베스	과학	순수과학	식물학	중복분 류가능	2006	저	생명
184	2019	사하라 사막은 왜 밤에 추울까요?	다섯수레	재키 개프	과학	순수과학	지학		2004	저	지구
185	2020	캥거루는 왜 주머니를 가지고 있을까요?	다섯수레	장길호	과학	순수과학	동물학		1999	저	생명
186	2023	살아있는 과학교과서2	휴머니스트	홍준희 외	과학	순수과학	순일		2006	고	기타
187	2028	쓰레기 산에 패랭이 꽃이 피었어요	아이세움	장수하늘소	과학	기술과학	공, 공일, 환공	중복분 류가능	2002	고	기타
188	2034	WHY? 지구	예림당	이광웅	과학	순수과학	지학		2002	고	지구

순위	전체 순위	제목	출판사	지은이	대분 류	KDC	세분류	비고	출판 연도	독자 대상	교과 분류
189	2060	WHY? 우주	예림당	이광웅	과학	순수과학	천문학		2001	고	지구
190	2061	지구인 화성인 우주인	웅진 주니어	움베르토 에코	과학	순수과학	천문학	중복분 류가능	2005	고	기타
191	2070	밤하늘 별자리 이야기(여름)	우리교육	세가와 마사오	과학	순수과학	천문학		2005	저	지구
192	2072	세상은 ?로 가득 찬 것 같아요	다섯수레	윤구병	과학	순수과학	순일	중복분 류가능	1996	고	기타
193	2089	신기한 스쿨버스5 (바닷속)	비룡소	조애너 콜	과학	순수과학	지학		1999	고	지구
194	2107	씨앗은 어디로 갔을까?	어린이 중앙	루스 브라운	과학	순수과학	식물학	중복분 류가능	2001	저	생명
195	2109	갯벌	우리교육	박경태	과학	순수과학	순일	중복분 류가능	2000	저	기타
196	2113	멀뚱이의 곤충일기	진선 출판사	김지희	과학	순수과학	동물학		2002	저	생명
197	2123	응급처치	비룡소	야마다 마코토	과학	기술과학	의, 약, 한, 보, 간		2002	저	생명
198	2124	신기한 스쿨버스4(태양계 에서 길을)	비룡소	조애너 콜	과학	순수과학	천문학		1999	고	지구
199	2156	우주의 나이는 몇 살일까?	고래실	박용기	과학	순수과학	천문학		2004	고	지구
200	2177	신기한 스쿨버스2(땅밑세 계)	비룡소	조애너 콜	과학	순수과학	지학		1999	고	지구

4. 한국 사회에서 과학과 종교

현대 한국의 과학문화와 종교문화[*]

성영곤
관동대학교

Ⅰ. '과학과 종교'로부터 '과학문화와 종교문화'로

포스트모던이라는 용어와 그 함의에 대한 요란한 논란을 거치면서 맞이한 새로운 밀레니엄도 어느덧 10년째로 접어들고 있다. 세기말의 유행처럼 번졌던 후기근대 담론은 수많은 인문학적, 사회과학적 연구들을 양산했음에도 불구하고 그 핵심인 근대성에 대한 진지한 성찰들을 축조하지 못했고, 일부에서는 '현대'라는 용어를 접두어적 의미를 넘어 포스트모던과 일맥상통하는 하나의 시대개념으로 사용하고 있다. '지금'이라는 수식적 의미의 현대(contemporary)가 근대(modern)를 극복한 새로운 시대를 지칭하는 용어로 혼용되고 있는 것은 아닌가 하는 의문마저 없지 않은 것이다.

2000이라는 숫자의 임의성에 밀레니엄, 심지어 뉴에이지라는 용어를 덧붙인 착시적 시대인식 속에서 우리는 현대 한국의 과학문화 전반에 걸친 재점검의 동력을 망실하고 있지 않은지, 심지어 황우석 사태마저 포스트모던적 시민사회에서는 있을 수도 있는 사례로 한 수 접어주고 있는 것은 아닌가 하는 우려마저 생겨난다. 후기 근대가 아니라 오히려 전 근대로 우리 사회를 자리매김하는 것이 21세기 한국의 과학문화에 대한 보다 깊이 있는 성찰로 인도하는 첫 걸음 아닌가 하는 생각도 없지 않은 것이다.

* 본 논문은 2008년 과학문화연구센터의 지원에 의하여 수행되었음.

생명윤리적인 논란은 별도로 하더라도, 명백한 논문조작과 연구부정행임이 밝혀진 이후에도 황우석을 계속 지지하고 적극 변호하는 일단의 행위들은 옳고 그름에 대한 윤리적, 법적 판단과 '과학의 논리' 대신 초규범적이고 맹목적인 '종교의 논리'가 우리 사회를 지배하고 있음을 말해 준다. 사회적 통합기제로서의 종교의 역할과 힘을 강조한 에밀 뒤르케임의 다음과 같은 언명이 역설적 맥락에서 여전히 유효함을 보여주고 있다.

> 행위를 추동하는 힘은 그 무엇보다도 믿음에서 나온다. 이에 비해 아무리 강하게 밀어붙인다 해도 과학의 힘은 믿음의 힘에 미치지는 못한다. 과학은 파편화되어 있고 불완전하다. 과학이 진보하기는 하겠지만 그 속도가 느릴 뿐만 아니라 무엇보다 완전해질 수 없다. 그런데 삶이 그 과학을 무한정 기다릴 수는 없다. 따라서 인간의 삶과 행동을 그려주는 이론들은 그 불완전한 과학을 그대로 받아들여 미숙한 채로 마무리 될 수밖에 없다.[1]

과학과 종교가 분화되기 이전의 전통사회에서 사회적 규범이 종교에 의해 주도되었음은 주지의 사실이다. 전통종교는 인간관계를 결정짓는 핵심적 요소로 기능하면서 가족 등 혈연공동체는 물론 사회전체의 경제적인 삶이나 정치적 형태, 그리고 자연관에도 막강한 영향을 미쳐 왔다. 그러나 단일 종교가 지배하던 전통사회에서 종교의 '인식체계'와 '의례체계'가 행사했던 순기능이 다종교적 시민사회에서 제대로 작동하기를 기대할 수는 없다. 대립과 갈등의 국면에서 황우석 지지자들이 주도하는 헤게모니적 현상은 바로 윤리와 규범의 아노미 현상에 다름 아닐 것이다.[2]

바로 여기에 과학문화뿐만 아니라 종교문화라는 측면에서도 현대 한국의

---

1) E. Durkheim, *The Elementary Forms of the Religious Life* trans. by J. W. Swain (New York: The Free Press, 1965), p. 479. 하워드 케이 지음, 생물학의 역사와 철학 연구모임 역, 『현대 생물학의 사회적 의미』 (뿌리와이파리, 2008), 15쪽에서 재인용.
2) 잘 알려진 '아노미'뿐만 아니라, 이 연구에서 자주 사용하는 '신념체계'와 '의례체계'라는 개념들도 뒤르케임에게서 차용한 것들이다. 『종교 생활의 원초적 형태』에 따르면 종교는 '신념과 의례의 체계(system of beliefs and rites)'로 정의할 수 있는데, 인식론적 '신념체계'는 합리적인 방향으로 변화할 수 있지만, 인지된 성스러운 것에 대해 도덕적으로 반응하는 실천적 '의례체계'는 초역사적인 것이기에 종교의 사회통합기능은 지속될 수 있다는 것이다. 최종렬, "서론", 『뒤르케임주의 문화사회학: 이론과 방법론』 (이학사, 2007), 20-21쪽 참조.

시민사회를 점검해 볼 여지가 존재한다. 과학학적인 접근과 병행된 종교학적인 접근이 최근의 여러 문화사회적 현상들을 설명해낼 가능성이 없지 않다고 생각한다. 사실 종교학 분야, 특히 종교현상학의 방법론적 문제의식은 종교의 쇠퇴현상과 무관하지 않다. 세속화 과정에서 기성 종교들은 해체되고 몰락했지만, 그것들이 담지해 온 '종교성'은 소멸하지 않은 채 사회와 문화 속에서 재침투했고, 따라서 개별 종교의 교리나 교회공동체 연구에 주력하는 신학적 접근과 달리 종교학은—메타학문이라는 점에서 과학학과 유사한 학문 분야인—현상학적인 방법 등을 통해 다양한 사회문화적 측면을 규명할 수 있는 것이다.

이 연구에서 필자는 과학과 종교 각각의 규범적 측면에 대한 비교검토와 근대성에 대한 논의들을 통해 한국의 과학문화와 종교문화 사이의 접점을 살펴보려 한다. 이 같은 시도는 보다 큰 맥락에서는 시민사회 속에서 과학의 위치를 확인하고 과학과 사회의 제반 요소들 사이의 상호침투를 읽어냄으로써, 결국 한국적 과학문화를 이해하려는 노력의 일환이 될 수도 있을 것이다.

그러나 이 연구는 현대 한국 시민사회에서 드러난 과학문화와 종교문화의 상호연관을 직접 논의하지는 못한다. 대신 '조선 과학운동'이 일어난 시기이기도 한 1930년대의 발아되지 못한 '과학과 종교' 담론을 검토함으로써, 2000년대 이후 시민사회와 광장에서 전개된 황우석 사태와 광우병 파동에서 표출된 종교현상학적 양상 등을 조망해 보려 한다. '신념체계'에서 인지된 '과학과 종교'의 관계설정이 실천적 '의례체계'들 사이의 갈등으로 표출되는 데 그만한 시간이 걸렸던 것이다. 따라서 연구 제목의 '현대 한국'은 21세기 한국 시민사회라는 의미보다는 20세기 이후를 한국현대사로 규정하는 통상의 의미에 가까운 것임도 밝힌다. 이 같은 시간적 불일치, 혹은 대상 시기의 확대는 서구 기독교와 근대 과학의 역사적 관계를 통해 정리된 '과학과 종교' 담론을 한국 현대사에 적용해 본다는 연구의 취지에 따른 불가피한 선택으로 이해될 수 있을 것이다.

II. 종교와 근대성 연구의 두 가지 경향:
종교사회학과 머튼 명제의 함의

> 인류를 위하여 종교는 어떠한 구실을 하며, 또 과학은 어떠한 소임을 다하는가
> 를 생각해 볼 때, 앞으로의 역사는 현세대가 양자 간의 관계를 어떻게 보느냐에
> 따라 좌우된다고 해도 지나친 말은 아니다. 양자는 인간을 움직이는 - 다양한 감
> 각이 나타내는 단순한 충동은 제쳐놓고 - 가장 강력하고 큰 힘인 것이다.[3]

1926년에 출간된 『과학과 근대세계』에서 20세기 이후의 현대 역사가 종교
와 과학의 관계를 어떻게 보느냐에 따라 좌우되리라고 한 화이트헤드의 이
같은 예측은 두 가지 차원의 주장들을 담고 있다. 첫째는 근대 서구사회의 형
성에 결정적이었던 과학과 종교의 영향력이 앞으로도 지속되며, 특히 과학의
시대에도 종교의 영향력이 사멸되지 않으리라는 것이며, 두 번째는 정확한
관찰 및 논리적 연역을 통한 과학과 직관적 통찰력을 갖춘 종교 간의 관계에
대한 균형 잡힌 시각이 필요하다는 것이다.

그런데 화이트헤드의 이 같은 주장은 '종교와 근대성'이라는 주제와 연관
지어 보면 '낭만주의 패러다임'이라고 말할 수 있는 입장과 일맥상통한다. 근
대성의 진전이 종교의 축소 내지 쇠퇴를 초래한다는 '계몽주의 패러다임'을
비판하면서 낭만주의자들은 종교가 인간 본질의 고유한 영역에 속한 것이기
때문에 여전히 인류 문화의 원초적 동력으로 지속되리라고 보고 있다.[4] 근
대 과학이 새로운 자연관 및 인간관의 등장에 결정적인 요인으로 작용하였
고, 현대인들의 존재양식마저 결정짓는 막강한 힘으로 작용하고 있지만 인간
은 무엇이며, 자연은 무엇인가 하는 등의 근본적인 물음에 과학은 포괄적인
해답을 제시하지 못한다는 것이다. 낭만주의자들은 아무리 발전하더라도 과
학은 인간이 직면하는 실존적 물음에 대한 충분한 답변일 수 없으며, 경우에
따라서는 그릇된 것일 수도 있다고 우려하고 있는 것이다.

---

3) 알프레드 화이트헤드 지음, 오영환 역, 『과학과 근대세계』 (삼성출판사, 1982), 212쪽.
4) 조현범, "'종교와 근대성' 연구의 성과와 과제", 『근대 한국 종교문화의 재구성 - 근대성의 형
   성과 종교지형의 변동 II』 (한국학중앙연구원 종교문화연구소, 2006), 18쪽.

기독교를 넘어선 비서구사회의 전통종교와 민족지 연구에 주력하면서 진보와 합리성 너머에 있는 인간 실존의 보편적 제요소들을 발견하려 한 종교사학(history of religions)과 서구 중심의 역사주의를 벗어나 근대성이 인류 문화에 새겨 넣은 역사적 진보의 환상을 깨뜨리려 한 엘리아데(Mirchea Eliade)의 종교현상학은 이 같은 '낭만주의 패러다임'의 대표적 예라고 말할 수 있다.

선교와 정복을 위해 시작된 초기 종교연구의 한계를 극복하고 인류 문화의 원형적 경험 속에 내재해 있는 종교적 차원을 재확인함으로써 서구를 중심으로 진행된 근대성의 문제점을 비판할 수 있는 발판을 마련했다는 측면에서 '낭만주의 패러다임'은 의미를 가진다. 또한 전통종교의 쇠퇴와 몰락, 그리고 그에 따라 두드러진 세속화라는 근대의 주도적 흐름 속에서도 여전히 종교가 존속함을 확인했다는 측면에서도−그럼으로써 '과학과 종교' 담론에 유의미성을 제공한다는 측면에서도−종교에 대한 낭만주의적 연구는 의미 있다. 특히 종교현상학은 종교가 공적 영역에서 몰락했다 하더라도 사적 영역에서는 여전히 잔존한다고 파악하고, 이것을 '종교성(religiosity)'이라는 새로운 인식범주를 통해 종교의 언어와 논리로 해석하고 있는 것이다.

반면 종교와 근대성의 관계에 대한 논의를 주도해 온 종교사회학은 '계몽주의 패러다임'에 바탕하고 있는데, 뒤르케임과 베버 등 괄목할 만한 대가들의 연구 성과들이 여기에 속한다.

『프로테스탄티즘의 윤리와 자본주의 정신』을 통해 거신교의 새로운 윤리가 근대 자본주의에 미친 영향, 즉 종교와 근대성의 긍정적 연관을 제시한 베버가 18세기 계몽사상가들의 종교관을 공유하지 않았음은 분명하다.[5] 하지만 초기 개신교의 새로운 가치관이 자본주의적인 사회조직의 형성에 일조했음을 강조한 그도 자본주의의 후반 국면에서는 종교적 요소가 좀 더 세속적이고 합리적인 물질주의적 문화요소에 자리를 양보했음은 부정할 수 없었고, 이는 결국 '세계의 탈주술화'라는 개념으로 표현되었다. 종교적인 것과 비합리적인 것들로 뒤덮여 있던 전통문화의 점진적인 소멸, 그리고 합리적 유형의 설명을 통해서만 세계를 지배하고 통제할 수 있다는 신념으로 점차적으로

---

5) 막스 베버 지음, 박성수 옮김, 『프로테스탄티즘의 윤리와 자본주의 정신』 (문예출판사, 1988).

이행하는 과정이라고 설명되는 '탈주술화'는 결국 세속화라는 근대적 문화변동의 또 다른 이름이었던 것이다.6)

뒤르케임도 근대사회에서 합리성이 점점 더 지배적인 위치를 차지해 간다는 사실을 인지하고 있었지만, 성스럽고 정신적인 것을 세속적이고 물질적인 것과 구분하여 구성원들에게 삶의 의미와 연대를 제공하는 종교의 기능은 근대화와 무관하게 지속된다고 보았다. 그런 점에서 뒤르케임은 종교적 사회로부터 세속사회로의 이동, 공동체적 사회로부터 개인주의적 사회로의 변동이라는 세속화 이론을 그대로 수용한 것은 아니었다. 사회가 아무리 근대화되어도 사회는 공유된 도덕이라는 종교적 집합의식에 계속 의지하며, 따라서 근대성은 다만 종교적인 삶의 변형을 수반할 뿐이라는 것이다.7)

영국의 청교주의가 베이컨적 실험과학의 등장에 긍정적인 영향을 미쳤다는 '머튼 명제'는 사회적 변동에서 종교가 감당하는 제반 역할에 주목해 온 종교사회학의 문제의식과 맥을 같이 한다. 종교와 경제의 관계를 다룬 베버의 관점과 방법론을 과학혁명기 종교와 과학의 관계에 차용함으로써 로버트 머튼은 과학사회학이란 새로운 분야를 창안하였고, 동시에 종교사회학과 과학사회학의 접점을 마련하였던 것이다.

하지만 자신의 학위 논문인『17세기 영국의 과학, 기술, 그리고 사회』에 담긴 '머튼 명제'의 핵심개념은 경제적 효율성이나 합리성 등과는 달리 일반화하기 힘든 것임을 확인해 둘 필요가 있다. 과학제도가 사회적 지지를 확보할 독립적인 명분을 찾지 못하고 있던 상황에서 하나님께 영광을 돌린다는 종교적 혹은 문화적으로 합당한 새로운 목표가 제시됨으로써 과학 활동이 정당화되었다는 것인데, 이 주장은 과학혁명기 영국이라는 시공간과 청교주의 에토스라는 독특한 '신념체계'의 특수성을 벗어나 '종교와 과학'의 일반적인 관계로 확대 적용하기 힘든 것이었다. 다시 말하자면 '머튼 명제'는 통계처리 등 사회학의 방법과 문제의식을 공유하지만, 사실은 역사학적 사례연구라고 볼 수 있는 것이다.

---

6) 조현범, 앞 논문, 17쪽 참조.
7) 최종렬, 앞의 글, 20쪽 참조.

청교주의 에토스에서 시작된 머튼의 관심은 점차 더 사회학적인 것으로 바뀌는데, 과학자들의 에토스에 대한 머튼의 후기 논의는 규범체계로서의 패러다임에 대한 토마스 쿤의 논의와 유사성이 없지 않다. 5절에서 과학의 규범구조에 대해서 논의하겠지만, 과학자의 에토스는 과학자사회의 규범과 동전의 양면 같은 관계라고 생각한다. 개인적 차원의 감성을 넘어, 사회학자들이 관심가지는 에토스는 과학자뿐만 아니라 종교인, 나아가서는 모든 사회집단의 구성원들을 구속하고 있는 정서적인 제반 가치와 규범들의 복합체이다. 이 규범들은 특정 시점에서 법규나 금기, 선호 및 허용 등의 형태로 표출되고, 제도적 가치들에 의해 정당화된다. 이성적 측면의 보완이 이루어지는 것이다. 또 훈계와 모범의 형태로 전승되면서 사회적 제재에 의해 보강되는 이 규범적 요구들은 그 구성원들에 의해 다양한 정도로 내면화되면서, 프로이트 식으로 말하자면 각자의 초자아를 형성하는 것이고, 결국은 과학문화와 종교문화 같은 패러다임들의 근간을 이루는 것이다.

한편 종교의 사회통합적 역할을 강조함으로써 기능른자로 이해되어 왔던 뒤르케임에 대한 재조명이 근래 들어 사회학계에서 이루어지고 있다. 1980년대 이후 알렉산더(Jeffrey Alexander)를 중심한 일단의 미국 사회학자들에 의해 문화사회학(cultural sociology)이라는 새로운 분과 학문이 등장하였는데, 여기에 뒤르케임의 종교사회학이 크게 영향을 미쳤다. "종교연구로부터 문화연구로"라는 캐치프레이즈로 장식할 만한 새로운 경향이라고 생각한다.

과학사회학에서 라투르 등이 제안한 스트롱 프로그램을 본떠 사회구조에 환원되지 않는 문화의 자율성을 강조한 문화사회학—이전의 문화분과사회학(sociology of culture)과 구분되는—은 흥미 있는 연구결과들을 보여주고 있다. 가령 제이콥스(Ronald Jacobs)는 1991년 과속운전으로 체포되면서 백인 경찰들에게 구타당한 '로드니 킹 사건'에 대해 흑인계 신문과 주류 신문의 보도논평이 어떻게 달랐으며 정치지도자들이 이를 어떻게 해결했는지 보여주고 있다. 제이콥스 스스로는 "서사사회학"이라 부르고 있는 이 논문은 황우석 사태에 대한 불교계와 가톨릭의 입장차이, 그리고 시민단체의 반응 등에 대한 서사적 서술에 하나의 준거 틀이 될 수 있을 것이다.[8]

Ⅲ. 1930년대 한국에서의 '종교와 과학' 담론: 박형룡의 경우

현대 한국에서의 '과학과 종교'를 논하는 데 있어서 서구의 경우에 대한 검토는 선행조건이다. 양차 대전을 겪은 서구 역사가들의 근대성에 대한 의구심과도 관련 있는 이 분야의 연구들은 대부분 기독교와 근대 과학의 상호작용에 대한 것들이지만, 그 결과들은 '과학과 종교' 일반에 적용할 수 있는 세 가지 유형을 예시한다. 이는 각각 '분리'와 '통합', 그리고 '투쟁' 모델로 지칭할 수 있는데, 이 세 가지 대응방식이 어떤 상황에서 비롯되는지 확인해 둘 필요가 있다.

먼저 '분리'는 나름의 균형을 유지하던 과학과 종교 중 어느 한쪽이 새로운 내부적 변화를 겪을 때 나타난다. 예를 들면 과학으로부터 초연하려는 20세기의 실존신학, 혹은 신정통주의 신학의 입장은 과학만능주의와 성서비평, 그리고 자유주의 속에서 자신의 정체성을 잃어가던 기독교계 내부의 각성과 무관치 않을 것이다.

두 번째의 '통합'은 새롭게 등장한 공동체가 기존의 권위에 의존함으로써 자신들의 정당성을 획득하고자 할 때 두드러진다. 가령 종교로부터 강조되는 '통합'은 오늘날 신흥종교들의 공통된 특징을 이룬다고까지 말할 수 있는데, 이는 현대 사회에서 과학의 역할과 위상이 종교를 능가하는 권위체계로 자리 잡았음을 입증하는 사실 중 하나이다.

마지막 '투쟁'의 경우는 따로 설명할 필요조차 없겠지만, 투쟁 모델에서 '과학'과 대비되는 것은 '종교'이기보다는 '신학'이라는 주장 등을 간과해서 안 될 것이다. 자료조작과 연구윤리가 문제되기 이전, 즉 생명윤리적 논란이 과열되던 시점에서 황우석 사태가 보여준 양상은 한국에서의 '과학과 종교'는 투쟁 모델에 해당됨을 말해준다. 극단적인 형태의 환경운동이나 여성운동 등 자연이나 과학이 핵심을 이루는 시민단체들의 경우에도 그러한 경우가 많

---

8) 로날드 제이콥스, 최종렬 역 "시민사회와 위기: 문화, 담론 그리고 로드니 킹 구타", 『뒤르케임주의 문화사회학: 이론과 방법론』, 127–167쪽.

은데, '투쟁'은 반드시 과학적이거나 종교적인 동기 및 목표 때문에 일어나는 것이 아니며, 오히려 권력과 권위, 그리고 특권에 대한 쟁취와 영역 다툼의 성격을 보이기도 한다는 연구결과들을 명심할 필요가 있을 것이다.

그렇다면 서구 기독교 전통과 근대 과학 사이의 상호관계에서 얻어낸 이같은 연구 성과와 관점들이 20세기 이후의 한국 사회에 어떻게 활용될 수 있을 것인가?

한국 전통사회에는 유교, 불교, 도교 등 개별적 신앙체계만이 존재하였고, 이들을 통칭하는 보편적 범주로서의 '종교'는 존재하지 않았다. 개항 이후 서구사회로부터 유입된 근대성의 수용과 더불어 비로소 '종교'라는 개념, 혹은 새로운 분류 범주가 출현하였던 것이다.9) 근대성의 등장과 함께 종교가 사멸한다는 계몽주의적 입장과 달리 한국의 경우는 근대성이 '종교'를 ― 적어도 인식론적 측면에서는 ― 탄생시켰던 것이다.

한국의 근대화와 서양과학 수용과정에서 기독교는 중요한 위치를 차지하였다. 특히 개신교 계통의 학교가 근대적 교육에서 차지하는 비중은 매우 높았고, 교회뿐만 아니라 병원이나 복지시설 등 다양한 제도적 기관을 통해 선교에 임했기 때문에 사회적, 문화적 위상도 높았다고 볼 수 있다. 개항기부터 '문명의 종교'로 인식된 기독교는, 따라서 미신과 우매함에 대한 계몽적 합리주의자들의 공격에서 한발 벗어나 있었던 것이다.10)

그러나 합리적 종교로 그 효용성이 일정 부분 인정받고 있던 기독교의 사회문화적 위상은 3·1운동 이후 보다 급진적인 형태의 합리주의에 기반을 둔 사회주의가 득세하면서 심각한 도전을 맞이하게 되었다.11) 사회주의 진영의

---

9) 강돈구, "초대의 글", 『근대 한국 종교문화의 재구성 ― 근대성의 형성과 종교지형의 변동 Ⅱ』 (한국학중앙연구원 종교문화연구소, 2006), 4쪽; 황선명, 『종교학개론』(종로서적, 1982), 34–36쪽. 한국뿐만 아니라 1869년 이전까지 동아시아사회에는 religion의 번역어에 해당하는 '종교'라는 용어가 존재하지 않았다. 조현범, 앞 논문, 27쪽 참조. 한국사회에서 종교 범주의 사회적, 문화적 형성과 근대성의 관계에 대한 본격적인 논의로는 장석만, 『개항기 한국사회의 '종교'개념 형성에 관한 연구』(서울대학교 박사학위 논문, 1992)를 들 수 있다.

10) 이 절의 논의는 이진구, "한국 근대 개신교의 과학 담론", 『근대 한국 종교문화의 재구성 ― 근대성의 형성과 종교지형의 변동 Ⅱ』(한국학중앙연구원 종교문화연구소, 2006), 289–324쪽에 크게 도움받았다.

11) 상해파의 일원으로 1928년에 오성묵 등과 '無神同盟'을 결성했던 계봉우의 미출간 원고가

청년 지식층은 마르크스－엥겔스의 종교론에 근거하여 "무산 군중을 종교적 미신으로부터 해방시키기 위해 과학적 문화운동 및 종교배척운동을 전개"하였고, 기독교는 새로운 주된 목표물로 설정되었던 것이다.[12]

　1930년대 '종교와 과학' 연구를 주도한 개신교 신학자 박형룡의 변증신학은 이 같은 지적 위기에 대한 대표적 대응이었다.[13] 박형룡의 주장에 따르면 "종교와 과학의 전쟁"으로 묘사된 당시의 논쟁은 상호 공격이 아니라 종교, 즉 기독교에 대한 과학의 일방적 공격이었다. 과학이 공격을 하고 종교는 방어하고 있는 상황이란 것인데, 물질문명의 성공을 통해 찬미되고 대중적 숭배의 대상이 된 과학이 오만하게도 자신의 고유 영역을 넘어 종교의 영역을 침범했다는 것이다.[14] 물론 과학자도 개인적 차원에서 종교의 영역으로 들어갈 수 있지만, 이 경우에는 종교의 고유한 논리를 존중해야 하는데, 이 같은 원칙은 자주 무너진다는 것이다.

　박형룡은 그 이유를 '과학'과 '추론'의 혼동에서 찾고 있다. "우주에는 법칙과 질서가 있다"는 것은 과학 자체의 한 발언(an utterance of science itself)인 반면, "우주에는 법칙과 질서가 있기 때문에 신의 존재는 불가능하다"라는 것은 과학으로부터 끌어낼 수 있는 추론일 뿐이다(mere inference from the statement of science). 전자는 현재의 과학 체계가 지속되는 한 논박될 수 없는 반면, 후자는 논박될 수 있다. 왜냐하면 우주 안에서 법칙과 질서가 발견되기 때문에 우주 안과 너머에는 위대한 설계자가 있음에 틀림없다는 추론도 가능하기 때문이다. 요컨대 '우주 안의 법칙과 질서'라는 과학적 사실로부터 무신론적 추론과 유신론적 추론이 모두 가능한데, 계몽적 지식인들이 여기서 무신론적 추론만을 끌어내는 것이 문제라는 것이다.

1999년에 출간되었는데, 이 책은 샤머니즘과 조상숭배로부터 유불선과 기독교를 망라한 모든 종교와 미신을 논박하고 있다. 계봉우 지음, 김학민 주해, 『과학의 원수』 (학민사, 1999).
12) 1921년 상해에서 결성된 '상해파 고려공산당'의 강령에 나타난 표현이다. 김준엽 외, 『한국공산주의운동사』 제1권 (청계연구소, 1986), 182쪽 참조.
13) 박형룡의 박사학위 논문도 연관된 주제를 다루고 있다. Park Hyung-Nong, *Anti-Christian Inferences from Natural Science* (1931), 『박형룡박사저작전집 XV(학위논문편)』 (한국기독교교육연구원, 1978).
14) 박형룡의 변증신학에 대한 포괄적이고 체계적인 연구 성과로는 장동민, 『박형룡의 신학 연구』 (한국기독교역사연구소, 1998)를 꼽을 수 있다. 이진구, 앞 논문, 311쪽, 주) 58 참조.

그러므로 박형룡에게 "종교와 과학의 전쟁"은 종교와 과학 사이의 전쟁이 아니라 종교와 "잘못된 추론" 사이의 전쟁이다. "잘못된 추론"은 물론 유물론 이나 무신론과 같은 세속주의 세계관을 가리키며, 이러한 세속주의 세계관은 과학의 이름으로 포장된 또 하나의 종교일 따름이다. 즉 현대의 무신론은 "과학의 종교(religion of science)"이며, 따라서 "종교와 과학의 전쟁"에는 "종교와 종교의 전쟁"이 숨어 있다는 것이다. 유신론적 종교와 무신론적 종교 사이의 투쟁이 종교와 과학의 충돌로 표상되고 있을 뿐이라는 것이다.

과학은 결코 무신론과 동일시될 수 없는 하나의 중립적인 지식체계라고 박형룡은 생각하고 있었다. 과학과 종교는 합리성과 비합리성의 관계가 아니라 자연과 초자연의 관계에 조응하는 것들이며, 초자연의 세계가 자연의 세계를 배제하지 않고 포용하면서 동시에 그것을 넘어서듯이, 종교의 세계는 과학의 세계를 부정하지 않으면서 그것을 넘어선다. 요컨대 박형룡에게 있어 종교의 세계는 과학의 세계보다 상위질서에 속하는 것이었다.15)

박형룡의 "종교와 과학" 논의의 지적 수준은 결코 만만한 것이 아니었다. 물론 그의 입장은 신학적 근본주의이고 "자연이라는 책"을 탐구하는 과학이 결국은 "성서라는 책"을 다루는 계시종교에 수렴된다는 의미에서 기독교적 통합주의로 볼 수 있다. 하지만 과학과 추론에 대한 준별, 과학과 과학주의를 구분하는 전략, 과학의 한계와 특성을 적시한 논의 등은 주목할 만하다. 박형룡의 이런 입장은 과학혁명기 종교의 역할에 대한 과학사가들의 논의를 통해 현재 잘 알려져 있는 "두 책 이론(Two Books Theory)"과 유사한데, 저술시기를 생각하면 놀라운 성과임을 부정할 수 없을 것이다.

더욱 놀라운 것은 박형룡 이외에도 다수의 기독교인들이 참여한 1930년대 한국의 '종교와 과학' 담론에 과학의 언어와 종교의 언어는 완전히 다른 문법 체계에 속하기 때문에 이 둘은 하나로 수렴되지 않고 영원한 평행선을 그린다는, 소위 "두 언어 이론(two language theory)"이라고 불러도 무방할 논의들

---

15) 이는 리처드 니버가 문화와 그리스도와의 관계를 설명하면서 '문화 위의 그리스도(Christ above Culture)'라고 지칭한 것과 일맥상통한다. 리처드 니버 지음, 홍병룡 역, 『그리스도와 문화』 (IVP, 2001). 이진구, 앞 논문, 317-318쪽, 주) 71 참조.

이 함께 등장하고 있었다는 사실이다.[16] "두 언어 이론"은 포스트모더니즘 이후의 '언어적 전환'에 따른 최신의 성과인데, 과학이 종교의 영역에 간섭하지 않아야 한다는 것이 주요 논지이긴 했지만, 한국의 '과학과 종교' 연구에서 1930년대를 더욱 주목할 필요가 있음을 말해주는 흥미 있는 측면들이다.[17]

일반 언론지가 아니라 기독교 기관지들을 통해 발표되었고, 이와 무관치 않은 여러 이유들 때문에 한국 종교연구자와 일부 신학자들만 참여해온 이 분야 연구도 보다 활발해지기 바라지만,[18] 과학문화와 종교문화의 상호연관에 대한 논의를 위해 보다 시급한 것은 '과학과 종교' 담론과 1930년대 '조선 과학운동'과의 관계이다.

한국 최초의 과학대중화운동이라고 말할 수 있는 이 운동은 김용관이 주도했지만 개신교 지도자들과 교사 출신의 기독교인들이 함께 참여하고 있었다.[19] 민족운동의 일환으로 과학기술의 진흥과 보급에 기여하고, 미신적 관념과 비과학적 생활을 지양한다는 운동 목표에는 공감했더라도, 과학데이 제정을 찰스 다윈의 기일인 4월 19일로 하자는 김용관의 제안에 대해 이들이 어떻게 반응했는지 등 '조선 과학운동'에 대한 개신교의 전반적인 입장이 궁금하다. 박형룡을 통해 알 수 있는 인식론적인 "신념체계"뿐만 아니라 1930년대 개신교의 "의례체계"가 함께 규명된다면 이 시기 연구는 현대 한국의 과학문화와 종교문화에 대한 이해에 결정적 기여를 할 수 있을 것이다.

---

16) 이진구, 앞 논문, 318-320쪽.
17) 피터스는 '두 언어 이론'을 포함하여 과학과 신학의 다양한 관계들을 여덟 가지로 분류하고 있다. 테드 피터스, "과학과 신학 - 공명을 향하여", 테드 피터스 엮음, 김흡영 외 공역, 『과학과 종교』(동연, 2002), 29-76쪽.
18) 이진구도 장로교 기관지였던 『신학지남』을 통해 진행된 진화론 논쟁을 차후의 연구과제로 약속하고 있다. 이진구, 앞 논문, 324쪽, 주) 79.
19) '조선 과학운동'과 김용관의 활동에 대해서는 임종태, "김용관의 발명학회와 과학운동", 김영식 · 김근배 엮음, 『근현대 한국사회의 과학』(창작과비평사, 1998), 237-273쪽을 참조할 수 있다.

IV. 과학 및 종교의 규범구조:
현대 한국의 과학정치와 종교현상학

21세기 한국에서 과학문화와 종교문화는 어떻게 중첩되어 있는가 논의하기에 앞서 우리가 사용하고 있는 '과학'이란 말의 의미 구분을 확인해 둘 필요가 있다. 과학은 첫째는 지식을 확인하는 특정한 방법들의 체계를, 두 번째는 이 방법들을 통해 얻어지는 지식 내용 자체를, 세 번째는 '과학적'이라고 일컬어지는 제반 활동을 지배하는 문화적 가치 및 규범들의 체계를 가리키는 의미로 다층적으로 사용되고 있다. 대개의 경우 과학을 두 번째 의미로 파악하고 있지만, '과학과 종교' 논의에서 보다 중요한 것은 나머지 두 가지 의미라고 생각한다. 과학 및 종교의 구조 비교는 주로 첫 번째 의미의 과학과 관련된 분석이고, 규범적 측면에서의 양자 비교는 세 번째 의미, 즉 사회적 제도로서의 과학과 관련된 것이라고 말할 수 있다.[20] 이 연구에서 과학의 제도적 측면에 주목하려는 것은 그것이 가장 중요하기 때문이 아니라, 제도를 통한 구조적 파악이 사회문화적 의미와 직결되기 때문이다. 같은 맥락에서 에토스는 원래 개인적 심성에 바탕한 것이지만, 여기서는 그것의 집단적, 구조적 측면에 주목하려고 한다.

머튼의 주장에 따르면 과학의 에토스가 지향하는 궁극적인 이상은 보편주의, 조직화된 회의주의, 이해중립성, 그리고 공산주의 혹은 공리주의로 정리할 수 있다. 과학의 규범구조를 결정짓는 이 네 가지 요소들의 분석을 통해 적실성, 정합성, 생산성 같은 과학이론의 특성들을 살피고, 이에 대비되는 종교적 규범구조의 윤곽을 그려볼 수 있을 것이다.[21]

과학의 특성을 결정짓는 첫 번째 에토스는 보편주의이다. 진리의 주장들은 그 근거가 무엇이든 간에 관측과 일치하고, 기존의 지식과 일관하여야 한

---

20) 성영곤, "과학과 종교의 구조적 특성", 『과학과 기술』 제34권 제8호 (2001. 8), 48–51쪽 참조. 4절의 논의는 이 글과 중복되는 내용이 있다.

21) 머튼은 보편주의, 공산주의, 이해중립성, 제도화된 회의주의의 순서로 논하고 있으나 한국적 정황에 대한 논의전개상 필자는 이 순서를 임의로 재배열하였다. 로버트 머튼 지음, 석현호 외 공역, "과학의 규범구조", 『과학사회학』 I (민음사, 1998), 502–521쪽 참조.

다. 적실성과 정합성은 과학적 진리의 필요조건들인 것이다. 또한 과학자의 능력과 성과가 이 조건을 만족하는 한, 과학은 인종 및 국적, 종교와 계급, 그리고 개인적 성격과는 무관하게 인정받을 수 있다. 과학이 드러내는 개방성과 객관성이란 특성은 바로 이 같은 보편주의의 결과로 보아도 좋을 것이다.

반면 종교적 규범 구조의 특성은 보편주의와 상충된다. '가톨릭'이란 말이 보편교회란 의미를 이미 담고 있지만, 역사적 종교 중에서 보편주의를 지향한다고 인정할 수 있는 사례는 찾기 힘들다. 종교들의 전통과 고유성은 객관성이 아니라 주관성에서, 그리고 보편성이 아니라 특수성에서 찾아지는 것이다. 그러나 자기정체성의 확인 없는 종교의 특수성 주장은 공허할 뿐만 아니라 무모하다. 육영수 여사의 국장 이래 국가적 장례의식에 가톨릭, 개신교, 불교 등의 종교의식이 함께 진행되는 것은 한국적 종교문화의 특성을 상징한다. 하지만 광우병 촛불집회 동안 서울광장에서 진행되었던 종교별 예배의식에서, 가령 불교계는 육식을 삼가는 계율로 미국 소고기 수입반대의 어젠다를 주도할 수는 없었던 것일까 하는 아쉬움이 있다. 정치적 지분 확보에 앞서 종교적 정체성 확립이 우선될 필요가 있는 것이다. 이런 논의의 맥락에서 황우석이 자주 인용함으로써 논란 많았던 "과학에는 조국이 없지만 과학자에게는 조국이 있다"라는 파스퇴르의 말을 되짚어 보면 과도한 민족주의는 결국 종교적 맹목성에 쉽게 빠져든다는 것을 알 수 있다. '대-한민국' 대신 '캡틴 박지성'을 연호하는 것이 월드컵 응원에 걸맞지 않은가 생각한다.

과학의 에토스 중 첫 번째로 꼽을 수 있는 것이 보편주의이지만, 그 못지 않게 중요한 두 번째의 회의주의는 보편주의가 과학지상주의로 전락하는 것을 막아내고 있다. 보편주의가 근대성의 주된 특징이라면 회의주의는 근대 민주주의가 새롭게 장만한 강력한 공격수단인 것이다. '과학의 시대'에 또 하나의 독선적 권력으로 전락하지 않기 위해서 과학은 회의주의를 자신에게 먼저 적용시켜야 한다. 자성적 성찰과 비판적 인식을 통해 과학이 과학지상주의로, 다시 말해 하나의 신흥 유사종교가 될 위험을 스스로 피해 가야 하는 것이다.

회의주의는 기존의 권위와 절차, 그리고 신성시된 모든 것들의 기초에 대한 의구심을 포함하고 있다. 과학의 에토스는 '성과 속'을, 즉 무조건적인 경배를 요구하는 것과 객관적으로 분석될 수 있는 것을 구분하지 않는다. 조직적 회의주의는 가끔은 우상파괴주의로 표변하기도 하는 것이다. 세속화의 과정에서 회의주의적 에토스는 종교뿐만 아니라 정치, 경제 등의 영역으로 확장되면서 문화 전반에 걸친 교조적 도그마들을 계속 잠식해왔다. 반면 제도화된 종교는 상징과 관습적 가치들에 대한 충성과 존경의 태도를 요구하면서, 과학적 관측과 논리에 의한 세속적인 분석에 민감하게 반응한다. 진화론의 경우를 포함하여 역사적으로 나타난 과학과 종교 간의 투쟁들은 대부분 조직화된 회의주의 대 종교적 도그마의 갈등으로 파악될 수 있을 것이다.

과학의 에토스가 지향하는 규범구조의 세 번째 요소는 이해중립성이다. 실존적 측면에서 보면 과학자가 되겠다는 결심은 성직자로의 소명 못지않은 헌신이다. 지식에 대한 순수한 열정과 호기심, 그리고 이타적 관심이 과학연구의 주된 동기이자 에토스이기 때문이다. 하지만, 과학 활동을 통제하는 과학자사회의 집단적 에토스는 냉정한 합리주의가 될 수밖에 없다. 다시 말해 제도로서의 과학은 공정한 경쟁을 주관하면서 냉정한 심판관의 역할을 해야만 하는 것이다. 이것이 과학의 정치화를 막고, 개인 과학자에 의해 '과학권력'이 남용되는 것을 방지하는 첩경인 것이다.

종교의 권위가 몰락하고 과학이 그것을 대치한 현대 사회에서 과학자는 새로운 종류의 성직자로 비유되기도 한다. 바로 이 점 때문에 현대의 과학자사회는 마치 가톨릭의 추기경회의나 공의회가 담당했던 것과 같은 엄정한 권위를 스스로 확보해야만 하는 것이다. 황우석 사태가 저토록 참람한 지경으로 번져가는 동안에도 가톨릭계가 일관된 입장을 견지했다는 사실과 과학계의 지도적 인사들은 혼란을 더 가중시켰을 뿐이라는 사실을 대비해 보면 과학자사회의 '의례체계'가 아직 미비함을 알 수 있다. 아울러 BRIC의 역할이 보여주었듯이 과학의 권위는 합리적 토론 속에 존재하고, 과학자들의 합의가 존속하는 한에서만 유지된다는 민주적 원칙도 중요함을 명심할 필요가 있다. 결론적으로 말해 세속화된 민주시민사회이며, 동시에 외래종교와 전통종교, 그리고 신흥종교가 혼재해 있는 다종교문화국가인 현대 한국에서 과학은 가능성 있는 유일한 지적 권위일 수밖에 없다고 생각한다.

마지막의 공리주의적 에토스는 과학이 얻어낸 성과는 공동소유가 되어야 한다는 당위성과 관련 있다. 과학자들이 마술사의 사리사욕을 벗어나 공동체 전체의 발전과 물질생활의 향상에 이바지한다는 이상과 목표는 프랜시스 베이컨 이후 과학에 대한 사회적 지원을 정당화해 온 중요한 명분이다. 물론 기술적 응용과 관련된 경제적 측면은 특허 등 지적 소유권 개념으로 분화되었지만, 원칙적으로 과학적 성과는 공개적이며 인류 전체의 공동유산으로 간주되어야만 하는 것이다.

배아줄기세포의 실용화가 가져올 경제적 이익에 대한 과도한 산출과 특허권 분쟁과 관련해서 불거진 '섀튼의 음모설' 등이 국가 이익의 미명하에 먹혀들었던 사실은 현대 한국에서 과학정치는 과도한 반면 과학문화는 미숙하다는 것을 동시에 보여주었다. 머튼이 이미 지적한 과학에서의 '마태 효과'—"무릇 있는 자는 받아 풍족하게 되고 없는 자는 그 있는 것까지 빼앗기리라(마태복음 25장 29절)"—는 오늘날 더욱 심화되었고, 과학자와 대학교수 개인에게도 이미 '승자독식사회'의 논리가 적용되고 있다. 기본적으로 물신주의가 팽배하고 상업적 대중매체들이 허위요구를 부추기는 현대자본주의 체계는 자칫 과학의 공리주의를 양적 생산성만 중시하는 유물론적 물질숭배로 전락케 할 위험이 있다. 바로 이 때문에도 과학자들이 신비주의나 유사종교에 미혹되고 상업주의에 유혹될 위험을 방지할 제도적 장치가 요구된다. 그 일환으로 과학이 지닌 인문적, 정신적 측면을 재인식하면서 종교적 에토스와의 합일점도 모색할 교육의 필요성이 부각되고 있는 것이다.

정신적 풍요로움을 통해 현재의 삶과 물질생활을 한 차원 고양시키려 한다는 점에서, 그리고 모든 인류를 구원하려 한다는 점에서 모든 종교의 지향점은 배분적이고 질적인 공리주의와 상치하지 않는다. 제르미 벤담의 '양적 공리주의'가 존 스튜어트 밀에 의해 '질적 공리주의'로 한 단계 진전했듯이, 현대의 과학기술은 새로운 차원의 의미생산성을 확보하기 위해서라도 종교적 규범들로부터 정신적, 윤리적 자양분을 받아들일 필요가 있는 것이다.

V. 세속화된 종교문화와 다층적 과학문화

베버는 근대화를 합리화 과정으로 이해하였지만, '세계의 탈주술화'로 이행된 근대사회는 결국 의미상실이라는 비관적 상황에 봉착한다는 결론에 도달하였다. 하지만 세속화는 19세기 서구사회의 역사적 흐름이었다. 17세기 중반 베스트팔렌 강화회의 동안 세속권력이 종교 권력에 우선하며 교회재산은 세속국가 소유로 전환된다는 원칙이 세워졌고, 제도적이고 교회법적인 의미의 이런 세속화는 프랑스혁명을 거치면서 확대 정착되었으며, 19세기 동안은 문화적 의미의 보다 광범위한 세속화가 진행되었던 것이다.[22]

그런데 20세기 초부터 사회학적 근대성이론의 영향을 받으면서 한 목소리를 내고 있던 종교의 세속화에 대한 논의가 최근 다양해지고 있다. 종교사와 사회사에 대한 구체적 사례연구들이 진척되고, 특히 1990년대 신문화사에 대한 관심이 증대되면서 그런 변화가 생겼던 것인데, 종전의 세속화 현상에 대한 대항개념으로 '탈세속화', '재기독교화', '기독교의 부활', '종교의 회귀' 등의 개념들이 새롭게 제시되고 있는 것이다.[23] 이런 연구경향의 변화 속에서 서머빌은 근대 초기 이래 유럽사회는 종교적으로 중대한 변화를 겪었는데, "종교적 문화(religious culture)"에서 "종교적 신앙(religious faith)"으로 이행했다고 주장하고 있다.[24]

서머빌이 말하는 '종교적 문화'는 모든 형태의 행동이나 사고에서 초자연적인 힘의 영역에 직접 접근할 수 있는 기회가 자연스럽게 제공되는 문화이다. 철저히 종교적인 문화에서는 어떤 분야의 활동이라 할지라도 굳이 종교적 개념으로 번역할 필요가 없다. 모든 행동은 그 자체가 곧 종교적이기 때문인데, 중세사회가 여기에 해당한다. 반면 세속적인 사회에서는 삶의 모든 영

---

22) 고재백, "서유럽 근대사회의 '세속화'와 종교의 '여성화'", 『서양사론』 제104호 (2010), 379-380쪽 참고.
23) 고재백, 같은 논문, 377쪽. 19세기 종교의 세속화에 대한 새로운 연구 경향에 대해서는 나인호, "근대적 사회 문화 현상으로서 종교 - 최근 독일에서의 19세기 종교사 연구", 『서양사론』 제77호 (2003), 173-201쪽을 참조할 수 있다.
24) C. J. Sommerville, *The Secularization of Early Modern England; From Religious Culture to Religious Faith* (Oxford Univ. Press, 1992).

역이 자율적이고, 그것을 초자연적이고 영적인 것과 연관 짓는 일은 불합리하게 여겨진다. 우리가 살고 있는 이 시대야말로 대표적인 세속사회라고 말할 수 있는데, 이런 사회는 인간의 활동과 그 종교적 목적 사이에 연관을 짓기 위해서는 의식적인 진지한 사고를 요구한다. 자율에 따른 책임이 부각된 것인데, 그 결과 세속사회는 새로운 "종교적 신앙"의 가능성을 내포한다. 세속사회의 종교는 양적으로는 많은 것을 잃은 반면, 그 대가로 질적으로는 새로운 것을 얻을 수 있다는 것이다.

서머빌이 말하는 "종교적 신앙"은 교리나 관행에 대한 숙고된 믿음이며, 내세와 신의 권능에 대한 긍정이다. "종교적 문화"가 정신적 습관에 불과한 것이라면, "종교적 신앙"은 한층 강한 자의식을 갖는다는 특징이 있다. 이제 신앙은 더 이상 당연한 것으로 간주되지 않고, 의식적 수준으로 부상한다. 이러한 자의식은 순수의 상실이며, 어떤 의미에서 은혜로부터의 일탈이기에 회의주의로 연결되기도 한다. 하지만 의심은 반드시 불신으로 나아가는 것은 아니며, 오히려 더 성숙한 신앙으로 이끄는 기회일 수도 있다. 성숙되고 의식적인 신앙은 그 안에 자유를 포함하며, 그것은 개인주의와도 양립 가능한 질적으로 새로운 믿음이다. 실제로 종교개혁 이후의 서양근대사에서 숙고된 자의식적 신앙은 습관과 문화로서의 기존 종교에 비해 안정성이 훨씬 뛰어난 것이었지만, 이는 필연적인 소수 정예화에 수반된 결과이기도 하였다. "시소게임 이론"으로 알려진 주장에 따르면 세속화가 만연될수록 소수가 지닌 신앙심은 고양되지만, 그 대가로 신앙은 사회적 소수의 전유물로 국한된다는 것이다.

신앙과 사상의 자유라는 측면에서 발전으로 볼 수 있는 이런 변화, 근대 초 영국사회에서의 세속화 과정에서 서머빌이 규명해낸 "종교적 문화"에서 "종교적 신앙"으로의 이행은 현대 한국의 종교문화에 어떤 시사점을 지니는가? 일천한 역사를 지닌 한국의 기독교, 특히 종교적인 것과 세속적인 것의 영역이 분화되지 않은 채 가톨릭보다도 더 중세적 종교문화와 흡사해 보이는 한국 개신교가 지향할 방향을 제시하고 있다고 생각한다. 기독교라는 통일된 전통 속에서 근대 과학을 직접 일구어낸 서구 사회와 달리, 한국의 근대화는 유교와 불교 등 전통종교가 유지되는 가운데 과학과 함께 개신교가 도입되면서 시작되었다. 종교의 근대성 논의에서 개신교에 대한 관심과 요구가 커지는 이유이다.

　황우석 사태를 한국적 종교문화의 특수성, 혹은 전근대성과 연관해 '과학과 종교' 대신 종교 간의 갈등으로 파악해 볼 수도 있을 것이다. 줄기세포 문제에서 감지된 갈등 측면은 이미 탈신화한 외래 종교와 그렇지 못한 전통종교 간의 갈등이었고, 생명윤리적인 확고한 '신념체계'와 교황청을 중심으로 일관성 있게 이루어지는 '의례체계'를 갖춘 가톨릭의 실천적 보편주의와, 인지적 '신념체계'에 속하지만 공적 영향력을 상실하고 사적 영역에 머무름으로써 '신념체계'의 아노미 현상을 보이는 한국 개신교 사이의 갈등이라고 볼 여지가 있는 것이다.

VI. '과학과 종교'의 새로운 이해를 위하여: ANT와 역사적 사회과학의 활용

　다른 문화적 요소와 비교할 때 과학의 특색으로 늘 지적되는 것은 보편적 객관성이다. 과학을 둘러싸고 있는 이 신화가 종교는 초역사적인 것이라는 생각과 함께 '과학과 종교'에 대한 논의에 영향을 미치고 있다. 그러나 특정 시기에는 과학의 발달을 도왔던 종교적 경향들이 다른 시기에는 그 발달을 저지한 경우도 있고, 같은 시기 내에서도 물리과학을 발달시킨 조건들이 생명과학에는 불리하게 작용한 경우도 있다. 과학과 종교의 관계는 늘 같지 않음을 명심할 필요가 있는 것이다. 아울러 과학 전반에 대한 종교의 인식론적인 반응과 함께 특정 과학 분야에 대한 특정 종교의 실천적 대응에, 뒤르케임의 용어로 다시 말하면 인식론적인 '신념체계'뿐만 아니라 실천적 '의례체계'에 주목할 필요가 있는 것이다.

　과학과 종교는 인간생활의 중요한 두 측면으로, 다소 진부한 표현을 빌자면 인간을 보다 큰 우주적 계획 안에 위치 지우려는 상이한 시도들이다. 그러나 과학과 종교는 "상호 구별되는 것들"이지 "상호 분리된 것들"이 아니며, 이들이 엮어내는 역사적 현상들은 단절된 것이 아니라 상보적이며 연속적인 것이다.

그 같은 인식의 전제조건은 과학뿐만 아니라 종교도 부단한 발전의 도상에 있다는 사실이다. 적어도 기독교 같은 '역사적 종교'의 신학은 점진적 변화의 양상을 분명히 보이고 있다. 면목 없는 패퇴가 계속 반복된 결과 오늘날 종교의 지적 권위는 거의 완전히 손상되었지만 낡은 과학이론이 폐기되었다고 해서 과학이 패배했다고 말하지 않는 것처럼 이 손상은 종교의 패퇴가 아니라 신학적 통찰의 진일보로 받아들여질 수 있는 것이다. 종교도 근대 과학과 같은 정신으로 변화에 대처함으로써 영원한 근본원리를 표현하는 종교의 방식은 계속 발전되어야 할 것이다. 한국의 종교문화가 세속성의 도전을 받으면서 '종교적 신앙'으로 더욱 심화되어가야 하듯이, 현대 한국의 과학문화는 근대성의 진전을 통해 더욱 성숙될 여지를 남기고 있다. 만남과 갈등을 두려워하지 말고 상호 존중함으로써 과학과 종교 모두는 현대 한국이 한 단계 더 성숙된 시민사회로 변화하는 데 이바지할 수 있을 것이다.

이 연구는 현대 한국의 종교문화와 과학문화의 연관을 이해하기 위한 시론에 불과하다. 하지만 이 같은 논의의 바탕이 되는 '과학문화'라는 표현은 과연 적절한가, 과학 자체가 문화의 일부인 것은 아닌가 하는 질문들과 함께 '두 문화' 문제에 대한 새로운 인식이 필요하다고 생각한다. 과학은 정신적 가치와는 무관하며 일반 문화와 유리된 것이라는 인식이 지배적이지만, 인문학이나 예술과 마찬가지로 과학은 그 자체가 인간적 요소를 내포한 인류공동의 문화유산임을 명심해야 할 것이다. 현대 한국의 과학문화와 관련된 일련의 논의와 움직임은 앞으로도 계속 있어야 하겠지만 '과학문화' 같은 용어의 남용이 자칫 과학과 문화가 각각 독립적이고 별개의 영역이라는 오해를 기정사실화할지 모른다는 우려가 없지 않은 것이다.

사실 '두 문화' 담론은 교육문제, 학문론과 교양 및 문화에 대한 개념 정의 등과도 연계된 총괄적인 문제이다. 1960년대에 찰스 스노가 리드강연에서 처음 제기한 충격적인 주장들은, 그러나 좀 더 면밀히 살펴보면 아카데미즘보다는 저널리즘 영역에서의 논의였으며, 그의 과학관은 인식론적, 정신적 측면보다는 공리적, 물질적 측면을 강조한 시대적 한계를 지닌 것이었다. 또한 문예비평가 프랭크 리비스와의 논쟁에서 극명하게 드러났듯이 스노의 주장은 객관적인 문제제기보다는 고전학자들이 주도하고 있던 문화적 영역의 주도권을 쟁탈하려는 야심만만한 과학지식인의 선전포고로 평가할 수도 있는 것이다.[25] 현대 한국의 과학문화는 이미 경제논리에 종속된 천박한 과학지상주의와 상업주의에 사로잡혀 있는데, 비판 없이 받아들인 '두 문화' 담론이 이 같은 상황을 개선하기보다는 오히려 악화시킨 측면도 없지 않은 것이다.

첨단과학이 사회의 핵심에 위치하며 그 방향을 좌우하는 '과학기술 중심 사회'의 특징적 현상이 나타난 20세기 후반에 이르러 과학은 정치, 경제, 언론, 대중 등과 밀접한 관계를 맺게 되었다. 과학이 실험실과 과학계의 테두리에 머물수록 그 반향은 초라하며, 반면에 사회의 다양한 측면과 상호연관을 맺을수록 그 영향력은 커진다. 현대 과학은 '사회적 네트워크'의 중심에 자리 잡게 되었고, 사회를 움직이는 엔진으로 작용하게 되었다.[26] 그러나 그런 만큼 균형은 필요하였다. 새로운 관계망에 대한 인문사회학적 인식은 과학학이라는 새로운 분야를 만들어 내었고, 과학의 자율성 신화에 대한 지식인들의 비판적인 공격은 낙관적 고립주의를 벗어나 '두 문화' 간의 갈등을 극복하려는 자발적인 현실 참여로 바뀌고 있는 것이다.

이매뉴얼 월러스틴은 역사적 사회과학을 위주로 한 '제3의 문화'를 거론하면서 괄목할 만한 최근의 두 가지 학제적 연구로 '문화연구'와 '과학학'을 지적하고 있다.[27] 과학, 종교, 그리고 문화를 주제어로 포함하는 연구를 위해서 이런 지적들은 심도 있게 검토해 볼 가치가 있다고 생각한다. 또한 근대성 이론의 범주에서 주로 논의된 이 연구는 과학기술학의 최근 연구경향을 통해 보완될 필요가 있음을 인정한다. 특히 브루노 라투르에 의하면 포스트모던주의자나 성찰적 근대론자들 모두 인간행위자(human actor)에만 관심 가졌다는

---

25) C. P. 스노우 지음, 오영환 역, 『두 문화』(민음사, 1996). 리비스와의 논쟁을 포함한 전반적인 맥락은 121–188쪽에 있는 〈스테판 콜리니의 해제〉를 참조할 수 있다.
26) 김근배, 『황우석 신화와 대한민국 과학』(역사비평사, 2007), 8–9쪽 참조.
27) 이매뉴얼 월러스틴 지음, 유희석 역, 『지식의 불확실성』(창비, 2007).

점에서 근대사회를 제대로 인식하지 못하고 있는데, ANT(Actor Network Theory, 행위자연결망이론)가 그 대안이 될 수 있다고 주장하고 있다.[28] 서구적 사유의 특징 중 하나인 정신과 물질의 이분법적 구분을 넘어서, 혹은 이론과 실천의 불일치를 지양하면서 양자의 경계를 가로지르는 비인간행위자(non human actor)에 관심 가짐으로써, 과학기술과 그 산물들을 제대로 이해하고 통제하며 함께 살아가는 법을 모색해야 한다는 것이다.

강윤재는 이미 ANT의 일부 관점과 개념을 통해, 그리고 파스퇴르와의 비교를 통해 황우석 사태의 한 측면을 설명하였다.[29] 연구대상과 활동영역의 '이동' 중에도 직접 관장함으로써 자신의 실험실을 OPP(Obligatory Passage Point, 의무통과점)로 확립해 간 파스퇴르와 달리, 과학자의 최후 거점인 실험실을 등한시한 사실에서 황우석의 실패와 몰락을 설명하고 있는 것이다. 세속적 시민사회에서 과학의 논리와 종교의 논리가 교행하는 어떤 규범적 행위 요소가 공통의 OPP로 인정된다면―그것은 아마도 개별 종교의 자기정체성과 사회윤리적 규범의 교집합점이어야 할 것이다―'과학문화와 종교문화'에 대한 ANT적 서술이 성과를 거둘 수 있을 것이다.

과학학적인 논의는 무미건조한 '과학적' 문제가 아니라 결국은 인간학적인 해석이다. 이미 자연세계의 관계들이 해석되는 방식, 다시 말해서 과학이 묘사하는 실재라는 것이 사실은 문화적 축조물이며, 그 자체가 이념을 담고 있다는 사실이 밝혀져 있다. 과학이 전문화될수록, 그리고 그 영향력이 더 커질수록 우리 모두에게 절실하게 필요한 것은 역설적이게도 총체성을 갖춘 학문이다. 자연으로부터 도피하기보다는 자연을 포용하는 과학문화, 추상 속으로 도피하기보다는 구체적인 현상을 읽어 낼 수 있는 과학문화현상학―종교현상학에 대비되는―은 불가능한 것인가, 계속 고민할 주제로 남긴다.

---

28) 브루노 라투르 지음, 홍철기 옮김, 『우리는 결코 근대인이었던 적이 없다』 (갈무리, 2009); 홍성욱, "과학기술과 근대성: 미래를 위한 성찰", 『지식의 지평』 5호 (한국학술협의회, 2008), 56쪽 참조.
29) 강윤재, "황우석과 파스퇴르 그리고 ANT", 『과학기술학 연구』 제7권 제1호 (2007), 67-90쪽.

참고 문헌

강양구, 김병수, 한재각 공저, 『침묵과 열광 – 황우석 사태 7년의 기록』 (후마니타스, 2006).

강돈구 외 공저, 『근대성의 형성과 종교지형의 변동 Ⅰ』 (한국학중앙연구원 종교문화연구소, 2005).

강돈구 외 공저, 『근대 한국 종교문화의 재구성 – 근대성의 형성과 종교지형의 변동 Ⅱ』 (한국학중앙연구원 종교문화연구소, 2006).

강윤재, "황우석과 파스퇴르 그리고 ANT" 『과학기술학연구』 제7권 제1호 (2007) 67-90쪽.

계봉우 (김학민 주해), 『과학의 원수』 (학민사, 1999).

고재백, "서유럽 근대사회의 '세속화'와 종교의 '여성화'" 『서양사론』 제104호 (2010), 371-410쪽.

김근배, 『황우석 신화와 대한민국 과학』 (역사비평사, 2007).

김영식, 김근배 엮음, 『근현대 한국사회의 과학』 (창작과비평사, 1998).

김영식, 정원 엮음, 『한국의 과학문화 – 그 현재와 미래』 (생각의 나무, 2003).

나인호, "근대적 사회 문화 현상으로서 종교 – 최근 독일에서의 19세기 종교사 연구 – " 『서양사론』 제77호 (2003), 173-201쪽.

박용규 엮음, 『죽산 박형룡 박사의 생애와 사상』 (총신대학교 출판부, 1996).

박형룡, 『박형룡박사저작전집 ⅩⅤ (학위논문 편)』 (한국기독교교육연구원, 1978).

성영곤, "과학과 종교" 『한국과학사학회지』 제20권 제2호 (1998), 239-264쪽.

성영곤, "서양과학의 역사와 기독교" 『자연과학』 제10호 (2001), 45-51쪽; 최재천 엮음, 『과학 종교 윤리의 대화』 (궁리, 2001), 173-187쪽에 재수록.

성영곤, "과학과 종교의 구조적 특성" 『과학과 기술』 제34권 제8호 (2001), 48-51쪽.

이성주, 『황우석의 나라』 (바다출판사, 2006).

이진구, "한국 근대 개신교의 과학 담론" 『근대 한국 종교문화의 재구성 – 근대성의 형성과 종교지형의 변동 Ⅱ』 (한국학중앙연구원 종교문화연구소, 2006), 289-324쪽.

이형기, 『잊지말자 황우석』 (청년의사, 2007).

임종태, "김용관의 발명학회와 과학운동", 김영식, 김근배 엮음 『근현대 한국사회의 과학』 (창작과비평사, 1998), 237-273쪽.

장동민, 『박형룡의 신학 연구』 (한국기독교역사연구소, 1998).

장석만, 『개항기 한국사회의 '종교' 개념 형성에 관한 연구』 (서울대학교 박사학위 논문, 1992).

정진홍, 『종교문화의 이해』 (청년사, 1995).

정진홍, 『종교문화의 인식과 해석 – 종교현상학의 전개』 (서울대 출판부, 1996).

정진홍, 『경험과 기억 – 종교문화의 틈 읽기』 (당대, 2003).

정진홍 외 공저, 『종교와 과학』 (아카넷, 2000).

최종렬 엮고 옮김, 『뒤르케임주의 문화사회학: 이론과 방법론』 (이학사, 2007).

홍성욱, "과학기술과 근대성: 미래를 위한 성찰", 『지식의 지평』 5호 (한국학술 협의회, 2008), 41-57쪽.

Durkheim, E., *The Elementary Forms of the Religious Life,* trans. by J. W. Swain (New York: The Free Press, 1965).

Frank, Robert H. and Philip J. Cook, *The Winner-Take-All Society* (1995): 권 영경 외 공역, 『승자독식사회』 (웅진씽크빅, 2008).

Harvey, Daid, *The Condition of Postmodernity* (1989): 구동회 외 공역, 『포스 트 모더니티의 조건』 (한울, 1994).

Kaye, Howard L., *The Social Meaning of Modern Biology* (1997): 생물학의 역사와 철학 연구모임 역, 『현대 생물학의 사회적 의미』 (뿌리와이파리, 2008).

Latour, Bruno, *We have Never Been Modern*, trans. by Catherine Porter (Harvard Univ. Press, 1993): 홍철기 옮김, 『우리는 결코 근대인이었던 적이 없다』 (갈무리, 2009).

Merton, Robert K., *The Sociology of Science* (Univ. of Chicago Press, 1973): 석현호 외 공역, 『과학사회학』 (민음사, 1998).

Mooney, Chris, *The Republican War on Science* (2005): 심재관 역, 『과학전쟁 – 정치는 과학을 어떻게 유린하는가』 (한얼미디어, 2006).

Niebuhr, Richard R., *Christ and Culture* (Harper & Row, 1951): 홍병룡 역, 『그 리스도와 문화』 (IVP, 2001).

Peters, Ted ed., *Science and Theology* (1998): 김흡영 외 공역, 『과학과 종교』 (동연, 2002).

Snow, C. P., *The Two Culture* (1993): 오영환 역, 『두 문화』 (민음사, 1996).

Sokal, Alan and Jean Bricmont, *Fashinable Nonsense* (1998): 이희재 역, 『지 적 사기 – 포스트모던 사상가들은 과학을 어떻게 남용했는가』 (민음사, 2000).

Sommerville, C. J., *The Secularization of Early Modern England; From Religious Culture to Religious Faith* (Oxford Univ. Press, 1992).

Wallerstein, Immanuel, *The Uncertainties of Knowledge* (2004): 유희석 역, 『지

식의 불확실성』(창비, 2007).

Weber, Max, *Die protestantische Ethik und der Geist des Kapitalismus* (1920): 박성수 옮김, 『프로테스탄티즘의 윤리와 자본주의 정신』(문예출판사, 1988).

Whitehead, Alfred N., *Science and the Modern World,* (Cambridge Univ. Press, 1962): 오영환 번역, 『과학과 근대세계』(삼성출단사, 1982).

진화-창조의 최근 논쟁과 과학문화:

한국과 미국의 비교연구(1990-)*

장대익

서울대학교

Ⅰ. 들어가는 말

현대 과학에서 진화생물학만큼 많은 논쟁들이 일어나는 분야는 없을 것이다(Sterelny 2001). 흥미롭게도 이 논쟁들은 전문가들 사이에서만 벌어지지 않는다. 진화생물학은 종교적 배경이 있는 일반 대중들의 질문과 도전에 늘 직면해 있는 분야이기도 하다. 과학에서는 전문가들의 논쟁이 때로는 일반 대중에게로까지 새어 나와 번지기도 하는데, 진화생물학은 바로 그러한 대표적인 사례이다. 이른바 진화-창조 논쟁은 과학자와 시민 사이에서 벌어질 수 있는 거의 모든 유형의 논쟁-과학자들 사이의 논쟁, 과학자와 시민(종교인) 사이의 논쟁, 시민(비종교인)과 시민(종교인) 사이의 논쟁-을 보여 준다.

최근 미국을 중심으로 한 몇몇 영어권 국가에서는 '지적 설계론(intelligent design theory, 이하 ID)'이라는 새로운 유형의 창조론이 과거의 진화-창조 논쟁을 새로운 국면으로 몰아가고 있다. 공립학교에서 창조론을 가르칠 것을 요구하는 기독교인들의 목소리가 점점 강해지기도 하고, 그에 맞서 미국시민자유연맹(ACLU) 같은 단체들이 이런 흐름을 저지하기 위해 법정 투쟁도 하고

---

* 이 연구는 2007년도 과학문화연구센터의 지원을 받아 수행되었으며, 일부 수정을 거쳐 『종교문화연구』제9호 (한신인문학연구소, 2007), 23-48쪽에 "'과학과 종교' 논쟁의 최근 동향: 지적 설계, 지적 사고, 그리고 종교의 과학"이라는 제목으로 실렸음.

있으며, 미국 최고의 지성들이 ID를 반박하는 책을 공동으로 집필하기도 하는 등, 시민과 과학자 공동체가 여러 수준에서 여러 유형의 과학 논쟁 문화를 형성해 왔다(Forrest 2004; Humes 2007; Numbers 2006).

그렇다면 한국의 상황은 어떤가? 한국에서 창조─진화 논쟁은 1980년대에 한국창조과학회라는 기독교 단체가 결성되면서 본격적으로 시작되었다. 한때 한국정신과학회를 제외하고 가장 많은 회원 수를 자랑하기도 했던 이 단체는 교회 강연회를 중심으로 큰 성공을 거두기도 했으나 아마추어리즘을 벗어나지 못했었다. 그 이후 창조과학 3세대라 할 수 있는 창조과학연구회가 서울대학교 동아리로 등록되면서 1990년대 이후의 미국 창조론 흐름을 따라가는 추세를 보였다. 몇 년 전에는 젊은 과학자와 시민들(개신교인) 중심으로 '지적설계학회'라는 단체가 결성되어 대내외적으로 ID를 알리는 일에 주력하고 있다.

이런 최근의 진화─창조 논쟁이 과학문화 형성에 미친 영향은 무엇일까? 역으로 특정한 과학문화가 최근의 진화─창조 논쟁의 모습을 어떤 형태로 만들어 갔는가? 나는 최근 한국과 미국에서 일어난 진화─창조 논쟁이 그들의 과학문화와 어떤 상호작용을 해왔는가를 탐구하려 한다. 이 연구는 과학자 공동체와 시민사회의 상호작용에 관한 기존 연구들에 흥미로운 사례를 제공할 것이며, '과학과 종교'라는 해묵은 주제를 이해하는 데에도 새로운 시각을 줄 수 있을 것이다.

II. 미국의 ID 운동(1990-): 진화론 비판을 넘어 유신론적 과학으로

"진화론과 ID를 함께 가르쳐 학생들에게 논쟁이 무엇인지를 이해시키는 것이 타당하다."

이것은 어느 목사의 주장이 아니다. 2005년 8월 1일, 조지 W. 부시 미국 대통령이 텍사스 주 언론과의 인터뷰에서 한 말이다. 도대체 ID(intelligent design theory)가 무엇이길래 대통령까지 나서서 가르치라 마라 하는 것일까?

『종의 기원』이 출간되고 150년이 지나는 동안 진화론의 수용과 관련하여 가장 흥미로운 반응을 보인 국가는 아마도 미국일 것이다. 예컨대, '원숭이 재판'이라 불리기도 하는 스콥스 재판(1925년 테네시 주)에서 반진화론법이 통과된 사건부터 1981년에 알칸소 주에서 창조론자들이 요구했던 '동등시간법'(진화론을 가르치는 시간만큼 창조론도 동등한 시간 동안 가르치도록 요구한 법)의 등장에 이르기까지, 과학계에서는 확고하게 자리를 잡은 진화론에 대해 미국의 보수기독교 층은 계속해서 딴죽을 걸어왔다. 이런 맥락에서 1990년대 등장한 ID는 진공 속에서 새롭게 탄생한 것이라기보다는 이런 일련의 흐름 속에서 창조론이 좀 더 세련되어진 경우라 할 수 있을 것이다 (Numbers 2006).

실제로 CBS가 2004년 말에 실시한 여론조사에 따르면 미국인 중 65%가 창조론을 진화론과 함께 가르치길 원하고, 심지어 37%는 진화론 대신에 창조론을 가르쳐야 한다고 답했다. 좀 더 자세히 들여다보면 부시 후보를 찍은 유권자 중 45%가 창조론을 학교에서 가르쳐야 한다고 답한 반면, 존 케리 후보(당시 미국 민주당 대선 후보) 지지자 중에는 24% 정도만이 이에 찬성했다.[1] 또한 2004년 성탄절 직전에 한 뉴스위크의 여론조사에 의하면 미국인 중 62%가 공립학교에서 진화론과 함께 창조론도 가르쳐야 한다고 응답했다. 게다가, 신이 우리 인간을 지금과 같은 모습으로 창조했다고 믿는 미국인은 55%나 된다.[2] 상황이 이렇다 보니 대통령의 ID 옹호 발언을 이해 못할 것은 아니다. 게다가 부시 대통령의 보수적 신앙심은 역대 미국 대통령들 중에서도 가장 특출하지 않은가!

하지만 'ID와 진화론 간의 논쟁을 가르치라'는 미 대통령의 발언에는 ID 운동(movement)의 전략이 숨어 있다. 그것은 "논쟁을 가르치라(Teach the controversy)"는 것이다. 사실 이런 전략은 지난 10여 년 동안 ID 운동의 산파역을 담당했던 디스커버리연구소(Discovery Institute, 이하 DI)의 작품이다. 미

---

1) http://www.cbsnews.com/stories/2004/11/22/opinion/polls/main657083.shtml.
2) http:www.msnbc.msn.com/id/6650997/site/newsweek/

국의 ID 운동을 이해하기 위해서는 먼저 DI와 그 주변의 인물들, 그리고 그들의 활동을 들여다보아야 한다.

DI는 미국 워싱턴 주의 시애틀(Seattle)에 본부를 두고 있는 보수 기독교계의 싱크 탱크(think tank)로서 공화당 정치인 출신의 브루스 채프먼(Bruce Chapman)과 정보기술의 석학인 조지 길더(George Gilder)가 1990년에 의기투합하여 만든 공공정책 연구기관이었다. 이렇게 출발한 DI는 1996년에 케임브리지대학에서 과학철학으로 박사를 갓 받은 스티븐 메이어(Stephen C. Meyer)의 합류로 '과학과 문화 갱신 센터(Center for the Renewal of Science and Culture)'라는 부설 연구소를 설립하게 된다.[3] 이 연구소는 캘리포니아대학(버클리 캠퍼스)의 법학 교수 필립 존슨(Phillip E. Johnson, 1940-)의 주도로 1998년부터 이른바 '쐐기 문건(Wedge document)'을 작성하게 된다. 이 문건에는 미국에 ID를 퍼뜨리기 위한 향후 5개년 전략이 담겨져 있었는데, 내부용으로 회람되던 것이 1999년에 인터넷을 통해 그 내용이 새어 나왔다. '쐐기 전략(Wedge strategy)'이라는 이름이 붙은 이 전략의 가장 중요한 목표는 다음의 두 가지이다. 첫째는 "과학적 유물론(scientific materialism)과 그것의 파괴적인 도덕적·문화적·정치적 유산을 물리치는 일이고, 둘째는 유물론적 설명을 인간과 자연이 신에 의해 창조되었다는 유신론적 이해로 대체하는 일이다."[4]

이 문건이 공개되자 많은 사람들은 DI가 ID를 내세워 전국적이고 국제적인 운동을 전개하는 궁극적 이유가 무엇인지를 명확하게 알게 되었다. 그것은 새로운 과학적 성취에 대한 관심이 아니라 유신론적 세계관의 확산을 위한 것이었다. DI는 유신론의 확산을 가로막는 원흉으로서 진화론을 지목했고 그것의 지위를 흔들기 위한 방법으로서 ID를 들고 나왔던 것이다. 그리고 이렇게 외치기 시작했다. "진화론은 지금 심각한 위기에 직면해 있다. ID는 그것을 대체할 수 있는 이론이다. 사람들에게 이 둘 간의 논쟁을 가르쳐야 한

---

3) '과학과 문화 갱신 센터'는 2002년에 '과학과 문화 센터(Center for Science and Culture)'로 개명되었다. 개명의 이유에 대해서는 이견이 있다. 센터 관계자는 단지 이름을 좀 더 짧게 하려고 했지만, 외부인들은 센터가 비종교 세계에 좀 더 큰 영향력을 행사하기 위해 종교적 냄새가 물씬 풍기는 '갱신(renewal)'이라는 단어를 없앴다고 생각하고 있다.
4) 쐐기 문건의 내용에 대해서는 다음을 참조하시오.
http://www.discovery.org/scripts/viewDB/filesDB-download.php?id=349.

다. 열린 마음을 갖은 사람들이 현명한 선택을 할 수 있도록"이라고. 그렇다면 도대체 ID는 무엇인가?

'ID'라는 용어 자체는 1989년에 '사상과 윤리 재단(Foundation of Thought and Ethics)'이 출간한 『판다와 사람에 관하여*Of Pandas and People*』에서부터 공식적으로 등장하게 된다. 이 책은 고등학교 과학 교과서용으로 씌어졌는데, 창세기의 구절들을 직접적으로 인용하는 창조과학(creation science)의 방식과는 달리, 성서를 참조하지 않으면서 '창조'나 '창조론' 등의 용어들을 '지적 설계(ID)'라는 탈기독교적 용어로 대체하는 전략을 취했다. 이 책의 저자들은 ID가 "생명의 다양한 형태들이 본래의 특성을 가진 상태에서 갑자기 지적인 행위자(intelligent agent)에 의해 시작되었다"는 것을 뜻한다고 설명했다. 그리고 그 지적인 행위자가 구체적으로 무엇인지에 대해서는 명시적으로 밝히지 않는 전략을 취함으로써 공립학교 교과서의 최소 요건 중 하나―"특정 종교의 확립에 기여해서는 안 된다"라는―를 만족시켰다. 이때부터 출판사는 여러 자원들을 동원하여 교육 위원회들이 이 책을 교과서로 택할 수 있도록 홍보와 로비를 펼치기 시작한다.5)

ID가 『판다와 사람에 관하여』에서 시작된 용어이긴 하지만, 1990년대 전반부에 ID의 확산에 가장 큰 기여를 한 책은 따로 있었다. 그것은 캘리포니아대학의 저명한 법 논리학 교수인 존슨이 1991년에 출간한 『심판대 위의 다윈 *Darwin on Trial*』이다. 존슨은 생물학 교육을 공식적으로 받은 적이 없는 사람이었지만, 이 책에서 법의 논리로 현대 진화론의 난점들을 고발하려고 했다. 이 책은 곧 베스트셀러가 되었고 ID는 새로운 유형의 창조론으로 미국 대중들의 큰 관심을 끌었다. 그는 후속작들을 통해 단순히 진화론 비판에 머물

---

5) 미국의 창조론 운동의 역사에서 이른바 창조론 진영의 '교과서 투쟁'은 매번 쓴 잔을 마셨다. 예컨대, 1968년의 에퍼슨 대 알칸소(Epperson vs. Arkansas) 재판에서는 그동안 인류 진화론을 가르치지 못하게 했던 알칸소 주가 연방대법원의 판결에 의해 패소당했다. 또한 1982년에 알칸소에서 열린 맥린 대 알칸소 교육위원회(Mclean vs. Arkansas board of education)의 재판이나 1987년에 루이지애나에서 열린 에드워즈 대 아길라드(Edwards vs. Aguillard) 재판에서는 진화론을 가르칠 때마다 창조과학을 가르쳐야 한다는 주의 법들이 줄줄이 위헌 판결을 받았다. 이런 사건들을 통해 창조론자들은 이전 교과서들에서 성서가 인용된 것이 결정적 패인이었다고 분석하고 『판다와 사람에 관하여』에서는 의도적으로 종교적 냄새를 풍기는 단어들을 피하려 했다. '지적 설계'는 그 과정에서 등장한 단어이다.

지 않고 과학계의 '방법론적 자연주의(methodological naturalism)' 자체를 문제 삼고 있다.[6] 그가 대안으로 제시한 방법론은 "유신론적 실재론(theistic realism)"이다. 이런 그의 입장은 DI의 쐐기 문건에서 적시된 두 가지 목표와 정확히 일치한다. 그는 1999년에 공화당 텃밭인 캔자스 주의 교육 위원회가 공립학교에서 생명의 기원을 어떤 이론으로 가르쳐야 할지를 놓고 벌인 일련의 회의에 깊숙이 관여하기도 했는데, 그 과정에서 '논쟁을 가르쳐라'라는 캠페인을 시작한 장본인이기도 하다. DI는 이 모든 전략과 캠페인을 공식화하는 막강한 후원 기관이고 존슨은 DI 산하의 '과학과 문화 센터'에서 고문(program advisor) 역할을 하고 있다.

일류대학의 석학이 든 깃발은 기존의 창조과학에 식상해 있던 (교육 수준이 높은) 보수 기독교인들의 마음을 움직이기 시작했다. '젊은 지구 창조론(young earth creationism)'을 주장하는 창조과학자들이 주로 신자들을 교육하는 데 많은 힘을 기울였다면, ID 학자들은 그 일 외에도 열린 공간에서 주류 학자들과 공개적으로 논쟁하는 것을 피하지 않았다. 오히려 적극적으로 활용하려 했다고 해야 더 옳을 것이다. 이런 맥락에서 DI의 '쐐기 전략'과 '논쟁 교육 캠페인'은 지적 열등감을 떨쳐 버리려는 보수 기독교계의 몸부림으로 해석될 수도 있을 것이다. 또한 이 ID 운동은 '지적 설계자(intelligent designer)'를 특정화하지 않음으로써 개신교의 많은 분파들과 가톨릭을 포함한 유신론 진영을 모두 품는 데 적잖이 성공했다. 지난 15년간의 ID 운동의 역사가 녹아 있는 DI 홈페이지(www.discovery.org)에는 ID가 다음과 같이 정의되어 있다. "ID는, 세계와 생명의 어떤 특성들은 자연선택과 같은 방향성 없는 과정보다는 어떤 지적인 원인(intelligent cause)에 의해서 더 잘 설명된다는 주장이다."

누군가 깃발을 꽂으면 그 주변으로 사람이 몰리는 법이다. "다윈주의: 과학인가 철학인가?"라는 주제로 1992년에 남부감리교대학(Southern Methodist University)에서 열린 한 학회에서 존슨은 향후 ID 운동을 함께 짊어질 동지들을

---

6) 『균형 잡힌 이성Reason in the Balance』(1998), 『열린 마음으로 다윈주의 물리치기Defeating Darwinism by Open Minds』, 『진리의 쐐기The Wedge of Truth』(2002), 『Objections Sustained』(2000), 『올바른 질문The Right Questions』, 『다윈주의: 과학이냐 종교냐? Darwinism: Science or Philosophy』(1994) 등이 있다.

만나게 된다. 그중에서 마이클 비히(Michael Behe)와 윌리엄 뎀스키(William Dembski)는 존슨과 더불어 지난 10년간의 ID 운동을 이끈 핵심 논자들이다.

미국 리하이대학(Lehigh University)의 생화학 교수인 마이클 비히(Michael Behe, 1952-)는 1996년에 『다윈의 블랙박스*Darwin's Black Box*』라는 책을 통해 현대 진화론이 세포의 진화조차도 제대로 설명하지 못한다고 주장했다. 예컨대, 그는 하나의 편모에도 '환원불가능한 복잡성(irreducible complexity)'이 존재하는데 그런 복잡성은 다윈의 진화론으로는 도저히 설명될 수 없으며 오히려 '지적 설계자'의 존재와 개입으로 설명될 수 있다고 결론 내린다. '진화론이 위기이며 그 대안이 ID다'라는 식의 이런 주장은 ID 운동의 기본 노선에 충실한 경우이긴 하지만, 생물학자로서 그는 법학자인 존슨이 할 수 없는 방식으로 ID 운동에 기여했다. 어쨌든 이 책은 당시 미국 출판계를 강타해 단숨에 베스트셀러가 되었고 지난 십여 년 동안에는 스테디셀러의 자리를 지키고 있다.7) 이렇게 폭발적인 반응이 생겨날 수 있었던 겄은 이미 90년대 초반부터 ID 운동이 대중적 관심을 끌기 시작했고, 전문 생물학자가 메이저급 출판사를 통해 주류 진화론을 반박하는 도발적인 책을 내었기 때문일 수도 있다.8)

책에 대한 반응이 뜨거워지자 각종 매체들은 앞다투어 서평과 인터뷰를 실었는데, 그중 몇몇 저명한 서평 저널에서는 이 책을 바라보는 진화론자와 창조론자들 간의 뜨거운 논쟁을 싣기도 했다. "다윈에 도전하는 엄청난 책"이라는 찬사로부터 "변장한 창조론에 불과한 쓰레기 같은 책"이라는 혹평에 이르기까지 반응들도 다양했다.9) 존슨이 탁월한 법 논리를 전개하는 법학자이긴 하지만 과학의 논리를 잘 아는 과학자는 아니라는 사실 때문에 ID가 번번이 과학자 공동체에서 문전박대부터 당했던 것에 비하면, 비히에 대한 대접은 ID 운동이 한 단계 격상되고 있음을 드러내는 증거였다. 좋든 싫든 생물

---

7) 인터넷 서점인 아마존(www.amazon.com)의 키워드 검색에서 'Darwin'을 치면 이 책은 지금도 10위 이내로 검색될 정도이다.
8) 이 책은 영어권의 메이저 출판사인 Simon and Schuster의 자회사격인 Free Press에서 출간되었다.
9) 1997년에 「보스턴 리뷰」에서 비히의 책에 대한 논쟁이 벌어졌는데, 도킨스, 데닛, 코인, 푸투이마와 같은 진화론자들과 비히, 존슨, 벌린스키와 같은 ID 옹호자들이 참여했다(Boston Review, February/March 1997).

학자 비히의 주장에 대해서는 과학자 공동체가 어떤 식으로든 대응을 해 줘야 했기 때문이다.

『다윈의 블랙박스』의 핵심 개념인 '환원불가능한 복잡성'은 어떤 체계를 이루는 여러 부분들 중 하나라도 없어지면 그 체계가 기능을 하지 못하는 그런 복잡성을 뜻한다. 비히에 의하면, 마치 쥐덫을 이루는 다섯 개의 핵심 부분(해머, 스프링, 걸쇠, 나무판자, 금속막대) 중 하나라도 고장 나면 쥐덫으로서의 기능이 정지되는 것과 마찬가지로 세포 수준의 복잡성도 이런 것이어서 다윈의 점진적인 자연 선택론으로는 세포 하나의 존재도 제대로 설명하지 못한다. 마치 생화학자가 된 윌리엄 페일리를 보는 듯하다.[10]

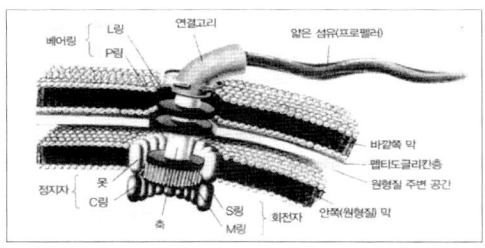

<그림 1> 편모를 모형화한 것

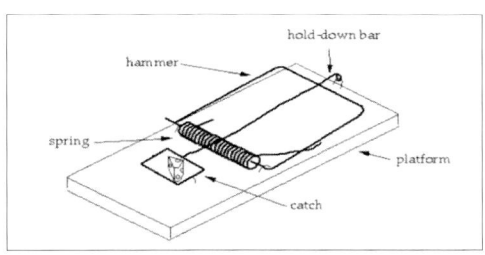

<그림 2> 쥐덫 장치 중 하나만 작동을 못해도 쥐덫
기능 자체가 정지됨

---

10) 기독교 신학자인 윌리엄 페일리(William Paley, 1743-1805)는 시계의 정교함에서 시계공의 존재를 추론할 수 있듯이 자연계의 놀라운 적응으로부터 창조자의 존재를 추론할 수 있다고 주장했다. 우리는 이를 '설계 논증(argument from design)'이라 부른다. 이런 맥락에서 현대의 창조론자들은 모두 페일리의 후예들이다.

하지만 생물학자들은 세포 수준의 복잡성과 그것의 진화에 대해 그동안 많은 연구들을 해왔으며 그에 대한 진화론적 설명들을 계속 발전시켜 왔다. 그래서 많은 이들이 왜 비히가 엄연히 존재하는 진화론적 설명들을 진지하게 고려하지도 않았는지, 또 더 나은 진화론적 설명을 찾기 위해 왜 노력하지 않았는지 잘 모르겠다고 불평한다.[11] 실제로 비히는 『다윈의 블랙박스』를 출간하기 전에 자신의 분야에 종사하는 동료 연구자들로부터 그 어떤 피드백도 받지 않았다.[12]

한편, 신학계의 비판도 있었다. 그것은 비히가 환원불가능한 복잡성을 통해 신학적 변증을 이끌어내는 데 있어서도 너무 성급했다는 비판이다.[13] 만일 그의 주장처럼, 기존의 과학으로 설명하기 곤란한 부분이 있고 지적 설계에 의해 그 부분이 잘 설명된다고 해보자. 그런데 어느 날 그 부분에 대한 더 나은 진화론적 설명이 제시되었다면 어떻게 되는가? 그렇게 되면 그의 신(神)은 설명의 간격을 메우는 대상으로 전락하게 될 터이고, 과학의 발전으로 인해 그 간격은 점점 더 축소될 것이다. 특히 과학적 성과들을 존중하는 신학자와 종교학자들에게 이런 결론은 받아들이기 힘든 것이다. 예를 들어, 세포 진화에 대해 비히도 흔쾌히 받아들일 만한 진화론적 설명이 조만간 누군가에 의해서 제시된다면 틀림없이 그 간격은 줄어들 것이고 따라서 신의 활동 범위는 점점 줄어들 것이다. 이런 곤경에서 ID를 구제할 수 있는 길은 없는 것일까?

윌리엄 뎀스키(William A. Dembski, 1960-)는 바로 이 취약점들을 정면 돌파하며 ID 이론의 지위를 한 단계 높이려 시도했다. 그는 시카고대학에서 수학 박사학위를 받았고(1988), 일리노이대학(시카고 캠퍼스)에서 철학 박사학

---

11) 『보스턴 리뷰』(1997)에서 벌어진 논쟁에서 도킨스(Dawkins), 푸투이마(Futuyma) 등이 이런 지적을 했다.
12) 미국의 지식 사회에서 책을 낼 때, 그것이 아무리 대중적인 책이라 하더라도 출간 전에는 대개 동료 연구자들의 리뷰를 받는다. 그리고 '감사의 글(acknowledgement)'에는 대개 그들의 이름을 열거하며 고마움을 표시하곤 한다. 하지만 『다윈의 블랙박스』의 '감사의 글'에는 동료 세포생물학자들의 이름이 없었다.
13) CTNS(과학과 종교의 다리 놓기를 위해 설립된 비영리기관)와 관계를 맺고 있는 신학자들이 대체로 이 같은 입장을 견지하고 있다(http://www.ctns.org).

위를 받았으며(1996), 그것도 모자라 같은 해애 프린스턴 신학대학에서 신학 석사학위까지 받은 공부 욕심이 많은 소장 학자이다. 그가 여타 ID 옹호자들보다 두드러진 면은 학위의 수만이 아니다. 그는 이른바 ID 삼인방―존슨, 비히, 뎀스키―중에서 가장 왕성한 집필 활동을 하고 있고, 케임브리지대학 출판부에서 자신의 철학 박사학위 논문을 출판할 만큼 학문적 잠재력을 갖추었으며, 다른 이들과 달리 자신의 블로그를 통해 온라인에서도 활발히 활동하고 있는 신세대 논객이다.[14]

그는 1999-2005년 동안 기독교 계열의 학교인 베릴러대학(Baylor Univeristy)의 마이클 폴라니 센터(Michael Polanyi Center)에서 연구했으며, 현재는 남서부침례신학대학의 연구교수로 재직 중이다. 물론 그는 1996년부터 현재까지 DI의 '과학과 문화 센터'의 특별연구원(fellow)이다. 그의 저서들 중에는 『설계 추론』(1998) 외에 『설계 혁명』(2004), 『공짜 점심은 없다』(2002) 등 6권의 단독 저서가 포함되어 있고, 저명한 생물철학자 루즈(Michael Ruse)와 함께 편집한 『설계에 대해 논쟁하기』(2004)를 비롯한 총 6권의 편저가 있다.

그중에서 그의 『설계 추론』은 이런 왕성한 활동을 할 수 있게 만든 지적 원천이다. 그에 따르면, 자연적으로 생긴 복잡성을 능가하는 또 다른 종류의 복잡성이 이 세상에 존재하는데, 그런 현상들은 '설계 추론(design inference)'을 통해서만 설명될 수 있다. 그는 그런 종류의 복잡성에 '특정화된 복잡성(specified complexity)'이라는 용어를 붙이면서 그것으로 우연성이나 복잡성과 구분하려 했다(Dembski 1998; 2001; Colson & Dembski 2004). 쉽게 말하면, 자연적 과정으로는 도저히 일어날 수 없는 특정한 복잡성은 지적 설계자의 개입으로밖에 설명할 수 없다는 논리이다. 이런 발상은 진화론을 비판하고 유신론적 과학 방법론을 제시하려는 ID 운동의 기본 노선에 정확히 일치한다. 흥미로운 점이 있다면 뎀스키는 확률이론과 정보이론을 통해 비히와 똑같은 결론에 도달했다는 사실이다.

---

14) 그의 홈페이지는 http://www.designinference.com/이고 블로그는 http://www.uncommondescent.com/이다. 그의 『설계 추론 *Design Inference*』(1998)은 케임브리지대학 출판부에서 출간된 단행본 중 베스트셀러 목록에 올라와 있을 정도로 많이 팔렸다.

그러나 과학 철학자들은 그의 현란한 확률 테크닉 뒤에 작동 불가능한 끼워 맞추기식 과학 방법론만이 덩그러니 남아 있다고 지적하고 우연성, 복잡성, 특정성을 구분하는 그의 '설명 필터(explanatory filter)' 이론 또한 작위적이라고 비판한다(Sober et al. 1999).

주류 학계의 이런 비판들에도 불구하고 ID 운동의 삼인방이 펼친 지난 활동들은 미국의 진화-창조 논쟁에 새 국면을 가져다줬다. 그것은 크게 다음의 다섯 가지로 요약될 수 있을 것이다. 첫째, 음지의 창조론을 대중들의 관심 속으로 끌고 왔다. 둘째, 성서를 직접적으로 인용하지 않음으로써 진화-창조 논쟁의 구도를 무신론-유신론의 구도로 확장시켰다. 셋째, 적어도 외양적으로는 학문적 능력을 갖춘 논자들이 전면에 나섬으로써 보수 엘리트 세력의 지지를 받게 되었다. 넷째 ID 옹호자들은 싱크탱크인 DI를 통해 각종 전략과 캠페인을 세우고 계획적이고 조직적인 활동을 전개했다. 다섯째, ID 옹호자들은 ID 교과서 채택과 ID의 공교육 침투를 위해 법적인 투쟁을 꾸준히 전개해 왔다.

미국 펜실베이니아 주의 도버 지역에서 벌어진 최근의 법정 싸움은 ID 운동의 이 모든 특성들이 집약된 재판이었다. 2005년 도버 카운티의 교육위원회는 학교에서 진화론과 함께 ID을 가르치라고 결정을 내렸다. 이에 11명의 학부모와 미국시민자유연맹(ACLU)의 교육위원회는 1987년 연방법원의 "공립학교에서는 창조론을 과학이론으로 가르쳐서는 안 된다"는 판결을 이번 결정이 심각하게 훼손했다면서 소송을 제기했다. 학부모인 키츠밀러 등(Kitzmiller et al.)이 미국 연방법원에 제기한 소송은 2005년 9월 26일에 시작되어 같은 해 12월 20일에 막을 내렸다. 이 재판에 전문가 증언으로 참여한 학자들은 대표적으로 다음과 같다. ID의 옹호자로는 '환원불가능한 복잡성'이라는 개념으로 ID계의 슈퍼스타가 된 마이클 비히 교수와 저명한 과학사회학자 스티븐 풀러(Steven Fuller) 교수(영국 워릭대학) 등이 참여했고, 반대자로는 브라운대학의 케네스 밀러(Kenneth Miller) 교수(생화학)와 미국 기시간 주립대학의 과학철학자 로버트 페녹(Robert Pennock) 교수 등이 참여했다. 담당 판사인 존 존즈 III세(John E. Jones III)는 무려 139쪽에 달하는 판결문을 통해 "ID은 창조론의 한 형태이며 과학이 아니기 때문에 그것을 학교에서 진화론과 함께 가르치라는 도버 카운티 교육위원회 측의 결정은 미국 수정 헌법의 제1조인 국교금지 조항을 어긴 위법"이라고 판결했다.[15]

이 판결로 ID를 학교에서 가르치려는 운동은 일단 법적인 제재를 받게 되었다. 하지만 반창조론 운동에 앞장서온 미국과학교육센터의 스콧 소장은 "과거에도 보수 기독교인들의 반발이 있었지만 최근만큼 심한 적은 없었다"고 평가한다. 미국 51개 주 가운데 진화론 수업을 줄여야 한다든지 창조론도 같이 가르쳐야 된다는 요구를 하는 주가 무려 31개 주에 이른다.

물론 이런 현상이 기독교 국가라 할 수 있는 미국의 독특한 현상이라고 말할 수도 있을 것이다. 아니면 다윈이 미국이 아닌 영국의 과학자라 그런지도 모를 일이다. 하지만 다윈의 나라 영국에서도 최근에 "창조론도 끼워줄 수 있는 것 아니냐"는 목소리가 울리기 시작했다. 2006년 1월 영국의 BBC 방송국이 조사한 바에 따르면 2,000명의 응답자 중 40% 이상이 창조론이나 ID를 학교 과학 수업에서 가르쳐야 한다고 답했다. 구체적인 질문과 응답은 다음과 같다.

〈질문1〉 생명의 기원과 발생을 가장 잘 기술해주는 이론은?
1) 창조론(창조과학 포함) - 22% 2) ID - 17% 3) 진화론－48% 4) 모르겠음－13%

〈질문2〉 어떤 과목(들)이 학교 수업에서 가르쳐져야 한다고 보는가?
1) 창조론－44% 2) ID - 41% 3) 진화론－69%

이런 결과에 대해 영국 왕립학회의 회장은 "다윈이 이미 150년 전에 제창하여 오늘날 방대한 증거들로 지지받고 있는 진화론이 일반인들에게 여전히 의심을 받고 있다는 사실은 정말 놀라운 일"이지만, "영국은 미국과는 달리 주요 종교 분파 중에서 진화론을 과학수업에서 빼자고 주장하는 집단이 없다

---

15) 이 판결문은 인터넷에 전문이 올라가 있다. 다음을 참조하시오.
http://www.pamd.uscourts.gov/kitzmiller/kitzmiller_342.pdf

는 사실이 다행스럽다"고 위로하고 있다.

물론 진화론을 여전히 현대 생물학의 중요한 근간으로 여기고 있는 대다수의 미국 과학자들은 이런 일련의 흐름을 매우 걱정스럽게 보고 있다. 가령 최근 뉴욕타임스는 저명한 과학자의 입을 빌어 "ID는 과학이론이 아니다"라고 선언했고[16] 전 세계의 가장 큰 과학자 집단인 미국 과학진흥협회의 회장은 "ID에는 과학이 없으며 과학적으로 대답될 수 있는 질문조차 없다"고 일축했다.[17]

<그림 3> 미국의 주간지 '타임'은 2005년 8월 15일자 특집으로 ID 논쟁을 다루고 있다.

III. '지적 사고(Intelligent Thought)', 무신론 운동, 그리고 과학 문화

영화 산업에 비유하자면, 어쨌든 ID는 흥행 몰이에는 성공한 운동이다. 하지만 그에게는 냉혹한 평단이 기다리고 있었다. ID의 질주에 대해 주류 생물학계와 지성계의 반응은 과연 어땠을까?

흥미롭게도 이들의 반응은 한마디로 "어이가 없다"는 것이다(Brockman 2006). 하나같이 "진화론에 무슨 위기가 있고 진화론과 ID 간에 무슨 논쟁이 있느냐"는 반응이다. 즉, ID 옹호자들의 주요 주장과 전략, 그리고 캠페인 등이 과학 공동체가 받아들이는 입증된 이론과 사실들에 기반을 두고 있지 않고, 유신론적 세계관을 선전하려는 종교·정치적 수사에 지나지 않는다는 것이다. 미국 과학자 사회는 ID 운동이 미국에서 더 이상 무시할 수 없는 흐름이 되었다는 판단을 내리고, 그동안 펼쳤던 '무시 전략'을 재고하기에 이른다.

---

16) 2005년 8월 22일 판 뉴욕 타임스는 "A DEBATE OVER DARWIN: Evolution or Design"이라는 제목의 커버스토리를 통해 미국 내 ID 운동에 대해 자세히 다루고 있다.

17) 진화론 교육과 창조론 반대에 관한 미국과학진흥협회(AAAS)의 입장은 다음 홈페이지에 나와 있다. http://www.aaas.org/news/releases/2006/pdf/0219boardstatement.pdf

『지적 사고*Intelligent Thought*』(1996)는 주류 과학자 사회의 대 ID 전략이 변화했음을 알리는 중요한 책이다. 이 책은 세계 지성계의 가장 영향력 있는 출판 편집자로 불리는 미국의 존 브록만(John Brockman)이 편집하고 16명의 세계적 석학들이 ID에 대한 자신의 비판적 입장을 전개한 대표적인 ID 비판서이다. 필진에는 저명한 생물학자, 철학자, 심리학자, 인류학자, 역사학자, 물리학자들이 포함되어 있는데, 예를 들어 시카고대학의 진화생물학자 제리 코인(Jerry A. Coyne), 터프츠대학의 인지철학자 데니얼 데닛(Deniel C. Dennett), 영국 옥스퍼드대학의 진화생물학자 리처드 도킨스(Richard Dawkins), 하버드대학의 진화심리학자 스티븐 핑커(Steven Pinker) 등 이름만 들어도 알만한 대가급의 학자들이 참여했다. 이런 필진들이 ID 하나만을 다루기 위해 함께 모였다는 사실 자체가 하나의 뉴스거리이다.

이들은 모두 ID가 과학계의 사실들을 왜곡하고 있다고 비판한다. 이를 우리에게 친숙한 사례를 들어 비유해 보면 다음과 같다. 일본이 조선을 강제로 점령하지 않았다고 기술돼 있는 역사 교과서가 있다 치자. 그 저자들이 지금 교육부를 방문하여 연일 시위를 하고 있다. 또 일부 인사들은 그 교과서의 채택을 목표로 고위층 로비에 열을 올리고 있다. "한쪽 입장만 가르치는 것은 공정하지 않다. 양쪽 입장을 모두 가르쳐라." 이 얼마나 근사해 보이는 논리인가!

최근 일본에서 이와 유사한 움직임이 있었다. 하지만 우리 국민과 다수의 일본 지식인들은 그런 '운동'에 주저 없이 '역사 왜곡', '사실 왜곡'이라는 꼬리표를 달아준다. 왜냐하면 강제 점령의 증인들이 지금도 살아 있기 때문이다. 수많은 증거들을 보았을 때 적어도 일제의 조선 강점에 대해 '논란의 여지'는 없어야 한다. 이 역사적 사실에는 '양쪽 입장'이 있을 수 없다.

『지적 사고』의 필진들은 과학 영역에서 이와 비슷한 사건들이 지금 미국에서 일어나고 있다고 개탄하고 있다. ID를 믿는 창조론자들이 생명이 자연선택에 의해 진화하지 않았다고 주장하며 각 주의 교육위원회를 압박하고 있다. 급기야 보수 기독교 인사들의 로비에 편승한 부시 대통령은 최근에 "국민들이 상충하는 견해들을 이해할 수 있도록 진화론과 지적설계 가설 간의 논쟁을 함께 가르치는 게 좋지 않겠나"라며 한 수 거들기까지 했다.

저명한 철학자인 데닛은 "이 둘 간에 '논쟁'이란 게 실제로 있는가?"라고 반문한다. ID 운동의 이 공정해 보이는 듯한 태도 뒤에는 과학적 사실에 대한 외면과 왜곡이 숨어 있다는 지적이다. 그에 따르면, ID의 전략은 공개적으로 진화론을 오해하거나 오용해 놓고는 생물학자들이 그에 대해 마지못해 몇 마디 대꾸하면 '그 봐라 여기에 논쟁이 있지 않느냐'라는 식이다. 또, '성의 진화', '인간 마음의 진화', '자연선택의 힘' 등과 같은 진화론 내부의 진짜 논쟁들을 부풀려 마치 진화론이 좌초 직전에 있는 양 떠벌린다. 그리고 마지막으로 딱 한마디만 덧붙인다. '그러니 ID가 옳을 수밖에.' 하지만 『지적 사고』의 필진들은 이런 전략은 정상적인 과학자의 관점에서는 마치 일본 보수 우익들의 '망언'과 비견될 만큼 과학의 진실을 왜곡하는 나쁜 행동이라고 규탄한다.

『지적 사고』의 필진들은 한마디로 ID 운동에는 진짜 과학이 없다고 단언한다. 그들에 따르면 거기에는 과학자라면 누구나 참여해야 할 논문 심사 시스템이 없다. 혹시 학회와 학술지가 있다면 그것은 늘 '그들만의 리그'일 뿐이다. 그러니 연구 프로그램과 그 성과물이 있을 리 없다. 반면 교과서는 있다! 또한 대중 강좌 프로그램은 바쁘게 돌아간다. 왜냐하면 과학의 내용과 논리에 익숙하지 않은 대중들이 그들의 고객이기 때문이다. 불행히도 이것은 바로 사이비 과학의 전형적인 징표이다. 예컨대 데닛은 ID 운동과 진화론을 다음과 같이 비교한다. "진화생물학은 생물학자들을 당황스럽게 만드는 모든 것들에 대해 확실한 설명을 제공하진 못해 왔다. 하지만 ID는 그 어떤 것에 대해서도 설명하려는 시도조차 아직 하지 않았다."[18] 그는 ID가 과학 수업에서는 추방되어야 하지만 현안이나 정치문제를 다루는 사회 수업에는 좋은 주제가 될 수 있다고 비꼬는데,[19] 이는 『지적 사고』 필진의 한결같은 생각이다.

ID를 과학계에서 추방하고자 하는 『지적 사고』 필진의 한 목소리는 과연 무엇을 말하는 것일까? 나는 ID 운동이 미국 사회에서 새로운 지성 운동을 촉발시키는 계기가 되었다고 생각한다. 그 새로운 지성 운동은 주류 학자들

---

18) 데닛의 이런 비교는 『지적 사고』의 뒤표지에 인용되어 있다.
19) 『지적 사고』의 p. 49

이 '반 ID'를 위해 한목소리를 내기 시작하면서 이룩했다. 예컨대 진화론의 쟁점들에 대해서는 서로 앙숙처럼 싸웠던 이들도(가령, 도킨스와 코인), ID 운동의 '어이없음'을 고발하기 위해서 함께 뭉쳤다. 이런 맥락에서 『지적 사고』는 한 권의 편저서 이상의 의미를 담고 있다. 나는 이런 일련의 반 ID 흐름을 '지적 사고 운동(Intelligent Thought Movement, 이하 'IT 운동')'이라고 부르고 싶다. 단순히 'IT'가 아니라 굳이 'IT 운동'이라고 말할 수 있는 근거는 여기저기서 포착된다.

미국의 종교 정체성 조사 결과(2001)에 따르면, 자신을 기독교인이라고 대답한 사람은 미국민의 76.5%, 무종교라고 답한 사람은 13.2%, 유대교는 1.3%, 불가지론자는 0.5%, 무신론자는 0.4%이다.[20] 불가지론자와 무신론자를 합해도 1%가 넘지 않고, 기독교는 80% 정도나 되니 미국을 기독교 국가라 부르는 데 이의를 제기할 사람은 별로 없을 것이다.

최근(2006년 9월)의 갤럽 조사 결과는 더 흥미롭다. 질문은 이런 것이었다. "일반적으로 말해 당신은 미국인들이 _____을 대통령으로 선출할 준비가 되어 있다고 생각하는가?" 대답 항목에는, 유태인, 아시아인, 여성, 흑인, 몰몬교인, 히스패닉, 무신론자, 동성애자가 무작위로 나열되어 있었다. 어떤 부류의 사람들이 가장 높은 점수를 받았을까? 일등부터 나열해보면, 여성(61%), 흑인(58%), 유태인(55%), 히스패닉(41%), 아시아인(33%), 몰몬교인(29%), 무신론자(14%), 동성애자(7%) 순이었다.[21] 그러니까 미국에서는 무신론자가 대통령이 될 가능성이 몰몬교인보다 낮고 동성애자보다는 조금 높다는 이야기인데, 다시 말하면 무신론자 대통령이 나올 가망성은 극히 적다는 뜻이다. 미국의 정치인들은 표를 의식해서라도 기독교인을 자처하게 생겼다.

이런 맥락에서 미국의 무신론자들도 압박감을 느낄 만하다. 중동에서 이슬람교를 믿지 않는 사람들이 느끼는 압박감보다는 덜 하겠지만 말이다. 특히 이런 현상은 조지 W. 부시 미국 현 대통령이 재집권을 하고 나서부터 더 심화되고 있다. 그는 보수 기독교 층에 표를 더 얻기 위한 제스처 이상으로

근본주의 기독교를 옹호하고 있다. 미국 지식인들 중에는 9.11 같은 테러가 미국의 반이슬람 기독교 근본주의 때문에 일어났다고 보는 사람들이 적지 않다. 작금의 이라크 사태를 "미국 근본주의 기독교 vs. 중동의 근본주의 이슬람"의 대결로만 보는 것은 지나치게 단순한 구도일 수 있다. 하지만 정말로 종교간 전쟁 때문에 세계가 큰 위험에 빠졌다고 설득력 있게 외치는 사람들이 늘어가고 있다. 그중에서 아주 흥미로운 인사는, 영국 옥스퍼드대학의 찰스 시모니 과학대중화 석좌 교수로 있는 진화생물학자 도킨스이다.

도킨스가 최근에 출간한 『신은 망상이다*The God Delusion*』(2006)라는 책은 출간 직후부터 현재까지 뉴욕타임스 베스트 목록에 계속해서 올라와 있고, 얼마 전에 국내에서도 『만들어진 신』이라는 제목으로 출간되어 출판계의 돌풍을 일으키고 있다. 이 책의 주장은 한마디로 "신은 망상일 뿐"이라는 것이다. 그에 따르면, 신은 요정, 도깨비, 유니콘, 포켓 몬스터처럼 상상 속의 존재일 뿐인데 많은 이들이 신은 마치 실재하는 양 착각하고 있다고 생각한다. 이건 망상이라는 것이다. 그는 이 망상이 일종의 '정신 바이러스'라고 주장한다. 그리고 이 망상에서 빨리 깨어나야 종교 전쟁으로 인한 인류의 파멸을 막을 수 있다고 진단한다.

도킨스는 이번에 아주 작심을 하고 이런 도발을 감행하고 있다. 실제로 책 출간에 즈음하여 자신의 공식 홈페이지(http://richarddawkins.net/)를 만들었고, '이성과 과학을 위한 리처드 도킨스 재단(The Richard Foundation for Reason and Science)'도 세워(http://richarddawkins.net/foundation) 본격적인 무신론 캠페인에 들어갔다. 미국과 영국을 순회하며 책에 대한 강연, TV 출연, 인터뷰 등으로 바쁜 일정을 보내고 있고, 얼마 전에는 영국 BBC를 통해 '모든 악의 근원?(Root of All Evil?)'이라는 다큐멘터리를 직접 만들어 방영하기도 했다. 이 다큐멘터리에는 콜로라도의 한 대형 교회(개신교)의 예배에 (관찰자로) 직접 참여하고 현 부시 대통령과 핫라인을 갖고 있을 정도로 정치적 영향력까지 있는 복음주의 목사와 언쟁을 하는 장면도 나온다. 그 목사가 성경에는 하나의 모순도 없다고 말하자, 도킨스는 현재의 과학이 성경에 대해 수많은 모순점을 지적한다고 맞받아친다. 그랬더니 그 목사는 바로 "당신같이 오만한 사람이 바로 문제"라고 비난을 한다. 그리고 "우리의 아이들을 동물이라고 말하는 당신하고는 더 이상 얘기할 수 없다"고 대화를 그만둔다.

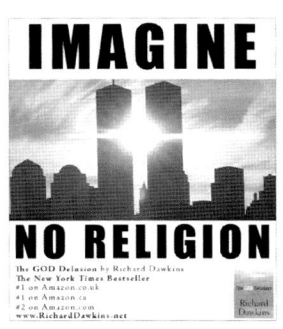

도킨스는 『만들어진 신』 서문에서 비틀스 존 레넌(John Lenon)의 노래 '이매진(imagine)'을 패러디해 다음과 같이 부른다. "종교가 없는 세상을 상상해보라. 자살폭탄, 9/11, 7/7, 십자군, 마녀사냥, 화약음모사건(Gunpowder Plot), 인디언 분할 구역, 이스라엘−팔레스타인 전쟁, 세르비아/크로아티아/무슬림 대학살 … 등이 없는 세상을 상상해보라."

『만들어진 신』은 '신이 존재한다는 가설(God Hypothesis)'이 왜 설득력이 없는지를 논증하고 있다. 그리고 신의 존재를 인정해야만 의미 있다고 여겨지는 것들, 가령 인생의 의미, 도덕성, 사랑, 책임감 등이 어떻게 자연적 과정을 통해 진화해 왔는지를 보여주고 있다.

사실 이런 주장은 그동안 무신론적 진화론자(진화론은 무신론일 수밖에 없다고 주장하는 사람들)들의 단골 메뉴였다. 그런데 그의 책에는 새로운 이야기가 있다. 그는 부모의 절대적 영향 아래 있는 아이들에게 부모의 종교에 따라 '무슬림 아이들', '기독교 아이들'과 같은 꼬리표를 달아줘서는 안 된다고 주장한다. 왜냐하면 그것은 종교에 관해 적절한 판단을 할 수 없는 아이들을 더 큰 혼돈에 빠뜨리는 일종의 '아동 학대'이기 때문이라는 것이다. '마르크스주의 아이들(Marxist Children)'이나 '자유주의 아이들(Liberal children)'이 얼마나 어색하냐는 것이다.

도킨스가 재단까지 설립해 가며 이런 도발적인 주장들을 펼치는 이유는 무엇일까? 그는 지금 일종의 '무신론 운동(atheism movement)'을 하고 있다. 그는 "종교는 감히 비판해서는 안 될 무엇"이 절대 아니라는 점을 사람들에게 일깨워 주려는 것이다. 흥미롭게도 데닛은 도킨스의 운동을 오프라 윈프리의 그것에 비유한다. 오프라는 한때 〈오프라 쇼〉에서 미국 내 가정의 매맞는 여성에 관한 심각한 문제를 전국적으로 일깨운 적이 있었다. 데닛은 도킨스의 책과 활동도 종교에 관한 심각한 문제를 부각시키려는 캠페인이라고 평가하고 있다(Dennett 2007). "종교(특히 기독교)에 억눌려 있는 사람들이여, 무신론의 세계로 탈출하여 당신의 지성을 구원하라." 이런 메시지가 영국식 악센트로 사람들의 귀를 때리는 듯하다.

현재의 무신론 운동에는 도킨스 외에도 『주문을 풀다Breaking the Spell』(2006)라는 책을 통해 종교를 자연 현상의 하나로 이해해야 한다고 주장한 데닛, 『신앙의 종말The End of Faith』(2004)이라는 책을 통해 종교의 비과학성과 비합리성을 고발한 샘 해리스(Sam Harris) 등이 적극적으로 가담하고 있고, hppt://www.edge.org라는 최고 수준의 지식 유통 공간을 운영하고 있는 브록만도 배후에 있다. 이들은 단순히 ID 운동으로부터 진화론을 수호하려는 개인적인 활동을 넘어서 IT 운동을 전개했고, 이 IT 운동은 도킨스의 『만들어진 신』을 계기로 무신론 운동으로 진화했다. 그들은 미국 사회에서 무신론자나 불가지론자들이 통계 수치보다 실제로는 훨씬 더 많을 것이라고 본다. 그래서 그런 사람들에게 용기를 주고 커밍아웃할 수 있도록 돕겠다는 것이 그들의 목표 중 하나이다.[22]

이 시대 최고의 과학 커뮤니케이터 도킨스, 그리고 세계 최고의 지성을 자랑하는 그의 친구들이 뭉쳐 공식적인 무신론 운동을 시작했다는 사실은 무엇을 의미하는 것일까? 이것은 ID 운동이 감당하기 힘든 거센 역풍을 만났다는 것을 뜻한다. 앞서 말했듯이 DI의 ID 운동의 목표는 진화론 타파와 유신론적

---

22) 도킨스는 최근에 "아웃 캠페인(Out Campaign)"을 전개하기 시작했다. "Come Out, Reach Out, Speak Out, Keep Out, Stand Out"를 통해 무신론이 지배하는 세상을 꿈꾸자고 제안한다. 이에 관해서는 http://outcampaign.org/를 참조하시오.

과학의 복권이었다. 하지만 ID 운동은 주류 과학자들의 IT 운동의 촉매 역할을 했고 거대 규모의 무신론 운동을 촉발시켰다. 실제로 도킨스는 『만들어진 신』에서 미국에서 ID 운동의 득세 현상이 그 책을 쓰게 된 동기가 되었다고 말한다. 그리고 ID 운동은 진화론자들 사이의 틈을 강조하는 방식으로 진화론의 위기를 부각시키려다가 오히려 반ID를 위해 뭉치고 있는 그들의 모습을 지켜봐야 했다. 이 모든 역풍은 ID 운동을 시작하면서 DI가 잘 예측하지 못한 결과이기도 했다. ID 운동, IT 운동, 무신론 운동으로 이어지는 최근 미국의 진화-창조 논쟁사는 미국의 문화가 종교적 세계관과 과학적 세계관(무신론적이든 불가지론적이든) 사이를 오가며 진화하고 있다는 사실을 드러내준다.

IV. 한국의 창조론 운동: 미국 따라하기

한국의 진화-창조 논쟁의 역사는 한국창조과학회(이하, KACR)의 출범으로부터 시작된다. 창조과학(creation science) 옹호자들은 일반적으로 성경 해석에 있어서는 축자 영감설(literal inspiration)에 근거한 근본주의적 색채를, 교회관에 있어서는 투사적 교회관을, 연대 문제나 종말론에 있어서는 전천년설과 세대주의적 입장을 견지하고 있다(양승훈 1996). KACR의 역사를 보면 한국 특유의 이런 상황을 어느 정도 이해할 수 있다.[23] KACR의 씨앗은 대표적인 보수적 대학 선교 단체인 한국대학생선교단체(C.C.C)가 주최한 〈'80 세계 복음화 대성회〉 기간 중에 뿌려졌다. 이 대회의 프로그램 중에 해외 강사들의 '창조론 세미나'가 있었는데, 1972년에 창조과학연구소(ICR)를 세우는 등 미국 창조과학 운동을 실질적으로 이끌어왔던 수력학자 모리스(H. Morris)와 화석학자 기쉬(D. Gish) 등이 연사로 참여했다. 이 세미나의 영향으로 당시 강연 통역을 맡았던 김영길(당시 한국과학원 교수, 현 한동대 총장)을 비롯한 10여 명의 과학자들이 의기투합하여 이듬해인 1981년 1월 31일에 150여

---

23) 1990년도 중반까지 한국의 창조과학 운동사에 대해서는 다음의 글을 참조하라. 양승훈(1996), "창조론 운동의 회고와 전망" 『창조론 대강좌』 부록1, 453-476쪽.

명의 발기인들로 구성된 KACR을 설립하기에 이른다.

그때부터 KACR은 독자적으로 『창조』라는 소식지를 매월 발간함으로써 한국 기독교계에 창조과학을 소개하는 일뿐만 아니라 교계 내에서 점점 늘어가는 창조과학 지지세력을 네트워킹하는 역할까지 맡게 된다.[24] 이렇게 시작된 KACR은 현재 "석박사급 과학자, 의사, 교수, 교사로 구성된 1,100여 명의 회원과 1만 2천여 명의 온라인 회원, 그리고 16개의 국내 지부와 5개의 국외 지부를 가진" 비영리 사단법인으로 성장했다.[25]

그렇다면 KACR는 무엇을 목표로 하고 있는가? KACR의 목표는 첫째, "창조론적 교육의 개혁이다. 현재 진화론만 가르치고 있는 공교육기관에서도 과학적 증거를 통해 창조론을 가르치도록 하는 것이다."[26] 이 목표는 서양 창조과학 운동의 그것과 정확히 똑같다. 두 번째 목표는 매우 구체적이다. 그것은 창조과학관의 건립이다. 그들은 창조과학관이 "창조의 과학적 증거들을 직접 체험할 수 있도록 설계된 창조과학 전시관, 학술적인 연구를 담당할 창조과학 연구소, 체계적인 훈련과 이를 통한 전문인 선교사 파송을 위한 창조과학 교육원 등으로 구성될 것"이라고 전망한다. 그리고 이 창조과학관에 "창조신앙의 회복을 선포하고 다음 세대에 훌륭한 기독교 문화유산을 물려주며 세계 선교의 새로운 장을 열어가겠다"는 포부를 실었다.

KACR은 이 두 가지 목표를 달성하기 위해 구체적이고 전략적인 활동을 전개해 왔다. 우선 그들은 전국의 교회를 순회하며 각종 강연회를 펼침으로써 창조과학을 지지하고 KACR을 후원하는 개인과 교회의 수를 늘리는 데 각별한 신경을 써왔다. 한국의 보수적인 교회를 다녀본 사람들이라면 적어도 한 번쯤은 창조과학과 관련된 강연을 들어봤을 정도로 출장 강연으로 인한 KACR의 인지도는 꽤 높은 편이다.[27]

---

24) KACR 측에 따르면 KACR의 공식홈페이지를 방문하는 일일 방문자 수는 2007년 11월 현재 1만 명을 넘었다.
25) http://www.kacr.or.kr/intro/greeting.asp
26) http://www.kacr.or.kr/intro/
27) KACR의 교회 강연은 주로 KACR이 공인한 강연자가 후원교회에 초대받아 강연을 하는 방식이다. 대전지부에서는 강연가능자의 프로필을 올려놓고 교회가 그중에서 적절한 강사를 고르도록 되어 있을 정도이다. http://www.tjkacr.or.kr/

둘째, KACR은 매년 한 번씩 학술대회를 열고 몇몇 기독교 재단의 대학들(한동대, 명지대, 아세아연합신대 등)로 하여금 창조과학 관련 과목을 개설할 수 있도록 지원해 왔다.

셋째, KACR은 창조과학 교육원을 통해 창조과학 강사를 훈련시키고 전국 교사연합회를 결성하여 일선 교육 현장에서 창조론 교육을 실현시키기 위해 노력해왔다. 가령, 전국 교사연합회의 교사들(초·중·고 교사로서 모두 기독교인)은 생물학 교과서의 '생명의 기원' 부분을 분석하고 대안을 모색하고 있는 중이다.

넷째, 서울에 창조과학 상설 전시실을 소규모로 마련했고(2007년),[28] 창조과학관을 위한 부지를 한국대학교선교단체의 명예 회장인 김준곤 목사로부터 기부받았으며(2007년), 건립을 위해 모금 운동을 전개하고 있다.

다섯째, KACR는 회원들이 창조과학을 일반 대중들에게 알리기 위해 책을 출간할 수 있도록 직간접적으로 지원하고 있다.[29]

그렇다면 이러한 창조과학 운동은 한국의 진화―창조 논쟁과 과학문화에 어떠한 영향을 주었을까? 한국의 창조과학 운동은 태생부터 성장까지 미국 창조과학 운동을 그대로 복사했다고 할 만하다.[30] 심지어 목표와 내용뿐만 아니라 전략 면에서도 그렇다. 그런데 흥미로운 사실은 미국의 창조과학이 국내의 그것만큼 주류 기독교계에서 따뜻한 환대를 받지는 못했다는 점이다. 다시 말해, 우리나라는 교계와 교인들에게 큰 영향력을 행사하고 있는 이른바 대형교회들이 공식적, 혹은 비공식적으로 창조과학을 옹호하고 있는 상황인데 비해,[31] 미국은 그 정도까지는 아니다. 앞서 보았듯이 미국의 경우에는

28) 창조과학 전시실을 열면서 KACR은 다음과 같이 그 목적을 분명히 밝히고 있다. "본 회에서는 창조과학 전시를 통해 방문객들에게 성경 말씀에 기록된 창조와 노아 홍수 등을 신화처럼 여기는 많은 사람들에게 이 세상이 하나님이 설계하신 '신성'과 '능력'으로 가득 차 있으며, 대홍수 심판의 증거들이 너무나 뚜렷하다는 것을 알리겠습니다."
(http://www.kacr.or.kr/bbs/view.asp?tn=news&key_id=2012&isnotice=1&b_no=1865&page=1&category=1)
29) 예컨대 이만재의 『창조과학 콘서트』(두란노, 2006)가 그런 류의 서적이다.
30) 미국 창조과학회의 홈페이지를 참조하시오. http://www.icr.org/
31) 대형교회 중에서 특히 서울의 온누리교회는 창조과학의 메카라 할 수 있을 정도로, 창조과학회에 인적, 재정적, 전략적 지원을 아끼지 않고 있다. http://www.onnuri.or.kr/

오히려 ID 운동이 그런 환영을 받고 있다.

한국의 창조론자들이 미국의 창조과학을 직수입하는 과정에서 생겨난 문제점도 있다. 그것은 한국의 창조과학 운동이 미국의 그것이 안고 있었던 신학적·과학적 문제점들까지도 무비판적으로 떠안고 시작하게 되었다는 사실이다. 잘 알려져 있듯이, 미국 창조과학 운동은 기독교계 내에서 이단의 한 분파로 인식되어온 '안식교' 전통에서부터 시작된 것이었다(Numbers 2006). 하지만 한국의 창조과학 옹호자들은 이런 신학적 부담에도 불구하고 미국의 창조과학을 그대로 받아들였다.

그럴 수밖에 없었던 데에는 몇 가지 이유가 있는 듯하다. 우선, 당시 한국의 주류 신학은 근본주의적 성격이 강했기 때문에 비슷한 (더 극단적인) 신학적 노선을 견지하고 있는 창조과학 운동은 상대적으로 더 쉽게 환영받을 수 있었다. 게다가 세속 학문의 도전들에 대해 이렇다 할 대응을 하지 못하고 있었던 보수 기독교의 입장에서는 창조과학의 반진화론 운동이 반가운 아군일 수밖에 없었다. 이런 이유 때문에 미국의 창조과학을 받아들이게 된 한국의 기독교는 신학적인 측면에서 더욱 근본주의화되는 과정을 겪게 된다. 그리고 교인들로 하여금 과학에 대해 매우 뒤틀린 생각을 갖도록 만들었다.

이런 부정적 측면 때문에 기독교권 밖에서는 KACR에 대해 대개 '변변한 전문 연구지 하나 없는, 학술 단체를 빙자한 종교 단체'쯤으로 평가하고 있다.[32] 예컨대 일반 과학자들 중에 창조과학 관련 논문들을 인용하는 사람이 없는 것은 말할 것도 없고 심지어 기독인 과학자들도 인용하기를 주저한다. 그저, 박사과정 이상으로 구성된 창조과학 강연자들의 교회 대중 강연을 들은 신앙심이 좋은 교인들만이 창조과학자들의 말에 고개를 끄덕일 뿐이다. 한마디로 말해 한국의 창조과학 운동은 기존의 과학자 공동체에는 전혀 호소력이 없는 반면, 근본주의적 신앙을 가진 교인들에게만 위안이 되는 교회 대

---

32) 보통 '학회'에는 학술지, 편집위원, 임원, 학술발표회 등이 있기 마련이다. KACR의 경우에는 1981년 『창조』라는 정기간행물을 출간하여 139호까지 발간을 해오다 최근에는 웹소식지를 매월 발간하는 형태로 바뀌었다. 하지만 학술지나 편집위원, 그리고 연구 논문 시스템 같은 학회의 기본 구조는 전혀 갖추지 못했다. 대신 신도들을 위한 강연 창조과학 사역자를 양성하기 위한 교육 프로그램 등은 활발하게 진행되고 있다. 다음은 홈페이지를 참조하시오. http://www.kacr.or.kr

중 운동으로서 교회를 순회하거나 정기 강연회를 열어 교회 내에서 지지 세력을 형성하는 데 주력하고 있다. 따라서 KACR은 학술단체라기보다는 교계 내 운동 단체쯤으로 자리매김이 되어야 한다고 평가하는 사람들이 적지 않다.

하지만 그렇다 하더라도 KACR이 한국의 과학 문화에 끼친 영향력이 미미하다고 말할 수 없다. 왜냐하면 한국 교회에서 이런 강연회와 교육은 매우 광범위하게 퍼져 있기 때문이다. 중고등학교, 대학에서 진화에 대한 충실한 교육이 이뤄지고 있지 않은 현실에서 (많게는) 거의 매주 창조론을 옹호하는 설교나 강연을 듣게 된다는 것은 과학교육 측면에서도 매우 심각한 문제가 발생할 수 있다. 그리고 창조과학이 기독교계의 든든한 지지를 받고 있다는 것은 과학뿐만 아니라 정치, 제도적인 측면에서도 한국 사회에서 무시될 수 없는 사실이다.

한편 KACR과 같은 대중 운동 단체와는 달리 연구회를 표방하는 모임도 생겨나기 시작한다. 그 중 가장 대표적인 것이 서울대학교의 동아리로 등록하여 활동 중인 '서울대학교 지적설계 연구회(SCR)'이다. 이 모임은 1998년 11월, 창조론과 기독교적 학문 연구에 관심을 가지고 있던 대학원생들을 중심으로 서울대학교 창조과학 연구회(SCR)라는 이름으로 모임이 시작되었다. 회원들은 "기독교적 학문 연구의 가능성, 다양한 창조론에 대한 조망, 그리고 최근에 활발하게 전개되고 있는 지적설계운동 등을 중심으로 함께 공부 및 연구하며 여러 가지 관련된 사업을 추진하고 있다.(http://scr.creation.net/)

또한 서강대의 기계공학자 이상엽 교수를 비롯한 몇몇 현직 교수들과 SCR의 젊은 멤버들이 주축이 되어 '지적설계연구회(KRAID)'라는 연구단체가 2004년 8월 21일에 발족한다. KRAID의 구성원들은 스스로 ID의 전략을 그대로 따라가겠다는 의지를 분명히 밝히고 있다.[33] 그들은 자신들의 목표를 다음의 세 가지로 요약했다. 첫째, 생명의 기원과 복잡성에 관한 진화론에 대한 학술적인 비판과 과학적인 대안 이론을 연구한다. 둘째, 생물 교과서에서 과학이론으로서 진화론의 장단점과 진화론의 근거하는 자연주의 철학의 타당성을 심도 있게 가르치게 하고 다른 대안이론들과 토론하도록 한다. 셋째, 지

---

33) http://intelligentdesign.or.kr/about/a02.htm

적설계가 생물학을 포함한 자연과학 분야에서 새로운 형태의 과학이론으로 인정받을 뿐 아니라 인문 및 사회과학 등 자연주의적인 세계관에 근거한 모든 학문 분야에 영향을 미치도록 한다.

V. 나오며: 진화―창조 논쟁과 과학문화

이상에서 살펴보았듯이 1990년대 이후의 한국의 창조론 진영은 1980년대에 미국의 창조과학을 그대로 수용했던 것과 마찬가지로, 미국의 ID를 국내에 소개하는 일에 주력해 왔다. 그리고 KRAID는 ID 운동 전략도 미국의 그것을 그대로 따라가는 모습을 보인다. 그렇다면 한국 창조론 진영의 이런 진화가 우리의 과학 문화와 어떻게 연관이 될까? 일단 미국과 비교하여 몇 가지 유사점과 차이점들을 정리할 수 있을 것이다. 유사점부터 말하면 첫째, 한국의 창조론은 미국의 창조론을 직수입한 경우이기 때문어 창조론의 내용 자체는 차이가 없다. 둘째, 전략 면에서도 한국의 미국을 따라가려는 경향을 보인다. 셋째, 기독교권 내의 젊은 엘리트층을 주 대상으로 삼고 있다는 면에서 유사하다.

그렇다면 차이점은 무엇인가? 우선, 국내 과학계에는 '논쟁 문화'라는 것이 없거나 흔하지 않다는 점이다. 가령, 한국의 ID 옹호자들은 현대 진화론을 도전하는 이론들이 국제적으로 인정받고 있는 각종 학술지 등을 통해 빈번히 제기되고 있다는 식으로 말한다. 그래서 마치 ID가 현재 다윈주의에 대한 강력한 도전인 것인 양 소개된다. 영미권에서도 이런 일이 일어나기는 하지만, 전문가들에 의해 이내 교정을 받는 경우가 많다. 하지만 국내에서는 ID 옹호자들의 불공정한 진화론 비판의 왜곡을 알리고 대중들을 교정해 줄 만한 진화학 인력이 극히 드물다. '논쟁 문화가 없다'는 얘기를 스포츠에 비유하면 결국 '선수층이 얕다'는 뜻이 되고, 누가 잘하고 못하는지, 어떤 쪽이 주류이고 비주류인지를 가릴 수 있는 전문가들의 수가 매우 적다는 의미일 것이다. 우리 과학계엔 늘 '국가대표 선수'만 있고 그들이 무엇을 말하는지가 학계의 공식 입장처럼 인식되곤 한다. 이런 문제점은 과학 문화의 측면에서도 결코 바람직하지 않은 것이다. 이런 맥락에서 미국의 IT와 같은 운동이 아직 우리에게 일어나지 않았다는 사실은 쉽게 이해된다. 국내 창조론자들은 오히려 논쟁 문화 부재의 '틈'을 이용해 국제 진화론계의 동향을 왜곡하거나 오해한 채로 소개하고 있는 실정이다.

미국의 ID, IT, 무신론 운동으로 이어지는 최근의 흐름은 미국의 지식 문화 토양에서 벌어진 다양한 수준에서의 '과학 논쟁'(과학 공동체 내부의 논쟁과 과학 공동체와 사이비과학 공동체 사이의 논쟁)을 통해 진행되어 왔다. 특히 최근의 무신론 운동은 매우 강한 형태이긴 하지만 과학 문화의 끝이 어딘지를 가늠케 한다는 면에서도 매우 흥미로운 흐름이다. 하지만 '논쟁이 없는' 과학 문화적 토양에서 '기생적으로' 자라온 국내의 창조론 운동은 가상의 외국 상황만을 '흉내 내는' 수준에서 자신의 정체성을 확보하고 있다. 게다가 진화론자들조차도 국제 학계 내에서 활발히 진행되어 온 내부 논쟁들을 심도 있게 알리는 작업을 제대로 수행하지 못했다. 다시 말해 적어도 지금까지 한국의 진화-창조 논쟁은 한국의 과학 문화 형성에 별다른 기여를 하지 못했다고 할 수 있다.

참고 문헌

Behe, M.(1996), *Darwin's Black Box: The Biochemical Challenge to Evolution*, Free Press.

Brandon Fitelson, Christopher Stephens, and Elliott Sober, 1999, "How Not to Detect Design," *Philosophy of Science,* vol. 66, 472-488.

Brockman, J.(ed.)(2006), *Intelligent Thought: Science versus the Intelligent Design Movement*, Vintage.

Colson, C. W. and Dembski, W. A.(2004), *The Design Revolution: Answering the Toughest Questions About Intelligent Design,* Inter Varsity Press.

Darwin, C. (1859). *The origin of species.* Penguin, 1968.

Dawkins, R.(1976/1989), *The Selfish Gene,* Oxford University Press; 홍영남 옮김(1993), 『이기적 유전자』, 을유문화사.

Dawkins, R.(2003), *A Devil's Chaplain,* Weidenfeld & Nicolson; 이한음 옮김 (2007), 『악마의 사도』, 바다출판사.

Dawkins, R.(2006), *The God Delusion,* Houghton Mifflin; 이한음 옮김(2007), 『만들어진 신』, 김영사.

Dembski, W. A.(1998), *The Design Inference: Eliminating Chance through Small Probabilities*, Cambridge University Press.

Dembski, W. A.(1999), *Intelligent Design: The Bridge Between Science & Theology*, InterVarsity Press.

Dembski, W. A.(2001), *No Free Lunch,* Rowman & Littlefield Publishers.

Dennett, D. (2006), *Breaking the Spell*, Viking.

Edis, T. and Young, M(eds.)(2004), *Why Intelligent Design Fails: A Scientific Critique of the New Creationism*, Rutgers University Press.

Forrest, B and Gross, P. R(2004). *Creationism's Trojan Horse: The Wedge of Intelligent Design*, Oxford University Press.

Harris, S.(2004), *The End of Faith*, W. W. Norton & Company.

Hitchens, C.(2007), *God is not great,* Twelve.

Humes, E.(2007), *Monkey Girl: Evolution, Education, Religion, and the Battle for America's Soul,* Harper Collins.

Johnson, P. E.(1991), *Darwin on Trial,* Regnery Gateway.

Johnson, P. E.(1997), *Defeating Darwinism by opening minds*, InterVarsity Press, 1997.

Miller, K(1999). *Finding Darwin's God*, HarperCollins.

Numbers, R.(2006), *The Creationists*, Harvard University Press.

Pennock, R.(1999), *Tower of Babel: The Evidence against the New Creationism*, MIT Press.

Pennock, R.(ed)(2002). *Intelligent Design Creationism and its Critics: Philosophical, Theological, and Scientific Perspectives,* The MIT Press.

Perakh, M(2003). *Unintelligent Design*, Prometheus.

Shanks, N.(2004), *God, the Devil, and Darwin: A Critique of Intelligent Design Theory,* Oxford University Press.

Sterelny, K.(2001), *Dawkins vs. Gould,* icon books.

Wilson, E. O.(1998), *Consilience: The Unity of Knowledge*, Knopf; 최재천 · 장대익 옮김(2005), 『통섭: 지식의 대통합』, 사이언스북스.

임종태 —————————————————————————

소속/직위: 서울대학교 과학사 및 과학철학 협동과정 교수, (현)수도근 과학문화연구센터장
전공: 한국과학사
학위취득대학: 서울대학교
이메일: jtlimbabo@snu.ac.kr

문만용 —————————————————————————

소속/직위: 전북대학교 HK 교수
전공: 한국과학사
학위취득대학: 서울대학교 과학사 및 과학철학 협동과정
이메일: moon1231@gmail.com

장대익 —————————————————————————

소속/직위: 서울대학교 자유전공학부 교수
전공: 생물철학/진화론
학위취득대학: 서울대학교 과학사 및 과학철학 협동과정
이메일: djang@snu.ac.kr

박진희 —————————————————————————

소속/직위: 동국대학교 교양교육원 조교수
전공: 과학기술사/과학기술학
학위취득대학: 독일 베를린공과대학
이메일: minerba64@naver.com

성영곤 —————————————————————————

소속/직위: 관동대학교 교양학과 교수
전공: 그리스 과학사/과학과 종교
학위취득대학: 서울대학교 서양사학과
이메일: sungyg@kwandong.ac.kr

송성수

소속/직위: 부산대학교 기초교육원 교수
전공: 과학기술학(과학기술의 역사와 정책)
학위취득대학: 서울대학교
이메일: triple@pusan.ac.kr

홍성욱

소속/직위: 서울대학교 자연과학대학 생명과학부 교수
전공: 과학기술사/STS
학위취득대학: 서울대학교
이메일: comenius@snu.ac.kr

이상욱

소속/직위: 한양대학교 인문과학대학 철학과 부교수
전공: 과학철학
학위취득대학: 영국 런던정경대학(LSE)
이메일: dappled@hanyang.ac.kr

김연희

소속/직위: 서울대학교 자동화연구소 연구원
전공: 한국과학사
학위취득대학: 서울대학교
이메일: imwoowha@hanmail.net

정세권

소속/직위: 수도권 과학문화연구센터 전임연구원
전공: 서양과학사
학위취득대학: 서울대학교 과학사 및 과학철학 협동과정 박사수료
이메일: gaucher@hanmail.net

한국의
과학문화와
시민사회

과학문화연구센터
Science Culture Research Center

초판인쇄 | 2010년 8월 31일
초판발행 | 2010년 8월 31일

편 저 자 | 임종태 · 홍성욱 · 정세권 외 7인
펴 낸 이 | 채종준
펴 낸 곳 | 한국학술정보㈜
주   소 | 경기도 파주시 교하읍 문발리 파주출판문화정보산업단지 513-5
전   화 | 031) 908-3181(대표)
팩   스 | 031) 908-3189
홈페이지 | http://ebook.kstudy.com
E-mail | 출판사업부 publish@kstudy.com
등   록 | 제일산-115호(2000. 6. 19)

ISBN   978-89-268-1498-7 94330 (Paper Book)
          978-89-268-1499-4 98330 (e-Book)
          978-89-268-1492-5 94330 (Paper Book set)
          978-89-268-1493-2 98330 (e-Book set)